现代建筑创作的文化 传承思维

许悦◎著

中国建筑工业出版社

序 一

探讨中国建筑文化传承是很多建筑师都关注的问题，这不仅是因为中国传统建筑，包括民居、园林、寺庙、宫殿等留存有不少富于艺术魅力的经典作品，更是因为在传统建筑中蕴含了深邃而独特的文化精神让大家着迷。不止一次有人问我：传统的园林建筑是不是对你有很大影响？我说：是，但传统的诗词、绘画，可能对我的影响更大。我想说，传统文化是一个融诗词歌赋、戏曲音乐、绘画工艺以及建筑在内的一个整体，我们要传承的，就是在多个领域中都能找到的那种独特的哲学思想和审美取向。在传统文化中，建筑只是其中的一个部分，特别是在历史上，人们一直视建筑为"形而下"之"器"，因此联系其他领域的文化内涵来观察、思考建筑就显得十分重要，这也是我们在谈建筑文化传承时需要注意的问题。许悦同志在书中对此有很多论述，值得称道。

此外，要重视传承，更要重视转化创新。传统文化只有在与现代人的价值取向、生活方式以及审美取向相结合时才有意义，特别是建筑文化的传承不能停留在语言、形式层面，需要把语言和它承载的现代的哲学思想、审美特征结合起来才能达到建筑创新的目的。许悦同志在本书中分析了大量中国建筑师在"传承"的基础上实现"转化创新"的建筑实例，这对读者有很好的启示作用。

面对当下价值判断的失衡和跨文化对话失语的现状，面对当下虚夸、浮躁的学术环境，作为年轻建筑师的许悦同志，能够沉下心来积累资料，深入思考，写出这样一本书是十分不易的。在创作中我们需要手法、技术，但我们更需要独立思考和学术理论的逐步积累。对于许悦同志这种敬业崇道的治学精神，我表示我的敬意。

是为序。

程泰宁

中国工程院院士

全国工程勘察设计大师

2022 年 9 月

序 二

　　曾与建筑师许悦共事六年，他留给我的印象是讷于言，敏于行。他工作上兢兢业业，事业上蒸蒸日上，按常规来说他已走上一条顺风顺水的职业建筑师之路，想不到工作六年后他还有决心去读博士，这让我小吃了一惊，心想：他总该不是为了逃避所谓的"七年之痒"，而是为了心中藏着的"某个梦想"吧？

　　几天前，他拿着洋洋洒洒二十万字的专著书稿让我写序，我一看，题目是"现代建筑创作的文化传承思维"，顿时让我对他去职就读的原因明白了许多。正如他在绪论中所说"……在全球化的时代语境下，我们的建筑创作面临着一系列的冲突和挑战：传统与现代，民族与世界，效率与品质，经典与流行。"也许正是他在工作实践中遇到这种冲突产生的疑惑让他觉得需要去破解，也许正是这种冲突带来的挑战让他产生了继续深造的动力。

　　创新与传承（现代与传统）是建筑创作中一对永恒的矛盾，也是我国建筑理论界一直在争论的主题。1949 年后建筑界对这方面有过大争论，最后也没个结论。改革开放后，我国随着大规模、高速度的城市化进程的到来，大家也没时间来争论，都夜以继日画图、"白加黑""五加二"地搞建设了。"……人们往往不假思索地把建筑的现代性简单地等同于钢结构、超高层、大跨度和玻璃幕墙之类的东西，把建筑形式的新颖与否当作建筑现代性的基本标志，却很少甚至从未认真思考过建筑现代化的完整涵义"。当然经过这几十年尤其近二十年的城市化进程，中国还是涌现出不少建筑文化传承的思考者和实践者，本书作者就是其中一位。从文稿内容看，本书中心内容围绕建筑创作与文化传承展开，作者阅览了古今中外关于建筑文化及实践的大量典籍及现当代作品，抽丝剥茧般地从中对建筑文化概念进行提炼，对影响建筑创作的文化元素进行归纳总结，以文化传承的视角对现代中国建筑创作进行分析，最后作者结合自身的建筑创作实践对文化传承进行思考并加以应用，可以说这是一本理论与实践紧密结合、内容丰富、资料翔实的书，也是一本可读性很强的书。

　　当下中国经济社会正在从高速度发展向高质量转变，城市化发展也一样，不再一味追求大规模、高速度，而是要求更加注重城市化发展的品质，建筑是城市环境中的主角，没有建筑品质的提升也就谈不上城市品质的提升。建筑品质的提升除了施工质量的提升外，很重要的一点就是建筑内在品质的提升，比如与环境的协调性、审美的愉悦性、使用的舒适性、运营的低碳、可持续性等，这里很多方面涉及文化传承因素，而在传统建筑文化中有很多经验和智慧值得我们借鉴。世界建筑文化璀璨辉煌，是当代建筑师们取之不尽用之不竭的宝库，我们大可以做到"古为今用、洋为中用"。在建筑创作的过程中对古今中外的优秀建筑文化兼收并蓄、加以利用，以文化传承的思维进行建筑创作实践，创造出高质量的当代建筑作品，我想这大概也是作者撰写此书的初衷吧！

浙江省工程勘察设计大师
浙江省建筑设计研究院副院长
2022 年 8 月

前　言

　　中国城镇化下半场进程的大幕已经拉开，所谓的城市与建筑高质量发展将无可避免地面对全球化与地域化的双重挑战。一方面是建筑师如何有效利用现代设计技术来承袭古老的华夏传统，进而实现传统建筑文化的连续性发展；另一方面是建筑师以何种态度应对纷至沓来的外来文化思潮，进而保持传统建筑文化的独特性继承。

　　本书正是遵循增强文化自信、重视文化经典、注重文化传承的思路而展开，既是对过往设计经验的回顾，又是对建筑传统的重新解读，更是对今后创作方向的持续探索。笔者从文化与传统的概念辨析入手，将建筑文化视为传统文化与时代文化交织的产物，进而将建筑传统文化建构为活着的物质文化、精神文化和地域文化的集合，继而从当前频出的诸多建筑怪象出发，提出当前我国建筑创作面临文化失语的巨大挑战，并引入东西方普遍接受的机体哲学将建筑文化视为活的生命体加以研究，以此达到在创作实践中呼应文脉、延续传统、发展文化。

　　笔者旨在走出单纯的地域性表达和简单的具象类比创作思维，从现代建筑的本质需求和基本规律出发去思考优秀传统的核心价值所在。以国内外建成的翔实案例为基础对物质文化、精神文化和地域文化如何适应时代语境，传承优秀的文化传统作出了深入而全面的思考，最终以"文化生机"为终极目标，提出包括综合平衡、多元共生、整合延续和转化适应在内的四项创作策略，并以作者本人近年来的创作实践加以印证。以此可以得出本书的结论：在现代建筑创作中运用文化传承思维是切实可行的，能够有效地帮助中国建筑从文化自信走向文化复兴，并最终实现文化繁荣。

目　录

绪

论

0.1　背景缘起

中华民族历史悠久，绵延五千年而生生不息，诞生了唯一延续至今的璀璨文化。历史上的中国是一个在文化上极具自信的国度，"既吸收各方面的外来影响，又从来没有怀疑过自己的文化优势①"。自鸦片战争以来的近200年，中华民族面对"千年未有之大变局"，虽历经千难万险，但始终对自身的传统文化不抛弃、不放弃，这极大地证明了中华文化蕴含着巨大的有效价值：强大的包容性、灵活的应变性和不屈的抗逆性。

21世纪以来，随着改革开放的成效日渐显著，中华文化的有效价值在民族伟大复兴的道路上显得愈加珍贵和重要。党的十八大以来，习近平同志在多个场合提出文化自信的战略目标，"中华优秀传统文化是中华民族的精神命脉，是涵养社会主义核心价值观的重要源泉，也是我们在世界文化激荡中站稳脚跟的坚实根基。增强文化自觉和文化自信，是坚定道路自信、理论自信、制度自信的题中应有之义。②"

伴随着这种从文化自觉到文化自信的转变，在全球化的时代语境下，我们的建筑创作面临着一系列的冲突和挑战：传统与现代，民族与世界，效率与品质，经典与流行。这种文化焦虑背后隐藏着当下中国建筑师的集体困惑：一方面，由于中华传统文化面对以西方主流文化为参照的强势文化的价值沦陷，另一方面，由于中华传统文化博大精深而造成的过度宽泛和过度抽象。而这种困惑也并非我们中国独有，历史上阿尔瓦·阿尔托的"北欧人文主义"，罗伯特·文丘里的"复杂性与矛盾性"，丹下健三等日本建筑师的"新陈代谢"均是这种传统与现代困惑在具体语境下的思考。我们要处理好继承和创造性发展的关系，妥善解决好"创新转化"的现实需要，就必须如历史上的这些国家一样，审视传统，回应传统。

0.2　现实意义

自现代主义以降，传统与现代、地方与全球一直是文化领域以及建筑创作领域中不可回避的一道时代命题。普世的工业文化颠覆了农耕文化的传播方式和传播速度，使之发生了翻天覆地的变化，封闭循环的地域风貌特征正被开放交融的现代风貌特征逐步取代，全球一体化进程实际上成为不可阻挡的趋势。全球语境下的文化趋同客观上使得地方特征日渐衰落，由此人们对自身的身份认同产生了担忧。面对强大的西方工业文明，"我是谁？""我从哪里来？"诸如此类的文化焦虑在广大非西方文化地区普遍存在。这种有意识的追问已日渐成为

---

① 王蒙. 王蒙谈文化自信 [M]. 北京：人民出版社，2017：52.
② 新华网. 习近平在文艺工作座谈会上的讲话 [EB/OL].（2014-10-15）[2022-3-22].http://www.xinhuanet.com.

这些"落后"地区民众的自发行为，甚至是主流西方文化地区也面临着传统与现代的矛盾。

在哥伦布发现新大陆之后，新航海之路的所到之处几乎都面临着西方先进文化与本土原生文化的矛盾和冲突。中国自鸦片战争以来的近 200 年间，原本"天下之中"的文化秩序随着西方工业文明的坚船利炮而几近崩溃，从魏源的"师夷长技以制夷"到张之洞的"中学为体，西学为用"，从严复的"不惟新不惟旧，惟善是从"到胡适与陈序经的"全盘西化"，均是中国本土知识分子不同向度、不同层面的文化自觉。中国的文化自觉是缘起于救亡图存的急迫。那么今天的文化自觉则着眼于全球化的大趋势，也更具有中华民族伟大复兴的特质[①]：一方面是重新确定中华文化的主体性和独特性；另一方面是满足大众日益增长的精神文化需求。

当前的中国正处在一个追寻文化的时代，"平民百姓关注茶文化、酒文化、美食文化、养生文化，说明我们希望为平凡的生活寻找一些价值与意义。社会、国家关注政治文化、道德文化、风俗文化、传统文化、文化传承与创新，提倡发扬优秀的传统文化，说明我们希望为国家和民族寻求精神力量和发展方向。[②]"如果中国建筑师把文化自觉视为中华民族伟大复兴的万里长征第一步，那么文化生机则是在实现文化繁荣之后更高目标的追求：一方面是如何有效利用现代科技来承袭古老的华夏传统，进而实现传统建筑文化的连续性发展；另一方面是以何种态度应对纷至沓来的外来文化思潮，进而保持传统建筑文化的独特性发展。保持建筑文化的多样性，使之呈现出的健康有序才是恒久的文化发展动力。正所谓"生生之谓易，成象之谓乾，效法之谓坤"。

0.3   相关探索

0.3.1   建筑的现代性探索

通常我们把现代性作为一种哲学概念，用以探讨和支配现代社会政治、经济和文化等领域历史变迁背后的规范和理想[③]。在全球化背景下，探讨建筑创作领域的文化传承应当采用动态的视角审视文化，现代的方式思考文化，当代的技术表达文化。现代语境决定了现代建筑首先应当具有现代性，立足当下，解决当下。

（1）现代性伴随着工业文明的到来而到来，实质是宗教神性向世俗人性的回归，韦伯在他的《学术与政治》中谈到"我们这个时代，因为它所独有的理性化和理智化，最主要的是因为世界已被去魅，它的命运便是，那些终极的、最高贵的价值，已从公共生活中销声匿迹，

① 王京生. 我们需要什么样的文化繁荣 [M]. 北京：社会科学文献出版社，2014：142.
② 徐兴无. 龙凤呈祥——中国文化的特征、结构与精神 [M]. 北京：人民出版社，2017：4.
③ 夏桂平. 解析建筑现代性及其当代表达 [J]. 新建筑，2009（5）：6.

它们或者遁入神秘生活的超验领域，或者走进了个人之间直接的私人交往的友爱之中。[①]”由此可见，理性和自由是现代性的典型特征，它包括了经济文化理性、社会政治理性和日常生活理性，隐含在这些理性要素背后的核心思想则是自由主义[②]。

而这种理性的过度存在，却容易诱使人在技术情境中丧失自由和独立，不再与真正的自然界发生联系[③]。为了规避由现代性而带来的技术至上，海德格尔提出最根本的途径就是“批判”，通过否定之否定，实现人类对自身发展历史的反思。这种反思客观上是对唯技术理性论的反向平衡，从而使现代化的进程不断取得广泛的进步与和谐的平衡。

工业革命造就了机器文明，而机器使人类第一次可以大规模地将自然资源转化为物质产品，彻底摆脱对自然的依赖，形成前所未有的物质文明和社会生产及生活方式[④]。正如吉登斯的观点，现代性以前所未有的方式，把我们抛离了所有类型的社会秩序轨道，从而塑造了其自身的生活形态，“在外延方面，它们确立了跨越全球的社会联系方式；在内涵方面，它们正在改变我们日常生活中最熟悉和最带个人色彩的领域”[⑤]。

（2）建筑的现代性伴随着欧美发达国家的现代化进程而逐渐发展：从弗雷德里希·申科尔和布隆代尔的新古典主义到勒·杜克和拉布鲁斯特的结构理性主义，从奥古斯都·佩雷的古典理性主义到路易斯·沙利文“形式追随功能”的功能理性主义，从阿道夫·路斯的“装饰即罪恶”到以彼得·贝伦斯为代表的德意志制造联盟把工业化视为“时代精神与民众精神”的复合，从包豪斯学派工艺与美术相融合的“整体艺术作品”思想到勒·柯布西耶“新建筑五点”和光辉城市的思想[⑥]，等等。这种建筑创作思想的变迁被视为建筑现代性的开端，它与工业化、现代化、城市化紧密地联系在一起。我们可以看到，现代主义建筑在西方的出现绝非一朝一夕，包豪斯的现代理性精神实际上根植于工业化大生产的时代土壤：强调现代建筑应与工业时代相适应；强调现代建筑应积极适应建筑的功能性与经济性；强调现代建筑应积极采用新结构、新材料、新技术；强调现代建筑应努力创造新的建筑美学和新的时代风格。

“现代”在时间上是一个具有相对性的动态概念，往往和“传统”“未来”等概念相联系。正如哈贝马斯所说的“现代性是一项有待完成的计划”，建筑领域对于现代性的研究也是随着社会演变而不断发展变化的。现代主义建筑是现代性在建筑领域中的浓缩式表达，它所特有的高效的时代精神和简约的艺术审美在不同地区、不同文化背景和不同自然条件下，也呈现出复杂多样的特征：二战期间，以朱塞佩·特拉尼为代表的意大利建筑师“七人小组”探索了

① （德）马克思·韦伯. 学术与政治 [M]. 钱永祥，等，译. 上海：上海三联书店，1998：193.
② 夏桂平. 解析建筑现代性及其当代表达 [J]. 新建筑，2009（5）：6.
③ 陶海鹰. 社会学视野下中国设计的现代性研究 [D]. 北京：中央美术学院博士论文，中国艺术研究院博士论文，2013：25.
④ 朱亦民. 现代性与地域主义——解读《走向批判的地域主义——抵抗建筑学的六要点》[J]. 新建筑，2013（3）：30.
⑤ 夏桂平. 基于现代性理念的岭南建筑适应性研究 [D]. 广州：华南理工大学博士论文，2010：27.
⑥ （美）肯尼思·弗兰姆普敦. 现代建筑：一部批判的历史 [M]. 张钦楠，译. 北京：生活·读书·新知三联书店，2004：131.

"把意大利古典建筑的民族主义与机器时代的结构逻辑进行理性结合"的意大利理性主义[①]；勒·柯布西耶在二战之后对现代乡土的纪念性表现出浓厚的兴趣，通过"模度"和"比例"的理性调节手段和先进建造技术，大量的乡土原型与文化隐喻出现在他的众多实践之中；当现代主义漂洋过海来到资本主义空前发展的美国，密斯·凡·德·罗的"通用空间"和"少就是多"的简约美学被广为认同，塑造了工业技术的纪念性；而路易斯·康则通过颠覆"形式追随功能"的现代主义经典法则，创造出"服伺空间"围绕"被服伺空间"（servant versus served）的全新空间组织模式，使得现代建筑空间获得了古典秩序的纪念性。

（3）"五四"运动以来，西方技术的输入、文化的输入、生活价值观的输入推动中国开始跨入与传统生活完全不同的现代生活。在中国，现代化在某种意义上等同被动的西化[②]。中国的现代化之路尤为曲折，期间经历了若干次停滞，有时甚至受限于当时的政治环境，这在客观上导致了中国建筑对现代性的追求具有突变的特征。

建筑领域的现代性输入客观上是落后的国家现实在"师夷长技以制夷"的思想指导下，在技术层面大量运用体现"科学原则"的钢筋混凝土结构和钢结构技术[③]。正如建筑师吕彦直所言，"今者国体更新，治理异于昔时，其应用之公共建筑，为吾民建设精神之主要表示，必当采取中国特有之建筑式，加以详密之研究，以艺术思想设图案，用科学原理行构造，然后中国之建筑，乃可作进步之表现[④]"。但由于长期以来的"体用之争"和"民族象征"的限制，这些现代科学技术往往屈从于"中国固有之形式"，并作为对复古主义和折中主义建筑在中国大肆流行的一种抵抗。

现代主义建筑在中国虽然起步晚，但是在 1930 年代已经与世界同步了，当时一部分人把现代建筑称为"新（New）建筑"，用现在的说法叫"很前沿"，像我们现在讨论人工智能的未来一样，是很新潮的[⑤]。现代主义主张的功能理性与中国传统文化中的实用理性具有较高的契合度：建筑师杨廷宝设计的南京国民政府卫生部大楼、建筑师董大酉设计的董大酉自宅（图 0-1）、建筑师林克明设计的勷勤大学建筑群等作品均充分体现出"经济与实用"的现代主义设计原则。当然，不可否认，此时国人对

图 0-1　董大酉自宅

① （美）肯尼思·弗兰姆普敦. 现代建筑：一部批判的历史 [M]. 张钦楠，译. 北京：生活·读书·新知三联书店，2004：224.
② 陈坚，黄惠菁. 梁思成的建筑文化观与现代性 [J]. 新建筑，2010（6）：60.
③ 郦伟，胡超文. 意识形态与中国建筑的现代性探索 [J]. 惠州学院学报（自然科学版），2009（12）：89.
④ 卢洁锋. 吕彦直与黄檀甫——广州中山纪念堂秘闻 [M]. 广州：花城出版社，2007：52.
⑤ 黄元炤. 倾听中国现代建筑的思想回声：专访黄元炤 [J]. 城市中国，2018（10）：89.

现代主义的理解不过是"民族固有之形式""中西合璧""装饰艺术""摩登式""国际式"等诸多流行的风格样式中的一种，对建筑现代性所蕴含的创新精神、科学理性精神以及功能理性精神仍未能普及，中国建筑要冲破文化保守主义的束缚，仍然需要极大的勇气①。

中华人民共和国成立后的前30年，现代主义建筑思想在中国有三个比较活跃的时期：1951—1954年，1961—1965年，1972—1978年。它们主要是在意识形态的空窗和狭缝之中生长起来的，而且它们是意识形态的一部分，与不断变化的国际关系和国内政治形势密切相关，关于国家的宏大叙事和关于地方生活的微观叙事往往交织在一起②。这期间比较突出的现代建筑成就有：黄毓麟、胡雄文两位建筑师设计的同济大学文远楼，建筑师华揽洪设计的北京儿童医院，建筑师冯纪忠设计的武汉医学院医院，林克明和莫伯治两位建筑师设计的广州白云宾馆，建筑师唐葆亨设计的浙江体育馆（图0-2）和杭州剧院（图0-3）等。虽然这些根植于现代精神的建筑作品从客观上"多、快、好、省"地建设了社会主义，但是在意识形态层面，多被评价为资产阶级审美趣味之列，最终没有成为官方文化的主旋律。

改革开放后的40多年，则是中国建筑的现代性迅猛发展时期。作为文化长期封闭的触底反弹，现代建筑成为我们建设四化的必然选择，有时甚至带有激进的色彩：一方面是摆脱传统枷锁的毅然决然，希望借此日新月异、旧貌换新颜，"创新就是传统的对立面，创新就是传统的中断③"；另一方面是改革开放后彻底的拿来主义，学习西方建筑师的一切做法，"人们往往是不假思索地把建筑的现代性简单地等同于钢结构、超高层、大跨度和玻璃幕墙、快速电梯之类的东西，把建筑形式的新颖与否当作建筑现代性的基本标志，却很少甚至从未认真思考过建筑现代化的完整涵义④"。这种不假思索的全面现代化在2000年前后达到顶峰，以国家

图0-2　浙江体育馆

图0-3　杭州剧院

① 郦伟，胡超文.意识形态与中国建筑的现代性探索[J].惠州学院学报（自然科学版），2009（12）：89.
② 彭怒，王凯，王颖."构想我们的现代性：20世纪中国现代建筑历史研究的诸视角"会议综述[J].时代建筑，2015（5）：13.
③ 邓庆坦.中国近、现代建筑历史整合研究论纲[M].北京：中国建筑工业出版社，2008：222.
④ 徐千里.从中国文化到建筑现代性——当代中国建筑艺术风尚的嬗变[J].新建筑，2004（1）：40.

大剧院、CCTV 大楼、鸟巢和水立方等一大批国家建筑成为西方建筑师的试验场为标志，这说明中国建筑就根本而言，尚未结合自身特点而经历"理性去魅"和"批判自醒"的现代化过程。中国现代建筑逐渐丧失了自身的文化自信和价值判断，演变成中国建筑师在自家舞台上的话语权缺失。而这种话语权的缺失与一百年前斩断传统的彻底西化何其相似！

（4）国内建筑界对于现代性的研究多集中于以下三大领域：①中国建筑现代性发展历程的回顾和总结，如邹德侬等人的期刊论文《20 世纪 50—80 年代中国建筑的现代性探索》，彭怒等人的期刊论文《"构想我们的现代性：20 世纪中国现代建筑历史研究的诸视角"会议综述》，郦伟等人的期刊论文《意识形态与中国建筑的现代性探索》，陆严冰的博士论文《民国建筑中设计意识现代性研究》，许勇铁的博士论文《战后台湾建筑现代性研究》等；②中国建筑在追求现代性的过程中如何处理与传统文化的关系，如徐千里的期刊论文《从中国文化到建筑现代性——思想的角度和轨迹》，张沛瑶的期刊论文《世界向东：现代建筑的东方智慧——关于中国建筑新现代性和传统性的探讨》，陈坚等人的期刊论文《梁思成的建筑文化观与现代性》，范东辉的博士论文《建筑·审美·现代性——现代性张力中的建筑美学谱系》等；③建筑创作实践中对现代性的表达，如黎冰等人的期刊论文《关于建筑现代性的思考——以绍兴县行政中心为例》，李麟学的期刊论文《现代性建构与青年建筑师的定位》，徐娅的硕士论文《现代性与地域性在建筑体验中融合——芬兰建筑师尤哈尼·帕拉斯马研究》，夏桂平的博士论文《基于现代性理念的岭南建筑适应性研究》等。

在这三个研究领域中，受到当下强调文化自信的国家意识影响，近期的研究开始较多地关注后面两个领域。同时也要看到，这两个领域的成果确实还不完善，还不能使建筑现代性既普遍适应中国国情，又具有清晰有效、为世界认可的价值体系。中国建筑对于现代性的求索之路任重而道远，永远尚未完成。

0.3.2　建筑的地域性探索

地域性是每座建筑的基本属性之一，近年来又被广泛地称为在地性。优秀的建筑总是附着于具体的环境之中，与当地的社会、经济、人文等因素相适应，与所在地区的地理气候、具体地形地貌和城市环境融合[①]。"地域建筑"与"风土建筑"往往是一对孪生兄弟，即所谓的风俗建筑和在地建筑。没有民间风俗建筑的源远流长，也就没有精英化的"风雅建筑"和官式的"皇家建筑"成型与进化[②]。维特鲁威在《建筑十书》中认为，"不同的地域条件、自然环境会对不同的人类种群的特征和习性产生影响，而建筑所表现出来的形态就是这种不同自然

---

① 何镜堂. 基于"两观三性"的建筑创作理论与实践 [J]. 华南理工大学学报（自然科学版），2012（10）：14.
② 常青. 从风土观看地方传统在城乡改造中的延承——风土建筑谱系研究 [J]. 时代建筑，2013（3）：35.

环境下的不同的呈现方式"①。由此可见，一方水土养一方人，一方水土往往也孕育了一方建筑，而地域性则是丰富我们创作灵感的养分。

（1）建筑的地域性通常具有如下几方面的含义：建筑所在地段的场地特征，建筑所在地段的气候特征，建筑所在地区的自然要素和建筑所在地区的人文要素。

场地特征就是建筑所在地的地形、地貌和城乡环境，它直接决定了建筑的空间形态和竖向设计。场地中的山川河流、地形坡度、市政构筑物和重要历史痕迹往往是建筑创作的前置条件和设计制约，但如果可以合理处理这些限制，又往往可以取得出人意料的设计效果。

气候特征就是建筑所在地的地理气候影响，按建筑人类学的观点，房屋形式基本就是适应环境气候条件和民俗选择的结果②。帕拉蒂奥就从气候与舒适度的角度提出北方的街道应该开阔些，以此在冬季可以获得较多的阳光；而在南方则应该用狭窄的街道获得阴影，以躲避炎热③。

自然要素包含了建筑所在地区的自然风、自然光等天然元素以及地方植被和地方材料。各地对自然风的有效组织一直是地域建筑创造室内舒适度的智慧经验之一；建筑师对于自然光的合理利用可以帮助建筑获得或开放通透，或阴翳神秘的空间氛围；地方植被和地方材料不仅具有物质特性，还具有沉淀的历史底蕴，因而往往是保证地域性得以延续的最有效的设计元素，而对地方材料的创造性使用已逐渐成为一种实效的创作手段。

人文要素包含了建筑所在地区的历史记忆、民俗生活、地方样式和传统技艺。随着时代的变迁，历史记忆和民俗生活的场景虽然多已消失或将要消失，但如能通过适应性的设计手段使之再生，不失为一种激活和延续传统的有效手段；地方样式经过历史的长期浸润和选择最容易传达地域特征，因而在强调地域和传统的语境中被广为关注和大量延续，但如何在传统与现代、地方与全球的博弈中找到差异的平衡却至关重要；我国的传统建造技艺正受到现代化与城市化的威胁，"自 20 世纪 70 年代前后已开始停滞……大部分营造技艺面临失传，这对历史传统的遗产本体的保护、传承和再生构成不可忽视的挑战④"。建造技术的存续和修复技术的提升成为延续地域特征不可忽视的一个部分，适宜的现代技术和传统的地方手工艺相结合将在现代与传统、科技与人文之间建立诗意的平衡。

（2）从建筑发展的历程来看，建筑的地域性并非是工业化的产物，相反它具有很强的原生色彩。早期的建筑由于受到交通、信息等交流不便，地域材料、技术、地貌、气候等自然条件的影响，是有决定意义的⑤。随着科技的不断发展，地缘的范围也逐步扩大，地域性与普

---

① 何启帆. 台湾现代建筑的地域性发展研究 [D]. 广州：华南理工大学博士论文，2015：4.
② 常青. 从风土观看地方传统在城乡改造中的延承——风土建筑谱系研究 [J]. 时代建筑，2013（3）：36.
③ 许悦. 城市主轴线大道的活力——巴黎城市主轴线大道与上海浦东世纪大道比较研究 [D]. 上海：上海大学硕士论文，2008：25.
④ 常青. 乡遗出路何处觅？乡建中风土建成遗产问题及应对策略 [Z]. 2019.
⑤ 王国光. 基于环境整体观的现代建筑创作思想研究 [D]. 广州：华南理工大学博士论文，2013：150.

适性之间呈现出一种此消彼长的关系。

广义上的地域主义，或者说建筑的地域性表达，最早可以追溯到 18 世纪下半叶英国的风景画造园运动①。1772 年，歌德撰文论述日耳曼哥特建筑较法国经典建筑优越，他成功地把人们萦绕于传统建筑中的思绪和当时民族主义的渴望合为一体②。1849 年约翰·拉斯金在《建筑的七盏明灯》中重点探讨了哥特风格与乡土风格的吸纳问题，强调建立在手工艺基础上的作品所体现出的非完美性③。1860 年代兴起的加泰罗尼亚振兴运动促使安东尼奥·高迪形成了独特的地域风格，"一种充满了阳光，在结构上与加泰罗尼亚伟大的教堂相关联，在色彩上采用希腊人和摩尔人所用的，在逻辑上属于西班牙，一种半海洋、半大陆、由泛神论的丰富多彩所活跃化了的哥特风格"④。而弗兰克·劳埃德·赖特贯穿其执业生涯所开创的草原式住宅、美国风住宅和广亩城市构想，均憧憬着文化与农业合二为一的伊甸园式人类美景⑤。就算是现代主义蓬勃兴起的 20 世纪 20、30 年代，关注传统也是德国建筑界的一个主要话题，一些建筑师支持德国传统民居的形式，他们从事的地域风格被称为"家园风格（Heimatstil）⑥"。与此同时，如阿尔瓦·阿尔托和汉斯·夏隆等北欧建筑师的"共同之处是他们似乎不谋而合地从保尔·谢尔巴特 1914 年的散文诗《玻璃建筑》或者在更大程度上从布鲁诺·陶特的神秘思想中获得某种启迪……陶特的思想是跨文化性的，因为他将'城市之冠'视为一种因时间、地点不同而呈现不同表现形式的普遍现象"，而时刻对地形地貌、气候、时间、材料和建造工艺保持敏感，遵循自然法则，这些都是约翰·伍重所继承的建筑原则⑦。

值得一提的是，布鲁诺·陶特在深入考察日本建筑后所作的《日本的房子和人》中认为"不同地域居民的相似性源自类似的气候，类似的生活方式，同样客观朴实的精神，以及同样整合需求以形成有机整体的能力"，这种跨文化的思考客观上促使日本建筑界在 20 世纪 30、40 年代抛弃对"日本风"的追求，转而将日本建筑中理性、非风格化的传统特征定义为"日本性"⑧。这种认识观念的转变对第二次世界大战后日本建筑的发展产生了深刻的影响：丹下健三在广岛和平纪念中心开始摆脱"帝冠式"风格的束缚，采用现代设计手法表现日本传统木构建筑

① 王绍森 . 当代闽南建筑的地域性表达研究 [D]. 广州：华南理工大学博士论文，2010：5.

② （荷）亚历山大·佐尼斯，利亚纳·勒费尔夫 . 批判性地域主义——全球化世界中的建筑及其特性 [M]. 王丙晨，译 . 北京：中国建筑工业出版社，2007：6.

③ 王绍森 . 当代闽南建筑的地域性表达研究 [D]. 广州：华南理工大学博士论文，2010：8.

④ （美）肯尼思·弗兰姆普敦 . 现代建筑：一部批判的历史 [M]. 张钦楠，译 . 北京：生活·读书·新知三联书店，2004：63.

⑤ （美）肯尼思·弗兰姆普敦 . 建构文化研究——论 19 世纪和 20 世纪建筑中的建造诗学 [M]. 王骏阳，译 . 北京：中国建筑工业出版社，2007：122.

⑥ 姚东辉，宗晨玫 . "世界性建筑"的观念和诠释——布鲁诺·陶特的东方经历及其现代建筑普遍性视角 [J]. 南方建筑，2018（4）：69.

⑦ （美）肯尼思·弗兰姆普敦 . 建构文化研究——论 19 世纪和 20 世纪建筑中的建造诗学 [M]. 王骏阳，译 . 北京：中国建筑工业出版社，2007：254–256.

⑧ 姚东辉，宗晨玫 . "世界性建筑"的观念和诠释——布鲁诺·陶特的东方经历及其现代建筑普遍性视角 [J]. 南方建筑，2018（4）：72–74.

的标准化、模数化、简约化的特点，标志着日本人民开始探索日本的现代建筑[①]；黑川纪章提出了"新陈代谢"和"共生"理论；槙文彦提出了"奥空间"理论；矶崎新提出了"间空间"理论；原广司提出了"浮游领域"理论；隈研吾提出"负建筑"的理论来表现日本传统建筑的"模糊"；安藤忠雄利用清水混凝土和抽象几何形表现日本传统建筑的"禅意"；妹岛和世通过纯净、极简的设计手段表现日本传统建筑的"轻盈"；伊东丰雄采用退隐、通透的设计手段表现日本传统建筑的"短暂"……

从全球范围来看，许多地区的建筑师们一直在努力结合本国实际，探索切合本土环境的地域性建筑语言。B·V·多西跟随勒·柯布西耶学习现代主义建筑的精华，却始终根植印度本土文化，寻求微观人工环境与大宇宙的运行规律相适应，体现人与自然的和谐，追求地区共鸣的本土建筑观[②]，他在侯赛因·多西画廊、桑珈建筑事务所和艾哈迈德巴德建筑学院等作品中把心灵感受放在中心位置，认为理性和功能应该围绕这个中心建筑，并应蕴含特有的文化[③]。墨西哥建筑师路易斯·巴拉甘的一系列色彩浓郁的住宅作品显示了强烈的南美洲地域特征。埃及建筑师哈桑·法赛在伊斯兰建筑传统与现代建筑相结合的道路上作出了成功的探索。斯里兰卡建筑师杰弗里·巴瓦以平等地对待本土传统和外来观念，开辟了一种与传统审美生活相呼应的、注重身体感知的文化系统[④]，远离地域化常用的象征方法，并不忌讳历史痕迹和地方痕迹的直接使用[⑤]。

王受之教授在《世界现代建筑史》中指出地方建筑的发展基本有四种途径：①复兴传统建筑；②发展传统建筑；③扩展传统建筑；④新译传统建筑[⑥]。这四种途径可以依次归纳为地方建筑的模仿、地方建筑的现代化、现代建筑的地方化和地方文脉的转化，而第四种途径与理论界广为认可的"批判的地域主义"有很大的相似之处。

批判的地域主义这一建筑理论承袭了路易斯·芒福德在20世纪30年代对喧嚣一时的国际主义形式的建筑发出质疑并提出的地域建筑形式论[⑦]，由荷兰建筑理论家亚历山大·佐尼斯教授在1981年率先提出：一方面，我们研究"地域主义"作为一种历史现象尤其是意义上的演进目的；另一方面，我们试图分析一些当代建筑的实例，用以检验现今这种"批判姿态"的地域主义原则[⑧]。同时，他注意到，批判的地域主义与通常意义的地域主义截然不同，具有

① 武云霞.日本建筑之道——民族性与时代性共生[M].哈尔滨：黑龙江美术出版社，1997：31.
② 李琦.真西方与本土·本质的建筑——有感于印度建筑师B·V·多西[J].南方建筑，2002（1）：42.
③ 汪永平，张敏燕.印度现代建筑——从传统向现代转型[M].南京：东南大学出版社，2017：117–120.
④ 金秋野.花园里的花园：杰弗里·巴瓦和他的"顺势设计"[J].建筑学报，2017（3）：1.
⑤ 葛明，陈洁萍.杰弗里·巴瓦剖面研究[J].建筑学报，2017（3）：12.
⑥ 王受之.世界现代建筑史[M].北京：中国建筑工业出版社，1999：410–411.
⑦ （荷）亚历山大·佐尼斯，利亚纳·勒费尔夫.批判性地域主义——全球化世界中的建筑及其特性[M].王丙晨，译.北京：中国建筑工业出版社，2007：VIII.
⑧ （荷）亚历山大·佐尼斯，利亚纳·勒费尔夫.批判性地域主义——全球化世界中的建筑及其特性[M].王丙晨，译.北京：中国建筑工业出版社，2007：3.

现实主义色彩，追求自由的价值观，对官方政治意识、标准的设计教条进行抵抗。1982 年到 1985 年期间，美国建筑学家肯尼思·弗兰姆普敦教授在《走向批判的地域主义》《批判的地域主义面面观》和《现代建筑—— 一部批判的历史》等著作中对批判的地域主义建筑的特征作了如下总结：①批判的地域主义是一种边缘性的建筑实践，它以批判的态度继承了现代主义建筑遗产中有关进步和解放的内容；②批判的地域主义并不鼓励那种不顾场地环境而自说自话的雕塑性建筑，而承认"场所与形式"对建筑的决定性作用；③批判的地域主义强调建构的实现意义，进而拒绝了唯视觉论的舞台布景式建筑；④批判的地域主义特别强调场地要素对形式生成的主导作用，包括地形、地貌、光线、通风等自然要素的作用；⑤批判的地域主义建筑注重知觉特征而非单纯的视觉图像；⑥批判的地域主义虽然反对直接模仿地方和乡土建筑的现成形式，但并不反对偶尔对地方和乡土要素进行恰当的阐释①。此后他又在《建构文化研究——论 19 世纪和 20 世纪建筑中的建造诗学》一书中提出了"诗意的建造"的观点，实际上也是与基于批判的地域主义思想一脉相承——坚持不懈地在创新的同时重新诠释古老的事物——它努力超越视觉主义，寻求来自身体的其他感知力量，与史无前例的全球商业化进程和资本主义无限扩张进行抗争②。

美国学者斯蒂文·莫尔近来又将地域传统保持与再生的可持续发展相结合，提出了"再生的地域主义"，其主要观点如下：①营造独特的地方社会场景；②吸收地方的匠作传统；③介入文化和技术整合的过程；④增加风土知识和生态条件作用；⑤倡导普遍适宜的日常生活技术；⑥使批判性实践常态化的技术干预；⑦培养价值共识以提升地方凝聚力；⑧通过公众参与程度和实践水平的不断提高，促进批判性场所的再生③。这大大扩展了地域主义在当代语境下的理论范围和在实际工程设计中得以实现的可能性。

（3）改革开放以来，地域性建筑在我国的学术研究和创作实践领域备受关注：一方面是我国幅员辽阔，一国之内各地区之间在地形、气候等方面仍然存在较大差异，这为多彩纷呈的地域性提供了天然的土壤；另一方面，我国历史悠久，文化璀璨，广大民众对传统文化的自豪之情，促使学术界从各个角度进行深入而细致的挖掘。在改革开放初期的 20 世纪 80 年代，我国学术界对建筑地域性的深入探索，是受到这一时期旅游业大发展而从客观上促进了乡土意识归复的影响，同时，基于此前一系列民族形式（所谓的民族形式自梁思成提出"大屋顶"以来，多局限于中国传统皇家、官式、寺庙建筑的范畴，它是雷德菲尔德"大传统"概念在建筑上的体现，反映了我国古代的上层"精英文化"④）的探索之上。1999 年第 20 届世界建筑师大会上

① 沈克宁.批判的地域主义 [J].建筑师，2004（10）：46.
② （美）肯尼思·弗兰姆普敦.建构文化研究——论 19 世纪和 20 世纪建筑中的建造诗学 [M].王骏阳，译.北京：中国建筑工业出版社，2007：387.
③ 常青.从风土观看地方传统在城乡改造中的延承——风土建筑谱系研究 [J].时代建筑，2013（3）：36.
④ 孙伟.新乡土建筑的文化学阐释 [D].郑州：郑州大学博士学位论文，2006：11.

通过的《北京宪章》指出，"建筑学是地区的产物，建筑形式的意义来源于地方文脉，并解释着地方文脉。但是这并不意味着地区建筑学只是地区历史的产物……现代建筑的地区化，乡土建筑的现代化，殊途同归，推动着世界和地区的进步和丰富多彩。[①]"齐康院士基于一贯以来对建筑地域性的研究，提出"地区建筑"理论，在设计中要整体地分析各种因素，即全面、完整、多学科、多方位地参与和分析，以求符合我国的国情、历史、文化、民族和习俗特色[②]。何镜堂院士长期以来扎根岭南大地，在他的"两观三性"创作理论中，地域性理论占据了突出的位置，"建筑师应在地区的传统中寻根、发掘有益的基因，并与现代科技、文化密切结合，表达时代精神，使现代建筑地域化、地区建筑现代化[③]"。程泰宁院士认为地域性对"建筑文化的产生和发展的巨大影响是一种客观存在，不应忽视，更不能抹杀。抹杀了这种影响，也就抹杀了建筑文化多元发展的可能性[④]"，他的作品无论在东部还是西部，无论在中国还是非洲，都对当地的地域文化作出了良好的回应。崔愷院士提出"本土设计"的创作理论，强调在特定文脉中结合环境的创作策略，"当我们以本土的立场进行创作，心态就会轻松，思路就会清晰，不用刻意宏大叙事，不必标榜民族风格，只要你对环境资源关注得越具体、越深入，提出的问题更准确，解决的方法更直接，一个属于这个场所的当下建筑就自然会产生[⑤]"。常青院士则认为，要使当代建筑本土化以适应"全球在地"的发展趋势，就得先向地方风土建筑遗产学习，解析其适应环境的构成方式，"低技术"中的建造智慧，以及具有文化价值寓意的场景、仪式等[⑥]。

由建筑师佘畯南、莫伯治设计的广州白天鹅酒店（图0-4）把岭南传统园林融入建筑内部的中庭空间，开创了岭南地域建筑的新时代，被誉为"岭南现代建筑的报春花"。建筑师贝聿铭设计的北京香山饭店和苏州博物馆两建筑虽然相隔了20多年，但他坚持现代主义的理性原则与"中而新""苏而新"的几何变换相结合的创作思路却一脉相承，为中国建筑的地域化探索指引了方向。

建筑师葛如亮创作了建德灵栖风景区习习山庄、天台山石梁飞瀑风景建筑、缙云电影院等一批具有鲜明乡土特色的现代建筑，并根据当地传统砌筑方法的精神创造了深具现代抽象画风的"灵栖做法"。建筑师齐康、赖聚奎设计的福建武夷山庄（图0-5）借鉴闽北传统民居的经验，将建筑融入武夷山如诗如画的风景之中。建筑师吴良镛设计的北京菊儿胡同，一方面妥善处理了项目所在区域的城市有机更新中面临的诸多现实问题，另一方面拓展了北京传统四合院的形式，创造了城市公共空间，促进了社区邻里交往。建筑师程泰宁设计的杭州黄

① 吴良镛，执笔.北京宪章（稿）[Z]. 1999.
② 齐康.宜居环境整体建筑学架构研究[M].南京：东南大学出版社，2013：13-19.
③ 何镜堂.基于"两观三性"的建筑创作理论与实践[J].华南理工大学学报（自然科学版），2012（10）：16.
④ 程泰宁.地域性与建筑文化——江南建筑地域特色的延续和发展[A]//现代建筑传统国际学术研讨会论文集，1998：45.
⑤ 崔愷.本土设计[M].北京：中国建筑工业出版社，2008：22.
⑥ 李翔宁.当代中国建筑读本[M].北京：中国建筑工业出版社，2017：275.

图0-4 广州白天鹅酒店及内部岭南园林风格的中庭

图0-5 武夷山庄

图0-6 浙江美术馆

龙饭店、浙江美术馆（图0-6）等建筑，既妥善地处理了建筑与西湖山水环境的关系，又具有江南地域建筑的水墨韵味。

建筑师张永和的二分宅，建筑师刘家琨的野鹿苑石刻博物馆，建筑师李晓东的丽江玉湖完小，建筑师华黎的高黎贡手工造纸博物馆，建筑师张轲、张弘的西藏尼洋河游客中心等作品，均是2000年以来中国建筑师在地域性之路上的有益探索；2012年建筑师王澍凭借在中国美术学院象山校区、杭州中山路南宋御街改造和宁波博物馆等建筑中将回收的老旧材料经过"循环建造"取得了差异性的地域特征，从而获得建筑界的诺贝尔奖——普利兹克建筑奖，"标志着中国在建筑理想发展方面将要发挥的作用得到世界的认可[1]"。

（4）当前国内建筑界对于地域性的研究多集中于以下六大领域：①我国各地区传统建筑

---

① 当代中国建筑设计现状与发展课题研究组. 当代中国建筑设计现状与发展 [M]. 南京：东南大学出版社，2014：248.

的地域性特征研究，如肖冠兰的博士论文《中国西南干阑栏建筑体系研究》、张鹏举的博士论文《内蒙古地域藏传佛教建筑形态研究》、杨振宇的博士论文《中国西南地域建筑文化研究》、熊伟的博士论文《广西传统乡土建筑文化研究》等；②某地区建筑创作中的地域性表达研究，如王绍森的博士论文《当代闽南建筑的地域性表达研究》、陈鑫的博士论文《江南传统建筑文化及其对当代建筑创作思维的启示》、张骏的博士论文《东北地区地域性建筑创作研究》等；③某一特定功能的建筑地域性表达，如宋江涛的博士论文《珠三角地区当代博物馆建筑的地域性表达》、秦亮的硕士论文《基于地域性的当代游客中心设计研究》、陈戈的硕士论文《中国青年旅社设计之地域性表达》等；④建筑师的地域性创作思想与实践的研究，如闫波等的期刊论文《当代中国建筑师及其地域建筑创作思想》、于小彤的硕士论文《当代建筑师的中国乡土营建实践研究》、廖平容的硕士论文《刘家琨本土建筑语汇实践与发展》等；⑤针对建筑某一子系统的地域性研究，如产斯友的博士论文《建筑表皮材料的地域性表现研究》、姬燕飞的硕士论文《地域主义视野下的建筑饰面砖应用策略研究》等；⑥基于地域主义建筑理论下的创作实践研究，如孙俊桥的博士论文《走向新文脉主义》、王育林的博士论文《现代建筑运动的地域性拓展》、王楠的期刊论文《芒福德地域主义思想的批判性研究》、何磊的硕士论文《地域主义与建筑设计》、车有路的硕士论文《基于批判地域主义的葡萄牙当代建筑创作研究》等。

总体来看，现阶段我国在建筑地域性领域的研究成果比较丰富，基本形成了完整的系统，只是我们的建筑师如何在这些海量研究成果的基础上将其转化为高质量的设计成果，仍是一道任重而道远的时代命题。

0.3.3　建筑的文化性探索

建筑形式的演变，从表象上来看是一种风格与另一种风格之间的对抗，其实质是隐藏在风格背后的新文化思潮与旧有文化思潮之间的此消彼长。这是由于建筑活动本来就是人类文化活动中的重要一环，在满足使用功能需求的同时能够体现出人类的生活方式和价值取向[①]。或者可以这么说，建筑的文化性既是建筑的天然属性，又是对一座建筑相关特点和品质的最高概括[②]。

（1）通过现有建筑文献的梳理，对建筑文化性的研究可以概括为三个领域：①在共时性的基础上，把建筑视为一种横向文化场的建构，具有交融的基本特征；②在历时性的基础上，把建筑视为一种纵向文化史的演变，具有延续变迁的基本特征；③把共时性与历时性交织，把建筑视为人类显性的物质活动与隐性的精神活动综合的文化层，具有整合适应的基本特征

---

① 何镜堂. 文化传承与建筑创新 [J]. 时代建筑，2012（2）：126–129.
② 何镜堂. 基于"两观三性"的建筑创作理论与实践 [J]. 华南理工大学学报（自然科学版），2012（10）：15.

（图 0-7）。此外，由于建筑所涉诸系统涉及生活的方方面面，而文化本身又是很宽泛的，因此建筑文化性必然呈现混沌模糊的整体特征。

阿摩斯·拉普卜特在《文化特性与建筑设计》中认为建筑设计是一种具有文化针对性和适应性的研究工作，应以所在环境的文化性研究为基础，并对人与环境的互动因素予以修正，使得建筑获得文化上的认同[1]。而他在此后的《建成环境的意义——非语言表达方法》一书中，将文化的表达方法归结为符号的方法、象征的方法和非语言表达的方法。符号的方法最为普遍，属于传递意义的语言系统；象征的方法最为传统，属于传递概念的思想情感；非语言表达的方法最为少见，属于行为模式与环境文脉的交互。这种在建筑设计中表达文化的方法给本书后续的研究提供了极大的参考价值。

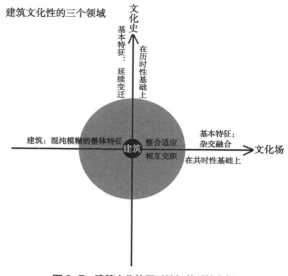

图 0-7 建筑文化的历时性与共时性交织

（2）当代建筑设计的文化思维也可归为三类（表 0-1）：第一类是文化传承思维，即从传统的建筑类型和空间形式出发；第二类是建筑本体思维，即从建筑的功能、空间、构造和材料出发；第三类是反传统、反建筑思维，即拒绝与传统有关联，甚至从建筑文化以外寻找立足点，刻意表达个性和新奇[2]。传承思维和本体思维带有后锋色彩，既根植文脉又回望传统，保持了建筑作为文化的稳定和连续；而反传统、反建筑思维带有鲜明的先锋色彩，促进了建筑作为文化的创新和突破，是对一切权威、传统的质疑，"这表明了建筑设计价值观的转换，即建筑从传统的符号和规则转换到了抽象的理念[3]"。在作者看来，这些截然不同的文化思维客观上帮助建筑成为"一个复合的整体，其中包括了知识、信仰、艺术、道德、法律以及人作为社会成员所获得的能力和习惯[4]"。而这种复合的整体虽然形式符号极其丰富而且多变，但只要我们坚守整体观，就能对诸文化形式进行整体的把握，寻找各自独立存在的外在联系和内在关联[5]。也就是说，建筑通过外部的形式、体量、材质等要素和内部的空间、路径、色彩、装饰等要素进行有机协同，整体构成了该建筑独有的文化性格和精神特征。

① （美）阿摩斯·拉普卜特. 文化特性与建筑设计 [M]. 常青，译. 北京：中国建筑工业出版社，2004：63.
② 刘晓平. 跨文化建筑语境中的建筑思维 [M]. 北京：中国建筑工业出版社，2011：140.
③ （美）尼克斯·A·萨林加罗斯. 反建筑与解构主义新论 [M]. 李春青，译. 北京：中国建筑工业出版社，2010：90.
④ 邓剑虹，余廷墨. 基于文化观的山地城市设计研究 [D]. 广州：华南理工大学博士学位论文，2009：26.
⑤ 王志德. 苏珊·朗格美学思想与卡西尔文化哲学整体观之理论渊源 [J]. 艺术百家，2013（6）：170–171.

当代建筑设计的三种文化思维比较 表0-1

第一类	文化传承思维	从传统的建筑类型和空间形式出发	后锋色彩
第二类	建筑本体思维	从建筑的功能、空间、构造和材料出发	后锋色彩
第三类	反传统、反建筑思维	拒绝与传统有关联，刻意表达个性和新奇	先锋色彩

（3）对建筑文化性的研究往往也是基于上文所讨论的几种文化思维模式而展开的。①基于传承思维的建筑文化：如以罗伯特·文丘里的《建筑的复杂性与矛盾性》和查尔斯·詹克思的《后现代建筑语言》为代表的后现代主义；以阿尔多·罗西的《城市建筑学》和乔治·格拉西的《建筑的逻辑结构》为代表的新理性主义；以亚历山大·佐尼斯的《批判性地域主义——全球化世界中的建筑及其特性》、马里奥·博塔的提契诺学派和卡洛·斯卡帕的威尼斯学派为代表的新地域主义；以麦克哈格的《设计结合自然》和杨经文的《生态摩天大楼》为代表的生态主义等。②基于本体思维的建筑文化：如以格罗皮乌斯的《国际建筑》和勒·柯布西耶的《走向新建筑》为代表的功能主义；以森佩尔的《建筑艺术四要素》和肯尼思·弗兰姆普敦的《建构文化研究——论 19 世纪和 20 世纪建筑中的建造诗学》为代表的建构文化；以雅克·赫尔佐格与德·梅隆的物质性与感官的冲击和妹岛和世与西泽立卫的模糊性与通透的轻盈为代表的表皮主义；以弗雷·奥托的轻型仿生结构和诺曼·福斯特、理查德·罗杰斯的工业科技建筑为代表的高技主义等。③基于反传统和反建筑思维的建筑文化：如以彼得·艾森曼"颠覆本源价值，颠覆人类活动中心主义概念，颠覆审美对象[1]"的自由形式和伯纳德·屈米的互文性建筑为代表的解构主义；以雷姆·库哈斯的《癫狂的纽约》《小，中，大，超大》和 MVRDV 的《容积率最大化：密度中的旅行》为代表的拥挤文化和实用主义等。④基于人体感知与行为互动的建筑文化：如以诺伯格—舒尔茨的《西方建筑的意义》和《场所精神——迈向建筑现象学》、斯蒂文·霍尔的《锚固》、由哈尼·帕拉斯玛的《建筑七感》和彼得·卒姆托的《思考建筑》中所表达的强烈记忆和情绪为代表的知觉现象学建筑；以阿摩斯·拉普卜特的《宅形与文化》和《建成环境的意义——非语言表达方法》、扬·盖尔的《交往与空间》、威廉·怀特的《小型公共空间中的社会生活》为代表的环境与行为文化等。⑤基于城市日常生活的建筑文化：如以罗伯特·文丘里的《向拉斯韦加斯学习》和弗兰克·盖里的建筑包装艺术为代表的大众波普主义；以克里斯托弗·亚历山大的《建筑的永恒之道》《建筑模式语言》和简·雅各布斯的《美国大城市的死与生》为代表的日常生活都市主义等。

（4）中国传统文化虽然源远流长，但是建筑一直被视作一种工匠技艺，此前虽有《营造法式》《营造法源》《鲁班经》《园冶》等营造和堪舆经验的总结，但把建筑作为一种文化或一门

---

[1]（美）哈里·弗朗西斯·马尔格雷夫.建筑理论导读——从 1968 年到现在 [M].赵前，周卓艳，高颖，译.北京：中国建筑工业出版社，2017：107-108.

学科进行研究却始于近代。"五四"运动以后，在被动西化的时代洪流中，对失去民族特性的恐惧与"国学"文化热潮的注入，给予梁思成极大的热忱和使命感。他一方面投入大量热情和精力对古建筑进行严谨的实测，并对中国古建筑的特征和优点进行系统、科学的阐释；另一方面树立了"视建筑为文化"的建筑史学观，采用语言学的方法将西方古典建筑的构图原理与民族传统形式进行嫁接，提出了"中国民族形式建筑＝中国官式建筑大屋顶＋西方古典主义立面＝人民喜好的艺术形式"的论断①。这一论断影响至深，此后的近半个世纪，中国建筑经历了强调民族性的固有形式、现代主义结合传统元素、社会主义内容民族形式，直到开放转型后百家争鸣中的新乡土和后现代思潮，无论最终表现出的结果如何，其本质都是源于民族意识的文化自觉。

（5）对于中国传统建筑文化经过近百年的研究，已经成果丰硕（前文已经阐述了关于地域乡土文化的成果，在此不再赘述），大致总结为如下六个领域：①基于考古史料为基础的中国传统建筑起源、形态演变和文化背景的研究有梁思成的《中国建筑史》，刘敦桢的《佛教对于中国建筑之影响》《苏州古典园林》，童寯的《东南园墅》，常青的《中国建筑志》《西域文明与华夏建筑的变迁》，楼庆西的《中国传统建筑文化》，王冬梅的《建筑文化六义》等。②基于中国传统文化美学和传统建筑特征的研究有梁思成的《中国建筑和艺术》和《中国建筑的特征》，李允鉌的《华夏意匠——中国古典建筑设计原理分析》，侯幼斌的《中国建筑美学》和《中国建筑之道》，王辉的《意境空间：中国美学与建筑设计》等。③基于中国传统建筑的营造技艺的研究有梁思成的《清式营造则例》《营造法式》，中华人民共和国住建部组织编撰的《中国传统建筑解析与传承》，冯晓东的《承香录——香山帮营造技艺实录》，罗哲文的《中国古建筑油彩画》等。④基于相关文化学理论的建筑研究有刘晓平的《跨文化建筑语境中的建筑思维》，徐公芳的《中西建筑文化》，秦佑国的《建筑的文化理解》等。⑤基于文化传承的建筑理论和创作实践的研究有王澍的《造房子》，程泰宁的《语言与境界》，冯正功的《延续建筑》，张彤的《整体地区建筑》，崔愷的《本土建筑》等。⑥基于历史建筑及其环境再生的研究有常青的《建筑遗产的生存策略：保护与利用设计实验》《历史环境的再生之道——历史意识与设计探索》，杨贵庆的《乌岩古村：黄岩历史文化村落再生》《黄岩实践：美丽乡村规划建设探索》，林源的《中国建筑遗产保护基础理论》，阮仪三的《江南古镇》《历史文化名城保护理论与规划》等。

（6）当前国内学术界对于建筑文化性的研究多集中于建筑的史实考据梳理、建筑的地域文化结构与风格特征演变和建筑传统文化的保护延续与当代阐释：如熊莹的博士论文《基于梅山非物质文化传承的乡村建筑环境研究》、张鸽娟的博士论文《陕南新农村建设的文化传承研究》、吴涛的博士论文《基于地域文化的扬州历史园林保护与传承》、包婷婷的硕士论文《美

---

① 陈坚，黄惠菁. 梁思成的建筑文化观与现代性 [J]. 新建筑，2010（6）：60-61.

丽乡村建设中的文化传承研究》等。而对建筑创作中的文化性如何表达的研究并不算丰富：如姜丽勇的博士论文《高层建筑文化特质及设计创意研究》、杨颖红的硕士论文《企业文化与工业建筑形象设计研究》、郑慧铭的博士论文《闽南传统民居建筑装饰及文化表达》等。特别是在建筑创作中关于文化传承的系统性研究比较缺乏：仅有刁建新的博士论文《文化传承与多元化建筑创作研究》、全城浩的博士论文《传承与创新——韩国现代建筑与传统思想之关联的研究》、张辰卓的硕士论文《梁思成建筑奖获得者传承与创新的共同诉求》和杜萧翔的期刊论文《初探中国建筑文化在建筑设计中的传承和建筑行业中的发展现状》。

值得注意的是，文化传承这一课题在非建筑设计领域的研究倒是成果不断，这些他山之石在本书的研究过程中值得借鉴。①如关于中国优秀传统文化传承的研究有：董成雄的博士论文《中国优秀传统文化的系统解读和传承建构》、陈星云的硕士论文《文化全球化进程中中国优秀传统文化的传承与创新》、李先明等的期刊论文《中华优秀传统文化传承体系的构建：理论、实践与路径》、段超的期刊论文《中华优秀传统文化当代传承体系建构研究》等。②如关于非物质文化传承的研究有：陈少峰的博士论文《非物质文化遗产动漫化传承与传播研究》、刘坚的博士论文《云南省少数民族传统体育非物质文化遗产保护与传承研究》、刘红梅的博士论文《红色旅游与红色文化传承研究》等。③如关于某一专项文化传承的研究有：章军杰的博士论文《多元文化格局下婺剧传承与发展研究》、胡燕的博士论文《宜兴紫砂发展历史及活态传承研究》、李清扬的硕士论文《苏绣保护与传承研究》、刘慧的硕士论文《上海老饭店本帮菜文化传承研究》、胡珊的硕士论文《唐卡艺术的传承与保护研究》、姜茹茹的硕士论文《对中国武术文化传承的研究》、王智慧的期刊论文《图腾崇拜与宗教信仰：民族传统体育文化传承的精神力量》等。

总体来看，现阶段我国在建筑的文化性领域研究成果比较丰富，多为各类建筑文化的梳理、总结和提炼，也有很多关于设计实践与保护的成果总结。但是如何在设计中对现有的研究成果进行创新转化，表达有品质、有内涵、有特色的"现代中国性"，则需要我们更多的务实思考和共同努力。

0.4　创新价值

本书立足文化传承视角，在全球化语境下对当前的建筑创作，特别是中国范围内的设计实践进行反思和总结。因此，本书立足传统是研究的基础，面向现代是研究的前提，适应当下是研究的基础，启迪未来是研究的目标：

（1）从当前我国建筑领域普遍存在的文化失语现象出发探究建筑文化繁荣的深层原因，从现代建筑的本质要求出发思考传统文化在社会主义新时代的核心价值，进而提出文化生机是文化复兴的终极目标。

（2）响应习近平总书记关于增强文化自信、实现民族复兴的号召，从文化传承的视角出发探索建筑创作中的"不变之变"，走出了以往单纯的地域性表达和简单的具象类比表达的创作思维，辩证地审视我们当前的建筑创作。

（3）从理论上对建筑创作的基本规律进行论证，以大量的实际案例为切入点，基于科学理性的价值观和综合平衡的方法论对新时代中国建筑文化传承的原则、路径和创作方法进行全面的探索。

第 1 章

建筑作为文化

1.1　建筑文化

1.1.1　文化的概念阐释

在华夏文明中，"文"来自甲骨文，是一个人胸前刺有图案花纹，其本义应是"纹身"。因此，最初的"文"通"纹"，意指纹理、纹路、花纹，如《礼记》中有载："东方曰夷，被发文身""无色成文而不乱"。进而"文"又引申为条文、文采，如《庄子·马蹄》中有："五色不乱，孰为文采"，《楚辞·九章·橘颂》里说："青黄杂糅，文章烂兮"。与此同时，在《论语·子罕》的"文王既没，文不在兹乎"中，"文"已经有了礼仪、制度的涵义。

"化"在甲骨文中是两个人形一正一反，表示"颠倒"，意指"改变"。因此，"化"的本义是改变、变易、形成，如在《易经·系辞下》有"男女构精，万物化生"，《庄子·逍遥游》中有载"北溟有鱼，其名为鲲……化而为鸟，其名为鹏"。后来"化"逐渐引申出育化、驯化的意思，如《易·贲卦·象传》中有："刚柔交错，天文也。文明以止，人文也。观乎天文，以察时变。观乎人文，以化成天下。"在这里，"文"与"化"已经紧密地联系在了一起，蕴含着"以文教化"的意思（图 1-1）。

图 1-1　"文化"的甲骨文写法

而"文化"作为一个完整的词汇，至迟在西汉已经出现在刘向的《说苑·指武》中："圣人之治天下也，先文德而后武力。凡武之兴，为不服也；文化不改，然后加诛。"西晋束晳的《补亡诗》中有"文化内辑，武功外悠"。南齐王融的《三月三日曲水诗序》中有"设神理以景俗，敷文化以柔远"。从这些论述中我们可以看到中国古人把文化视为与"自然""质朴"或者"野蛮"相对的意思[1]，与武功具有同等重要作用的规训、教化、统治手段。

公元前 106 年到公元 43 年古罗马政治家西塞罗首先使用了"文化"（Cultura Mentis）一词，意味耕耘、智慧[2]。而这个拉丁词汇中的"Cult-"就是英语中的文化（Culture）这个单词的词根，意思为耕作，引申为培养（等同为 Cultivate）。而大约在 1600 年前后，引申出教化的意思。英国人类学家泰勒（Tylor）在 1871 年完成的《原始文化》一书中把文化定义为一个囊括知识、信仰、艺术、道德、法律、风俗及人作为社会成员所获得的其他任何能力和习惯等人类一切活动的复合整体[3]。马林诺夫斯基认为"文化包括一套工具及一套风俗[4]"，它是人类在生存过程中，为了维护人类有序的生存和持续的发展所创造出来的，关于人与自然、人与社会、人

---

① 张岱年，方克立.中国文化概论 [M].北京：北京师范大学出版社，1995：1.
② 解琦.从建筑文化学的视角看当前中国建筑的困境 [J].建筑与文化，2007（4）：4.
③ （英）爱德华·泰勒伯.原始文化 [M].连树声，译.桂林：广西师范大学出版社，2005：1.
④ （英）马林诺夫斯基.文化论 [M].费孝通，译.香港：华夏文化出版社，2002：15.

与人之间各种关系的有形无形的成果①。

综上可见，在中西方文化认知之中，"文化"一词最初均有教化、育化的涵义；所不同的是中国的文化更多是指精神、传统、风俗等方面，而西语中的文化却是指客观物质及其生产活动②。有关文化的不同流派的共同观点包括：文化不是个人行为，是共享的；文化不是先天获得的，是学而知之的；文化是继承先人发挥自我的基础；文化的核心是"传统"的思想③。广义的"文化"可以归纳为人类在维续、改造和发展自身所处的自然环境和社会环境的过程中所进行的一切行为活动的成果总和，包含精神文化、制度文化、行为文化和物质文化四个方面的内涵。而狭义的"文化"则被定义为人类的精神生产及其成果结晶，包括知识、信仰、哲学、艺术、宗教、道德等④。

从本书"建筑设计—文化传承"的视角来看，书中的"文化"涉及历史环境等物质性部分，应采用广义上的概念，特指一切与建筑活动密切相关的物质活动和精神活动的成果总和。

1.1.2 建筑文化的构成

建筑是文化的载体，任何建筑都体现了一定的文化内涵。建筑文化也是人类的一种与社会相适应的历史现象，它客观反映了人们对建筑本质的深刻理解。建筑文化是人类整体文化中的一个子集，但是它又具有自己独立完整的文化品格⑤。要研究建筑创作中的文化传承，那就不可避免地要回答建筑文化是什么这个核心问题。作者根据现有的文献加以总结，大致可以将建筑文化的内涵进行以下几类划分：①分为显性的物质文化与隐性的非物质文化的二级层次；②分为精神、制度、物质的三级层次；③分为物质、制度、风俗习惯、思想与价值的四级层次；④分为物质、社会关系、精神、艺术、语言符号和风俗习惯的六级层次（表1–1）。目前，大多数研究成果及大众普遍认知倾向于"物质、行为、制度、精神"的文化构成四层次说。

建筑文化内涵的层次划分 表1–1

分类层次	分类
二级层次	显性的物质文化、隐性的非物质文化
三级层次	精神、制度、物质
四级层次	物质、制度、风俗习惯、思想与价值
六级层次	物质、社会关系、精神、艺术、语言符号、风俗习惯

① 陈华文.文化学概论新编 [M].北京：首都经济贸易大学出版社，2009：21–23.
② 张岱年，方克立.中国文化概论 [M].北京：北京师范大学出版社，1995：3.
③ 解琦.从建筑文化学的视角看当前中国建筑的困境 [J].建筑与文化，2007（4）：5.
④ 刘梦溪.百年中国：文化传统的流失与重建 [N].文汇报，2005–12–04（6）.
⑤ 高介华.关于建筑文化学研究 [J].重庆建筑大学学报（社科版），2000（3）：66.

由于本书的研究聚焦在建筑创作中的文化传承视域，笔者认为，通过建筑来阐释的文化类型主要是物质文化（历史建筑与城乡历史环境）和精神文化（传统的哲学、伦理和审美），同时也涉及制度文化（地域的习俗、理法和技艺）和行为文化（时代的生活方式）。为了便于本书的撰写，将涉及文化传承的四种文化类型归纳为：物质文化、精神文化、地域文化和时代文化。

1. 物质文化

物质文化，在习惯上也称为器物文化，是人类在满足自我生存并改造自然、利用自然过程中创造的文化形态[①]，它会随着人类社会的发展而不断变化，或创新、或演化、或消亡。文中的物质文化特指人类通过自身的建筑活动，逐步形成富有人文价值和历史底蕴的生活场景。保护、延续既有的历史环境和凝聚、再生缺失的文化脉络，是我们实现文化传承最直接、有效的手段。

2. 精神文化

精神文化往往反映某个国家、民族或人群的主流意识，是我们所需要传承文化的主要内容，它是建筑文化传承的核心，属于意识形态和思想观念的范畴，代表了全体人群或者特定人群的世界观、价值观、伦理观、审美观等精神活动成果的总和。它往往决定了其他文化的形态和内容，同时它也决定了国家、地域、民族在文化上的差异、特质和发展方向，还决定了人的生活方式、伦理道德、价值观念、审美情趣和思维方式[②]。

3. 地域文化

地域文化是一定地域的人民在长期的发展过程中通过劳动创造的，并不断得以积淀、发展和升华的物质和精神的全部成果和成就[③]。它是建筑文化所特有的亚文化系统之一，对于建筑空间和城乡风貌的个性塑造具有重大意义，是解决文化趋同问题的关键手段。建筑地域文化包含宏观层面的东西方建筑哲学及与之相匹配的建筑规划形制，中观层面的某一国家内部不同地区的建筑模式特点，微观层面的具体建筑所处的具体用地的自然环境和人文环境特点[④]。就本质而言，地域文化就是地方人群对长期所处地域的生活经验总结，涉及地理气候、生活习性、风俗仪式、宗教信仰、经济条件、技术成就等。

4. 时代文化

时代文化是一定历史时期的人类所特有的主旋律或意识流，并以其时代的技术力量推动着社会发展，逐步影响着人类的生活行为方式。建筑时代文化就是建筑对所处时代的适应，用自己特殊的语言来表达所处的时代特质，表现这个时代的科技观念，解释思想和审美观[⑤]。中国的皇家建筑是对皇权礼制的适应，欧洲的哥特建筑是对宗教神学的适应；文艺复兴建筑

---

① 余廷墨. 基于文化观的山地城市设计研究 [D]. 重庆：重庆大学，2012：15.
② 余廷墨. 基于文化观的山地城市设计研究 [D]. 重庆：重庆大学，2012：17.
③ 王绍森. 当代闽南建筑的地域性表达研究 [D]. 广州：华南理工大学，2010：39.
④ 邓剑虹，余廷墨. 基于文化观的山地城市设计研究 [D]. 广州：华南理工大学博士学位论文，2009：45.
⑤ 夏桂平. 基于现代性理念的岭南建筑适应性研究 [D]. 广州：华南理工大学博士论文，2010：27.

不同时代背景下的建筑文化			表1-2

中国皇家建筑 ——北京故宫	欧洲哥特建筑 ——巴黎圣母院	文艺复兴建筑 ——佛罗伦萨大教堂	现代主义建筑 ——巴黎萨伏伊别墅

是对人性复苏的回应，现代主义建筑是对工业生产的回应（表1-2）。当今世界正在逐步经历全球性的结构整体变迁，全球化不仅是金钱、商品、电子、资讯等跨越地理疆界到处流动，更重要的是，全球化形成现代人日常生活的意义脉络，在此脉络中行动者赋予其行动特定的象征意义[①]。这也导致建筑过往的宏大纪念性被追求个性与自由的日常性所取代，服务大众、娱乐大众日渐成为这个时代的建筑主题。

阿摩斯·拉普卜特在《文化特性与建筑设计》一书中对"文化做什么？"给出了三个连贯的答案：①把文化视为一种改造自然和利用资源的生产方式，意在提供多种开发生态系统的谋生手段，从而为产生特殊的行事方式提供基础；②把文化描述为一个民族的生活方式，因此文化通过制定各种制度来指导生活方式，意在提供一种"对生活的设计"；③把文化解释为一种世代传承的符号体系，通过濡染后代和涵化移民，提供一套赋予个体意义的架构，进而导致群体差异的显现[②]。较人类大多数的文化而言，本书的四种建筑文化作为真实的存在，其变化越是缓慢而恒定，就越具有更强的连续性（图1-2）。在当代语境下，建筑文化通过世间诸多"不变之变"而有效传承，传递着特定人群所特有的自然观、社会观、人生观、价值观、历史观和时空观等。同时这种物质化的文化环境又反过来对沉浸在其中的人群进行濡化，从而在信仰、语言、思维、习俗等方面形成强烈的身份认同感和精神归属感，客观上又对该特定人群加强了内部之间的凝聚力和吸引力。

图1-2 建筑文化构成

1.1.3 建筑文化的传统

传统与现代是截然相反的一对文化概念，它们是时间坐标轴上的两个端点。林燩燮将传统分解为"文化的传统"和"传统的文化"，传统的文化是仅适合过去传统社会构造的、丧失

---

① 刘晓平.跨文化建筑语境中的建筑思维[M].北京：中国建筑工业出版社，2011：67.
② （美）阿摩斯·拉普卜特.文化特性与建筑设计[M].常青，译.北京：中国建筑工业出版社，2004：73-74.

了对现代社会的适应能力的一种文化遗产性质的传统，而文化的传统来源于过去的社会，并且保持着对现代社会的适应能力[①]。由此可见，传统文化是人类不断变化着的文化中不太变化的，但是可以被后代不断延续而共有的部分。它往往历经千辛万苦而形成，本质上就是人类共同体的力量之源。我们注意到传统文化与时代文化并非机械的割裂，一方面它是我们创造当下文化的原型基础，能够左右我们未来文化发展的方向；另一方面传统文化也充分受到时代文化的影响，不同时代的传统文化其内涵往往也是随着时代文化的影响而不断改变。

因此，我们把前文中的四类建筑文化加以对照，可以清晰地发现对本书后续研究至关重要的"建筑传统"实际上是"建筑文化的传统"的简称，它是经时代改良后仍鲜活的那一部分"建筑的传统文化"。也就是说"建筑传统"是过往建筑文化中有益的精神文化、物质文化和地域文化在受到时代文化的作用并作出积极适应后的那部分建筑文化的总和。

1.2　文化失语

1.2.1　文化失语的概念阐释

"失语症"（Aphasia）一词源于希腊语 a（not）和 Phanai（Tospeak），本是一个医用术语，意指丧失语言表达能力的症状。目前该词已被多学科广泛使用，用以描述各类文化、艺术、语言及理论的表达失效现象。早在 2000 年 10 月 19 日的《光明日报》，南京大学的从丛教授就首次将医学术语中的"失语症"引用到了外语教学中，提出了"中国文化失语"的概念，即从事外语教学的学者，在与西方人的交往过程中，不知道如何用英语表达自己国家的本土文化，尤其是传统文化，因此，在文化对话中，丧失了对话的能力[②]。当下中国建筑师在创作过程中的"词不达意"或者"语焉不详"就是典型的"文化失语"症状：一方面缺少具有中国特色和被世界认可的本土创作理论体系，另一方面又无法透过有说服力的实践作品清晰地传达华夏五千年丰厚、独特的历史文化底蕴。

1.2.2　文化失语的建筑现象

"建筑文化失语"在本书中特指在当前全球化浪潮下的中国建筑普遍存在着丧失自身正确的价值体系而邯郸学步的混乱现象，同时也伴随着城市与建筑发展过程中大量充斥的山寨

---

① 全成浩. 传承与创新——韩国现代建筑与传统思想之关联的研究 [D]. 北京：清华大学，2014：17.
② 赵岩. 本土文化缺失导致的文化失语现象及对策研究 [J]. 前沿，2011（24）：192.

和模仿的低俗化现象，以及由于文化内涵缺失而导致的"千城一面"的同质化现象。正如王澍在普利兹克奖颁奖典礼上的发言："面对规模巨大的人工造物，传统中国伟大的景观系统在今天意义何在？在蔓延城市乡村的现代造城运动当中，如果不大拆大建，城市建筑应该如何发展？如果传统已经被拆为平地，新的城市建筑如何在废墟中接受历史和生活的记忆，重新建立文化身份的认同？在中国深刻的城乡冲突中，建筑学以什么样的努力可能化解这种冲突？[①]"

1. 身份模糊的尬象

21世纪的中国积极倡导了"一带一路"海外战略，标志着中国跨出国门、走向世界，逐步实现中华民族的伟大复兴。在这一复兴进程中，中国逐步实现了世界的融入，与此同时中国建筑也必然成为世界建筑中有机的一部分。然而，令人沮丧的是经过自五四以来一百年的探索与发展，中国建筑并没有如我们的邻国日本一样呈现出自成一派的创作理论和特征鲜明的建筑风格。在《中国的曙光——建筑的转型》一书中暗示着西方建筑师的实践为中国大地带来了"新曙光"：一方面西方建筑师为"异域"中国带来了新设计，另一方面中国也为西方建筑师提供了一个广阔的试验场[②]。但是这种曙光恰恰如同一个硬币的两个面，它从侧面证明了中国建筑的理论体系缺位和价值体系失衡——中国建筑呈献给世界的总体印象是一系列碎片化的人云亦云：国际上流行后现代主义，那么我们就认为它是先进的；国际上鼓吹解构主义，那么我们就认为它是时尚的；国际上提倡非线性风格，那么我们就必定努力学习；国际上鼓励绿色高技倾向，那么我们就必定大力推广……

由于我国建筑学是建立在西方科学的理性分类体系之上的，因此，当下中国建筑师的创作实践必然借用现成的西方既有方式、思维模式和评价标准，鲜有扎根本土文化，在国际舞台上传递民族文化的"中国好建筑"诞生。从根本上说，这是社会整体对于文化自觉意识缺失的体现[③]。

2. 价值失衡的乱象

当代西方发达国家已率先进入了一个以消费力为导向，以注意力为目标的"视觉社会"；一个专注追求眼球刺激，强调独一无二的"奇观社会"；一个唯新奇、唯高大、唯怪诞论的"奇葩社会"。受此影响，不少违反自然科学规律、突破建筑学基本原理的"奇奇怪怪"的建筑也在中国大行其道。仅在北京一地就举不胜举："超现实大蛋"国家大剧院、反重力的杰作CCTV"大裤衩""惟妙惟肖"的福禄寿天子大酒店，以及祥云火炬大厦等。这些"奇奇怪怪"的建筑既不符合传统西方建筑学以理性分析为基础，强调基本规律的设计原理，也不符合传统东方文化以"天人合一"为基调，追求自然、和谐、诗意的审美心理，是不折不扣的因价

① 陆璐，凌世德. 一觉二十年，风雨中国梦——解读实验性建筑师对"中国性"表达的探索 [J]. 华中建筑，2013（7）：13.
② 当代中国建筑设计现状与发展课题研究组. 当代中国建筑设计现状与发展 [M]. 南京：东南大学出版社，2014：309.
③ 当代中国建筑设计现状与发展课题研究组. 当代中国建筑设计现状与发展 [M]. 南京：东南大学出版社，2014：108.

值失衡所导致的畸形产物。

　　建筑文化是人类文化的核心之一，它集中表现了所在国家和民族的价值取向和文化品位。这种唯视觉化的非理性价值取向早已超出了建筑天然的器物属性，从长期来看必将误导大众将"奢靡之风"习以为常，从而导致资源的极大浪费。21世纪以来，随着科学发展观和高品质发展的新时代理论深入人心，以"两山理论"为代表的可持续发展模式逐渐成为中国城乡一体化发展的主旋律。因此，在建筑创作中回归传统价值标准，建立理性有序的评价体系，是中国当下复兴之路上必不可少的一个环节。

　　3. 千城一面的怪象

　　过去四十年快速城镇化的历程，正是中国房地产飞速发展的黄金期，为了配合开发商的市场行为，大量商业开发建筑的文化性实际沦为促进消费的标签化商业噱头：昨天是欧陆风情、北欧风情，今天就是西班牙式、地中海式，明天则是新古典主义、新城市主义，而后天则是新中式、新港式、新东南亚式……以至于近年来，从南到北，从东到西，中国的房产开发完全是被充分标签化、套路化、潮流化的速生产品模式。这一时期由于彻底的资本化倾向导致了中国各地千城一面的同质化现象极其严重（图1-3）。

　　中国在这一波高速发展的路径下，原本个性差异显著、风格特征鲜明的众多城市逐渐淡漠了原有的丰富地域特征：市中心的历史印记由于外科手术般的"清创式"快速改造和剩余

（a）　　　　　　　　　　　　　　　　（b）

（c）　　　　　　　　　　　　　　　　（d）

图1-3　千城一面的同质化现象
（a）西安某新区；（b）南昌某新区；（c）石家庄某新区；（d）郑州某新区

空间被假古董快速填充，造成了历史文化的毁灭性破坏；诸多的城市腹地和新区开发没有分析、不经思考，一味比拼速度、强调高度、追求奢华，甚至在城市与建筑中充斥着大量违反人性的"拿来主义"产物，而中国本土文化从精神到物形却整体缺失了[1]。

4. 中式复辟的媚象

"民族复兴"的思想肇始于清末，成形于五四，又历经内外战争和革命运动的跌宕起伏，直至改革开放之后才重回中兴之路。在这一场由盛及衰，触底反弹的艰难复兴历程中形成了一个基本共识，即必须通过民族文化的复兴才能从根本上促进或实现中华民族的伟大复兴。吕思勉认为"国家民族之盛衰兴替，文化其本也，政事、兵力抑末矣[2]"。在钱穆看来"无文化，便无历史。无历史，便无民族。无民族，便无力量[3]"。而中国建筑界以吕彦直、梁思成等为代表的几代建筑学人，以极大的热忱和使命感，努力探索着现代建筑中的"文化复兴"，延续历史，继承传统，彰显文化。

当我们致力于实现建筑领域的"文化复兴"，积极探索具有辨认度的"现代中国性"之际，我们身边却充斥着大量的打着传统复兴的幌子，进行着所谓"中国式媚俗"的建筑设计[4]（图1-4、图1-5）。继"欧陆风情"之后，所谓的"新中式风格""新中国风""中式大宅""中式田园小镇"等噱头的房地产建筑在大江南北风行一时，成为资本新贵的"生活时尚"。这在某种程度上表明当经济发展到一定程度，社会的文化心理和审美取向需要回归本民族自身的文化根源，以此来确立文化识别感[5]。但这种"中式怀旧"现象与"欧陆风情"一样，只是对建筑风格、样式的肤浅模仿，本质上都是一种基于标准化平面下流水线式生产的"立面包装艺术"，却放弃了对建筑文化和中国传统作出深刻的、严肃的理解和表达。

图1-4 "中国式媚俗"建筑1

图1-5 "中国式媚俗"建筑2

① 当代中国建筑设计现状与发展课题研究组 . 当代中国建筑设计现状与发展 [M]. 南京：东南大学出版社，2014：243.
② 吕思勉 . 吕思勉文集 [M]. 上海：华东师范大学出版社，1997：454.
③ 钱穆 . 文化与教育 [M]. 桂林：广西师范大学出版社，2004：69.
④ 陆璐，凌世德 . 一觉二十年，风雨中国梦——解读实验性建筑师对"中国性"表达的探索 [J]. 华中建筑，2013（7）：14.
⑤ 当代中国建筑设计现状与发展课题研究组 . 当代中国建筑设计现状与发展 [M]. 南京：东南大学出版社，2014：244.

1.2.3　建筑文化失语的原因

"中国式"的建筑文化失语现象背后涉及历史、文化、社会、体制、教育等诸多复杂因素的影响，可以大致归纳为三个不同层次的问题。

从思想价值层面来看，百多年来的坠崖式衰落使得中国在与国际间的不平等竞争中一直处于落后的追赶局面，导致了中国建筑多年来形成的价值判断和评价标准的西方化和同质化。

从文化教育层面来看，中国传统文化在经历了"文化大革命"等若干次的传承断裂以后未得到良好的衔接，导致中国建筑师的传统素养和理论修养普遍不足。广大建筑学人最初接受到的教育和借鉴的范本主要是现代主义建筑的设计原理，而更具深层价值的设计哲学和设计方法则被忽略或无暇顾及，相当于断背瘸腿，从而导致设计手法的运用明显带有机械僵硬的通病[①]。

从职业环境层面来看，中国建筑师的创作条件并不理想，无论是商业开发项目的利润最大化，还是政府主导工程的形象最大化，其本质都是对建设速度和建筑体量的盲目追求。在领导意志和资本效益的双重逼迫下，中国建筑师的创作不得不迁就于不健康的决策管理制度和不科学的设计建设周期。

1.3　文化生机

1.3.1　生机的概念阐释

生机盎然是人世间最美的风景，生机勃勃是国家、群体和个人最佳的状态[②]。虽然在具体的文化内涵上有所不同，但是"生机"作为一个文化概念却为中西方文化所共有。在古希腊文化中，"生机"意味着"生命力"，一种在生物体内存在着的非物质要素，这种要素使物质获得"生机"，使"生命"这一特定的形式得以实现其自我完善的目的[③]。这种非物质要素类似于中华传统文化中的"气"，如张载在《正蒙·太和篇》中所说："太虚不能无气，气不能不聚而为万物，万物不能不散而为太虚。"在日常语汇中，中国人对气的理解注重的是形态和功能，于是就有了"朝气、暮气、福气、晦气、勇气、志气、骨气、风气、士气"等诸多"气"的说法[④]。

① 解琦.从建筑文化学的视角看当前中国建筑的困境 [J].建筑与文化，2007（4）：6.
② 王前.生机的意蕴——中国文化背景的机体哲学 [M].北京：人民出版社，2017：1.
③ 蒋涤非.城市形态活力论 [M].南京：东南大学出版社，2007：18.
④ 王前.生机的意蕴——中国文化背景的机体哲学 [M].北京：人民出版社，2017：40.

"生机"一词在现代汉语中有两种解释：一是生存的机会，如沈复《浮生六记》中有"妾若稍有生机一线，断不敢惊君听闻"；二是生命的活力，如"满眼生机转化钧，天工人巧日争新"。人们经常将生机与活力相提并论，其实"活力"是"生机"量的特征，而"能够以很小投入取得显著收益的生长壮大态势"才是"生机"质的特征①。本书中的"生机"接近生命力、活力的意思，表示文化从自觉、自醒转为自信、繁荣的状态。但是"繁荣"只表示一种瞬时状态，而"生机"则是为"繁荣"加入了时间维度的因素，表示一种历时性的健康状态。

"文化生机"特指某种文化长时间地充满旺盛的生命力，能够自主地激发活力、自发地保持创新、自愿地吸收融合、自觉地适应变化。从历史上看，中华文化鼎盛的春秋战国时期、汉唐时期和欧洲文化繁荣的古希腊时期、文艺复兴时期都因为推崇刚健有为的积极型文化作为支撑而繁荣昌盛，而在中国的两宋晚期、晚明、晚清时期和欧洲的罗马帝国时期，都因为以自我消弭的消极型文化作为文化纲领而日渐衰亡。这意味着我们的建筑文化如果追求过度装饰的手法主义和唯感官刺激的视觉主义，则极易重蹈洛可可柔靡式的覆辙，"自给自足，贪图自己疆域内的安宁享乐，渐渐地腐败堕落，对国外的事情毫无兴趣，沉迷于纸醉金迷之中，忘掉了奋发向上、辛劳、冒险的高尚生活②"。

历史的事实也证明了任何文化都在不断演变和发展，并没有一个固定不变的内涵，没有一种文化能够永远对社会发展起到促进作用或者阻碍作用。因此，要实现"文化生机"，就需要我们不断地交流、变化、适应、创新，既要做到文化自信，牢牢地扎根于自身的文化传统，又要做到从容开放，充分了解整体的西方文化。正如恩格斯所言："一切僵硬的东西融化了，一切固定的东西消散了，一切被当作永久存在的特殊东西变成了转瞬即逝的东西，整个自然界被证明是在永恒的流动和循环中运动着③"。

1.3.2　生机的理论溯源

1. 机体哲学

西方文化中的机体哲学缘起于古希腊时期的"万物有灵论"，或称之为"物活论"，即世界的本源由火、水、土、气四种具有灵性的元素构成。泰勒斯、柏拉图和苏格拉底均认为世界是一个不可分割的整体。亚里士多德在此基础上提出"四因说"来解释质料因、形式因、动力因和目的因是构成宇宙的基本成分④，这些基本成分又构成一个有机的整体，拥有生物灵性，能够进行思考。

---

① 王前.生机的意蕴——中国文化背景的机体哲学 [M].北京：人民出版社，2017：4.
② 任宪宝.罗斯福演说：战火中的民族精神 [M].北京：中国言实出版社，2014：12.
③ （德）恩格斯.自然辩证法 [M].中共中央马克思恩格斯列宁斯大林著作编译局，译.北京：人民出版社，1984：15.
④ 王前.生机的意蕴——中国文化背景的机体哲学 [M].北京：人民出版社，2017：20–21.

17 世纪的德国哲学家莱布尼茨提出了单子理论来超越机械论所存在的局限性。他认为作为宇宙中有活力的最小实体，单子具有自为性和能动性，也具有透视性和秩序性，"一个生物或动物的形体永远是有机的，因为每一个单子既是一面以各自的方式反映宇宙的镜子，而宇宙又是被规范在一种完满的秩序中"①。法国哲学家柏格森关注机体的时间性，用动态、变化、绵延、有机的观点强调生命体是连续的整体。英国哲学家怀特海在"单子论"的基础上提出机体的包容性决定了机体的过程性，这是一种关注过程的哲学新思维。他通过对机体实在性、持续性和流变性的解释揭示了建立在关系本质上的机体间的交锁性，以及机体与环境的互动关系②。

20 世纪以来的机体哲学则更加关注机体的结构与功能的关系。巴姆把机体哲学进一步发展为强调相互依存关系的"互依哲学"。格里芬倡导"返魅"的机体哲学则将自然看作整体与部分相互联系的有机体。

总体而言，整体性、动态性、连续性是西方机体哲学的基本特征。与强调逻辑、注重分析的传统西方哲学不同，西方机体哲学在本体论层面更注重机体的整体性和内部的有机联系③，在认识论层面则注重直觉思维与逻辑思维的综合，以此弥补西方传统哲学僵硬的机械化。

2. 生机美学

以人本为中心的西方古典美学二元论提倡主体精神灌注自然客体的过程中呈现出所谓的"生气灌注"，即理性主体作用下组成美的各个感性部分构成统一的整体。而德勒兹提出的生机美学与之相较存在较大的差异，以内在性为基础，关注有机生命或非有机生命力量的存在，强调丰富生命形态所蕴含的差异性、多元性和流变性④。

德勒兹的生机美学解辖域化⑤了黑格尔主张的主客两分和内外辩证的二元论美学体系，超越了西方传统哲学的人类中心主义思想，昭示着浩瀚的宇宙因纷繁复杂的生命形态而呈现多元流变、互动博弈的美学景观⑥。它继承了柏格森提出的动态、变化、绵延、有机的机体哲学美学宗旨，呈现出持续流动的、块茎状的形态特征⑦。它倡导社会文化生态和自然生态的和谐共存，本质上在自然生态层面是反人类中心主义的，在社会文化生态层面是反西方中心主义的。

德勒兹的生机论美学促使我们突破了在摒弃了神本主义之后的西方近现代文化以人类中心主义和西方中心主义为主导的思维局限性，转而强调人类与非人类、人类与自然、艺术与世界之间的有机联系和互动共生。自然、差异、多元、开放、共生是德勒兹生机论美学思想

---

① 北京大学哲学系外国哲学史教研室 . 西方哲学原著选读（上卷）[M]. 北京：商务印书馆，1983：488.
② 王前 . 生机的意蕴——中国文化背景的机体哲学 [M]. 北京：人民出版社，2017：27-28.
③ 王前 . 生机的意蕴——中国文化背景的机体哲学 [M]. 北京：人民出版社，2017：32-33.
④ 麦永雄 . 论德勒兹生态美学思想：地理哲学、生机论和机器论 [J]. 清华大学学报（哲学社会科学版），2013（6）：118.
⑤ 解辖域化：哲学专有名词，由伽塔里和德勒兹提出，是产生变化、使之改变的意思——作者注.
⑥ http://philosophychina.cssn.cn/fzxk/mx/201507/t20150713_2744151.shtml.
⑦ 麦永雄 . 论德勒兹生态美学思想：地理哲学、生机论和机器论 [J]. 清华大学学报（哲学社会科学版），2013（6）：118.

的核心，这直接开启了风行欧美根植土地、与自然融合的"大地艺术"，同时也预示了西方文化中"征服自然"的世界观与东方文化中"天人合一"的世界观融合的可能性。

3. 元气理论

"生机"一词在中华传统文化之中是被广泛接受和普遍使用的。"生机"是"生"与"机"的结合。其中，"生"意味着生命、新生、生长等：如在《易经·系辞上》中有"生生之谓易，成象之谓乾，效法之谓坤"；在《道德经》中有"道生一，一生二，二生三，三生万物"。而"机"字源于繁体字"機"，其中的"幾"字，按照《说文解字》的解释，具有预示危险的征兆的意思，并被引申为各种事物变化的萌芽状态①：如《庄子·天运篇》有"意者有机，缄而不得已耶"；在《列子·天问》中有"事物变化之所由，皆出于机"。由此可见，这种以阴阳关系为基础，经由历代贤哲阐发而形成的有机自然观是中华文化思维的基本特征。

"元气"这一概念，正是在这种有机自然观下的产物，表示组成天地万物的基本元素。其源头可追溯到老子《道德经》的"道"，始见于《鹖冠子·环流》："有一而有气，有气而有意，有意而有图，有图而有名，有名而有形"。其后，元气理论又经过汉唐时期诸多贤哲的不断扩充和发展，在北宋时由张载提出了"元气本体论"。在他的《正蒙·太和篇》中有"太虚无形，气之本体，其聚其散，变化之客形尔；至静无感，性之渊源，有识有知，物交之客感尔"，"太虚不能无气，气不能不聚而为万物，万物不能不散而为太虚"。元气理论是中国古代先民朴素的自然哲学观和生命认识论，它为医学和武术的发展奠定了理论基础，因此在中国古代一直有"医武同源"之说。

中国传统医学以"天人相应"的整体观、辨证论治、分形相似观的医学循证为核心，包括以分形阴阳五行学说、藏象五系统学说、五运六气学说、气血精津液神学说等理论为基础，系统研究了人的生理和疾病现象，并详细阐述了诊治和养生的方法。如《黄帝内经》运用阴阳五行学说解释天人关系，使天人感应观念增添了养生和治疗方面的内容②。在《难经·八难》中有"气者，人之根本也，根绝则茎叶枯矣"，在《素问·宝命全形论》中有"夫人生于地，悬命于天，天地合气，命之曰人"，在《灵枢·刺节真邪》中有"真气者，所受于天，与谷气并而充身者也"。而清代徐大椿在他的医学论文集《医学源流论》中对元气作了如下总结："五脏有五脏之真精，此元气之分体者也。而其根本所在，即《道经》所谓丹田，《难经》所谓命门，《内经》所谓七节之劳有小心。阴阳阖辟存乎此，呼吸出入系乎此，无火而能令百体皆温，无水而能令五脏皆润，此中一线未绝，则生气一线未亡，皆赖此也"。

又如《素问·上古天真论》中所说的"恬恢虚无，真气从之，精神内守，病安从来"，多数中国气功心法的理论源头都是追求"天人合一"和"阴阳辩证"的"元气论"。"拳起于易，

---

① 蒋谦. "生机"视域下的机体哲学探索 [J]. 科学技术哲学研究，2018（4）：126.
② 王前. 生机的意蕴——中国文化背景的机体哲学 [M]. 北京：人民出版社，2017：36.

理同于医"，古代先贤们以"元气论"为理论基础，通过几百年来的实践探索，逐渐总结出一系列可以固本培元、调理生机的功法：太极拳强调"刚柔并济"，形意拳讲究"用意不用力"，八卦掌要求"化意念足"。以中国武术界最负盛名的"北少林，南武当"而言，少林外家拳以发力为主，讲求"内练一口气，外练筋骨皮"，武当内家拳以养气为主，讲求"练精化气、练气化神、练神还虚"。由此可见，无论是少林武术的"拳禅合一"，还是武当武术的"形神合一"，都是通过调动"元气"来实现人体内在的"精、气、神"与外在行为的"身、法、步"之间的灵活协调、有机统一。

总体而言，"元气论"是建立在以《周易》为基础的"天人合一"的宇宙观、自然观之上的，具有整体、辩证、动态、连续、循环、混沌的基本特征。这是一种长于宏观把握而拙于微观剖析，长于关系和结构布局而拙于建立在逻辑性上的理性推演，长于定性分析而拙于定量分析的实用理性[①]。这种实用理性精神具有极强的包容性、适应性和转化性，为历史上多种外来文化与本土文化的融合提供了天然的土壤，这也正是悠悠中华文化历经几千年而长盛不衰的不老"内丹"。

4. 意境美学

众所周知，中国的书法、绘画与诗词等艺术早已融为一体，它们在概念上的统一源于对自然之道和宇宙秩序的整体认知，通过人们的感知和体验成为一种具有体验性的"感觉体系"[②]。对关系的协调以求得"和"的整体感觉是中国传统美学最根本的艺术主张。孙过庭在《书谱》中有"违而不犯，和而不同；留不常迟，遣不恒疾；带燥方润，将浓遂枯；泯规矩于方圆，遁钩绳之曲直；乍显乍晦，若行若藏；穷变态于毫端，合情调于纸上；无间心手，忘怀楷则；自可背羲献而无失，违钟张而尚工。"作为对宇宙的抽象二维表达，书法与绘画的构成必须包含多样性，即紧张与松弛、整体与部分、对称与失衡、平衡与失稳之间的相互作用与影响，与篆刻中也如出一辙，所有这些艺术都力求和谐一致[③]。

书法之"和"与音乐之"和"一样，都来自这形成节奏感的虚实相生，它是使艺术作品极富有节律又和谐完整的手段[④]。"五色杂而成黼黻，五音比而成韶夏，五情发而为辞章，神理之数也"，刘勰在《文心雕龙》中指出，"异音相从谓之和，同声相应谓之韵"。因此，我们可以认为"和"一般是指外在形式之美，而"韵"则是内在的精神之美。南齐谢赫在《古画品录》中提出了"六法者何？一气韵生动是也，二骨法用笔是也，三应物象形是也，四随类赋彩是也，五经营位置是也，六传移摹写是也"的艺术观点（图1-6）。"气韵生动"的审美标准使得中国绘画艺术并非如西洋油画一样强调对形体、光影、色彩的理解和刻画，而是通过经营布局和

---

① 当代中国建筑设计现状与发展课题研究组. 当代中国建筑设计现状与发展 [M]. 南京：东南大学出版社，2014：77.
② 李晓东，杨茳善. 中国空间 [M]. 北京：中国建筑工业出版社，2007：50.
③ 李晓东，杨茳善. 中国空间 [M]. 北京：中国建筑工业出版社，2007：75.
④ 陈廷佑. 书法之美的本原与创新 [M]. 北京：人民美术出版社，1999：68.

空间结构的表达使之成为一种抽象的"势"的体验。笪重光在《画筌》中对"气韵"和"势"之间的关系作出了如下论述："得势则随意经营，一隅皆是；失势则尽心收拾，满幅都非。势之推挽在于几微，势之凝聚由乎相度。画法忌板，以其气韵不生，使气韵不生，虽飞扬何益；画家嫌稚，以其形模非似，使形非似，即老到奚容。"有鉴于此，宗白华则把"气韵生动"总结为生命的节奏，即通过主观感受和情绪表达，可以体现气韵生动的活跃生命，进而实现自有审美的境界[1]。

"气韵"在中国传统美学中还含有"韵外之致"的意思，类似老子在《道德经》中所说的"道隐无名"——"大白若辱，大方无隅，大器晚成，大音希声，大象无形"。今天我们把这种美的"大道"称之为意境，从古至今它在不同的文献典籍中又有着多种不同的文献阐释：如在《庄子·外物》中则是"言者所以在意，得意而忘言"；在《沧浪诗话》中则是"盛唐诸人惟在兴趣，羚羊挂角，无迹可求。故其妙处，透彻玲珑，不可凑泊，如空中之音，相中之色，水中之月，镜中之象，言有尽而意无穷"；在《艺概·文概》中则是"《檀弓》语少意密。显言直言所难尽者，但以句中之眼、文外之致含藏之。已使人自得其实，是何神境。"由是可见，这种"韵外之致"实际上是通过"语少意密"的留白，进而达到"余音绕梁"寻味，最终实现"大象无形"的境界。正如司马迁所说的"高山仰止，景行行止。虽不能至，然心向往之"，意境之美能够激发我们无限的思绪（图1-7），当人们驻足于艺术之前而自在遨游之时，就隐约触摸到了想象的空间之美。

图1-6 《古画品录》中的气韵生动   图1-7 《踏歌图》中的意境之美

---

① 薛富兴. 东方神韵——意境论 [M]. 北京：人民文学出版社，2000：178.

中国传统美学在本质上却如同道家的"气"一样具有混沌性，是一个密不可分的有机整体。中国古代的艺术家们在静态的艺术创作之中，不自觉地加入了动态的时间维度，使得中国传统美学实现了真正的"生机之美"。

1.3.3 建筑文化的生机

建筑文化作为人类诸文化中的一种，必定首先具有诸文化的共性特征，其次也具有建筑学的个性特点。当我们把建筑文化视作一种有生命的机体，那么它的"生机"必然具有整体、包容、延续和适应等有机体的基本特征。

1. 整体性

文化的整体性要求我们运用宏观、动态的视角来审视和把握人类文化活动的智慧成果。从文化的纵向上来讲是把握自身文化的过去、现在和未来：既能够清楚不同历史时期文化的差异，又能够认识到现在的文化是过去的继承和发展并且还在不断地扬弃和发展，还能够正确地把握文化未来的正确发展方向。从文化的横向上来讲是甄别自身文化与外来文化的差异和良莠：既能够保持自身文化的优秀特质，又能够正确对待外来文化；既不"他化"，也不"复古"；既能够在诸文化中求同存异、取长补短，又能够在世界文化中彰显自身的特色，并与其他文化共同代表这个世界普适性的价值[1]。

2. 包容性

广袤而孤立的文明空间，独自创发的文化，表面上看起来具有统一性和整体性，但是这种统一性和整体性之所以不是僵化的铁板一块，而是生机勃勃的活火山，恰恰是内部的多元性和融合性而形成的[2]。"海纳百川，有容乃大"的包容精神是人类由来已久的大智慧，在这一点上东西方文化是相通的。包容并不是一个简单的多种文化共存的过程，而是各种文化在好奇、倾听和对话中相互欣赏、相互学习、相互交流乃至相互吸收、相互融合的过程[3]。从历史上来看，包容精神的存续与文化的生机、国家的兴衰息息相关、密不可分。每一个中华文化兴盛的历史时期总是充满了包容的精神，先秦的百家争鸣、魏晋的汉胡交融和汉唐的万国来朝莫不如是。而今天的美国文化同样强盛，"没有任何一个国家具有这样的多样性，也没有哪个国家——甚至欧盟27国也不能在这一点上宣称自己代表一个普遍意义的民族。这一点最终解释了美国创意产业在文化与娱乐、主流与小众方面对世界的主宰，一种呈上升趋势的主宰"，法国社会学家弗雷德里克·马特尔在分析全球文化战争时认为，"由于内外文化的多样性，美

---

① 王京生. 我们需要什么样的文化繁荣 [M]. 北京：社会科学文献出版社，2014：142–143.
② 徐兴无. 龙凤呈祥——中国文化的特征、结构与精神 [M]. 北京：人民出版社，2017：27.
③ 王京生. 我们需要什么样的文化繁荣 [M]. 北京：社会科学文献出版社，2014：121.

国才真正做到了自我更新^①"。从建筑的发展进程来看，多数地区建筑文化的生发并非呈单一的线形辐射形态，而是由空中繁星一样的多点开花逐渐走向相互碰撞、相互影响、相互认同。我们可以确定多样性为建筑文化的生机提供了最广泛的激发能力，而包容性则在求同存异的文化对话中为建筑文化的生机提供了最可靠的共生能力。

3. 延续性

延续性是指建筑文化在相当长的一段历史时期中能够超越时间的局限得以稳定，并在此过程中一方面表现出建筑文化内涵不断地继承、发展、积累和叠加，另一方面则表现为建筑文化外延不断地发展变化和更新扬弃。建筑传统就诞生于这种积累和变化过程的辩证统一之中，传统中存在着现代因素，现代中同样存在着传统因素，中国建筑文化连续数千年从未中断就是最好的证明。如果单方面坚持强调对传统文化的消极或被动的静态保护，那就极有可能使传统日渐僵化而不适应时代的要求。因此，我们需要坚持对传统进行积极能动的再解释、再创造，那就能使其具有适应现代和未来之感情、思考、行动、生活方面所需要的文化主体性^②。

4. 适应性

适应性原本指在生物中普遍存在的一种对外界环境的适应能力。文化要成为活的有机体，必须依据当前政治、经济、社会的变化而变化。古今中外但凡具有生机的文化都一定会应时、应地、应对象的不同而不断适应、调整、变化。一个国家、一个民族的文化是一个有机整体，既有传统文化也有当代文化，最有生命力的文化是传统与当代最佳结合，既继承传统又推陈出新、各领风骚^③。在法国哲学家列维·斯特劳斯看来，当某种文化与另一种文化或是另一种文化的某些内容产生碰撞时，一个普遍的反应就是适应，或者是借用一些文化碎片，并入传统的结构中^④。就建筑而言，无论是传统文化与时代文化，还是本土文化与外来文化，都必须经过"取其精华，去其糟粕"的适应过程，才能符合所处时代广大民众的需要，这就是所谓的创造性转化和创新性发展（图 1-8 ）。

图 1-8　创新适应的石库门建筑

① （法）弗雷德里克·马特尔.主流——谁将打赢全球文化战争 [M].刘成富，房美，胡园园，等，译.北京：商务印书馆，2012：172-175.
② 全成浩.传承与创新——韩国现代建筑与传统思想之关联的研究 [D].北京：清华大学，2014：16-17.
③ 陈先达.文化自信中的传统与当代 [M].北京：北京师范大学出版社，2017：119.
④ （英）彼得·伯克.文化杂交 [M].杨元，蔡玉辉，译.南京：译林出版社，2016：85.

1.4 本章小结

本章以概念辨析的方式阐述了建筑作为人类一种文化现象的客观事实。

首先，结合文化传承的议题，从传统对现代的适应视角出发，对文化的概念进行剖析，将建筑文化划分为涵盖物质文化、精神文化、地域文化的传统文化和涵盖时代旋律、异质文化、社会制度、科学技术和生活方式的时代文化。

其次，又从当前中国建筑所面临的四种文化失语现象出发，较为深入地剖析了这些现象背后隐藏在思想价值、文化教育和职业环境等方面的深层原因。

最后，从国内外多个相关学科的理论中得到启发，引入"生机"的观念来解决中国建筑普遍存在文化失语的现象，即把建筑文化视作一种有生命的机体，那么它的健康活力必定具有整体、包容、延续和适应的特征，而塑造这些文化特征的过程，就是建筑师在创作过程中践行文化传承的过程。

第 2 章

建筑文化传承

2.1　文化传承的概念

如上文所言，如果把文化视为一种具有生命的机体，那么必然存在所谓"全生命周期"：萌芽期、发展期、兴盛期、衰落期和消亡期。人类作为文化的创造者，同时又是文化的拥有者，当然希望自己的文化长期处于不断发展、始终兴盛的状态，这就涉及代际之间的传承。

"传承"这个词中的"传"是延续传递的意思，而"承"是连接继承的意思。"传承"通常泛指对某种学说、技能、习俗以及精神等人类文化活动成果在代际之间延续和发展的过程。所谓的"文化传承"是指文化从一代人传到另一代人的文化传播过程[①]，也是在继承延续自身文化特征的基础上，能够充分吸收融合外来新的思想和文化，并且对自身文化进行不断发展和创新，使之在新的环境下发扬光大。

在这个过程中，外来文化成果同中国传统的固有文化成果相互渗透、相互融合、相互促进，形成中国传统文化框架所能容纳的新成果[②]。这是一种类似于"青出于蓝而胜于蓝""冰水为之而寒于水"的质变成果：一方面坚守自我，一方面开放创新。如先秦时期的百家争鸣、南北朝时期的浮屠东渡、汉唐时期的丝绸之路（图2-1）、两宋元明时期的汉族与少数民族交融等文化迁移和碰撞客观上促进了中华文化自身的进化、发展与完善。

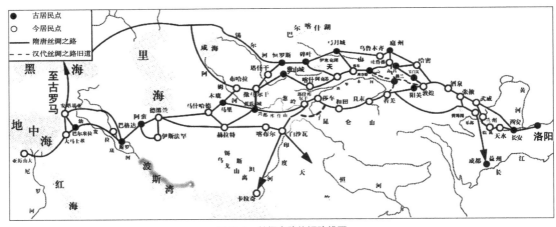

图2-1　丝绸之路传播路线图

2.2　文化传承的价值

文化传承并不是一个新的概念，它在历史长河的演进中一直是存在着的。在人类历史的早期，由于缺乏互文性的比较，各类文化多以"独立生长"的方式在不知不觉中缓慢地延续

---

① 刘晓平. 跨文化建筑语境中的建筑思维 [M]. 北京：中国建筑工业出版社，2011：138.
② 王前. 生机的意蕴——中国文化背景的机体哲学 [M]. 北京：人民出版社，2017：234.

发展着。随着生产力和科学技术的进步，人类活动半径不断扩大，不同地域、不同种族、不同国家之间的文化交流逐渐频繁，它们在彼此的差异比较中寻找到了各自独立存在的价值。而在比较之中，必然会产生"强势文化"与"弱势文化"的分化。历史性的跨度拉伸又形成了"古典文化"与"现代文化"的差异，特别是在黑格尔"时代精神"的召唤下，在文化艺术领域普遍追求标新立异的"前所未有"，从而使"古典文化"所代表的"传统"逐渐失落，甚至渐趋消亡。

今天我们开始回归经典、强调传统，那是因为西方强势的"现代文化"在过去百年间逐渐侵蚀我们的"传统文化"，使我们对所面临的文化挑战充满迷茫的焦虑和浓重的危机意识。时下的中国正走在文化复兴的道路上，强调文化传承具有"迷途知返"的重大意义。

2.2.1　身份的认知

从整个世界发展来看，科学技术发展的最大特点是趋同，如汽车、飞机、手机和互联网等随着科技的发展在全球各地都终将大同小异。只有文化，特别是民间文化和世俗文化，具有多样性，也能够表现一个民族的特点[1]。我们可以用文化自明性来解释这种"民族的特点"，并且以此说明此民族而非彼民族的根本原因。回归传统，强调传承，对于文化复兴而言具有十分重大的现实意义，既能增强民族自豪感，又能培养国家凝聚力，更重要的是在文化领域解决身份认知问题。这就要求我们超越对中国文化采取全盘否定或者盲目自大的局限，将中国优秀传统文化，看作我们的根源、个性与身份[2]，明辨其意义，扩充其内涵，实现其复兴。

2.2.2　世界的认同

在中华民族的复兴之路上，我们不但需要增强内部的凝聚力，更需要走出国门去传播自身独特的文化价值观，在交流中增进了解，在交流中扩大影响，在交流中建立认同。曾经的中华文化被周边的广大邻国所仰慕和推崇，一方面是由于中华文化自身体系的完善和成熟；另一方面是由于国力的强盛，它以一种强势文化的姿态影响着周边的弱势文化；而更重要的是丰富多彩的中华文化中所蕴含的"天人合一"、"中和刚健"、"家国同构"的价值观能够被周边弱势文化群体求同存异、欣然接受。那么今天，我们的复兴就需要从建构"人类命运共同体"的视角来看待当今世界所面临的文化困境与生存危机，在尊重文化多样性的前提下，寻求中华文化与世界其他优秀文化之间最广泛的相互认同。

---

① 陈先达. 文化自信中的传统与当代 [M]. 北京：北京师范大学出版社，2017：45.
② 徐兴无. 龙凤呈祥——中国文化的特征、结构与精神 [M]. 北京：人民出版社，2017：160.

2.2.3　生活的重构

梁漱溟先生强调"文化是生活的样态",大体上是指人的生活方式中蕴涵的一种文化观念,因为人的日常生活观念处在同一个共同体里,有许多在生活方式中形成的一些共同的文化观念[①]。中西方文化的差异,从根本上来说是由中西方生活方式的差异而导致的思维方式的差异。在过去的两三百年间,以西方"征服自然"为主旨的生活理念所引发的科技革命为人类生活带来了翻天覆地的变化。但是由于自然资源的逐步耗散而形成的困境使人们逐渐意识到,这种一味强调"人定胜天"的生活理念并非一种理想的生活方式。由此引发了人们回归东方,重新审视中华文化所倡导的以"天人合一"为目标的生存模式。这将为人类未来的发展,提供一种具有广阔延续性的可能。

2.3　建筑文化的传承

汉宝德先生在《中国建筑传统的延续》一书中指出:"中国有数千年历史,今天所见之建筑,至少有 2000 年可追溯。汉唐是中国人引以为傲的时代,明清则是我们直接传承的时代。我们所谓的传统指的是什么? 如果我们把 2000 年的中国建筑传统视为一体,那就是承认自汉唐到明清,基本上一脉相承,没有根本的差异,即使到了明清有衰微的迹象,也没有到灭亡的程度。因此,我们要找到中国建筑的精髓,作为我们所认定的传统[②]"。今天,我们讨论建筑的文化传承,绝对不应该仅仅局限于传统建筑形式的继承与发展,而应全面审视隐藏在形式语言背后的设计价值理念、建筑文化内涵和营造基本原理。

2.3.1　价值理性的回归

改革开放以来的 40 年,是中国在城市化的道路上疾步狂奔的 40 年,一方面成绩斐然,另一方面问题纷繁。首先,我们的建设普遍存在着贪大求奢、崇洋媚外的倾向,最高、最大、奢华、尊荣成为一种思维惯性;其次,经过几十年的经济建设和市场经济的洗礼,多数的商业开发存在着过度回报、过度媚俗的商业化特征,"眼睛一亮"的新颖奇特成为一种商业招牌;再次,中国人自古以来创造人类建设速度奇迹的热情未曾转变,特别是众多政府工程普遍存在盲目上马、多快好省的要求,向某某节日献礼的口号迄今不绝……而这些问题的本质均源

---

① 陈先达 . 文化自信中的传统与当代 [M]. 北京:北京师范大学出版社,2017:38.
② 汉宝德 . 建筑、历史、文化:汉宝德论传统建筑 [M]. 北京:清华大学出版社,2014:5.

于理性的缺失。

实用理性是中国社会存在的依托，价值理性是一座好建筑诞生的前提。中国传统文化崇德尚俭，唐人欧阳詹在《二公亭记》中认为，华丽的建筑"畅耳目，达神气，就则就矣，量其财力，实犹有蠹"[①]。这种以理性、节俭为判断依据的文化传统与中国古代的物质环境一起，为中国古代建筑及其理论发展方向作了定位[②]。而今天，当我们再次审视同为奥运会主场馆的"鸟巢"和"伦敦碗"时，在建筑面积和座位数相差无多的情况下前者的用钢量是后者的 5.4 倍的事实面前，我们不得不承认"伦敦碗"的设计比我们的"鸟巢"更加轻巧、更加理性、更加智慧，而这种现象背后直接反映了我们与西方发达国家在建筑理念和决策理性上的差距。

吴良镛先生在《北京宪章》中写道："建筑从本质讲，总是受到功能、经济、技术、环境等种种条件的制约，不可能像纯艺术那样随心所欲。新技术的发展可以产生新的美学观，但不能仅仅为形式的创造服务，建筑归根到底是要适应社会的需要，但作为社会的生产，要满足日益增长的人的要求，不能忽略其人为因素[③]"。人为因素是我们建筑活动的根本因素，而日常生活是影响人为因素的根本动力。在布隆代尔看来，"这些每日发生的事情是不断重复的，它们越是不断重复就越成为一种普遍规则，或者毋宁说是结构。它渗透了社会的各个层次，并规定了社会存在和社会行为的各种方式[④]"。当前越来越多的有识之士普遍认同：一切建筑活动——无论历史的、现在的，还是未来的——都应被视为一种与人的生存和生命活动直接关联的活动，从而也是人的最普遍、最经常、最频繁的活动[⑤]。因此，我们是时候停下狂奔的创造步伐，回归建筑本体、回归建筑规律、回归日常生活，从我们的优秀传统文化出发，寻找在建筑活动与日常生活之间建构真实有效联系的可靠方法。

2.3.2 多样个性的重塑

当今世界正在逐步经历全球性的结构整体变迁，全球化客观上促进了现代人日常生活的意义脉络，在此脉络中行动者赋予其行动特定的象征意义[⑥]。而从某种意义而言，同质化几乎就是与全球化形影相随的双胞胎。越是舶来的文化形式和时尚的生活方式，其对原生文化的同质作用就会越高。这一方面是由于经济全球化、信息网络化、生活西方化，以及经济强势国家对自身文化强势传播的结果；另一方面也是由于经济弱势国家对这些经济强势国家因经济依赖所导致的不同程度的文化自卑而形成的。

---

① 常青.中华文化通志·建筑志 [M].北京：人民出版社，1998：238.
② 当代中国建筑设计现状与发展课题研究组.当代中国建筑设计现状与发展 [M].南京：东南大学出版社，2014：77.
③ 国际建筑师协会.北京宪章 [J].中外建筑，1994（4）：第 3.3 款.
④ 徐千里.创造与评价的人文尺度——中国当代建筑文化分析与批评 [M].北京：中国建筑工业出版社，2000：307.
⑤ 徐千里.创造与评价的人文尺度——中国当代建筑文化分析与批评 [M].北京：中国建筑工业出版社，2000：307.
⑥ 刘晓平.跨文化建筑语境中的建筑思维 [M].北京：中国建筑工业出版社，2011：67.

中国建筑传统并非通过强调单体与单体之间的差异来塑造城市个性，但是却十分注重通过与山川河流、地形地貌的契合来塑造城市独一无二的个性。而今天正是这种强势的、先进的输入文化，直接引发了我国城市风貌的同质化，再加上诸如"一年一个样，三年大变样""白加黑、5+2"等行政命令又间接推动着中国各地无个性的建筑和城区如雨后春笋般的迅猛发展。正是由于建设"样板"的标准化导致开发模式的趋同，由于设计周期的紧迫而采用标准化最终导致建筑形态的趋同，由于建设手段的无所不能导致对地形地貌的"清创式"趋同，最终演变为大江南北的"千城一面"。在城市构成形态上，具有中国特色的同质化，而在建筑风貌的层面上，是国际化的同质化的大背景上的各类变化——各类模仿性建筑①。

　　从全球范围来看，工业化、信息化、全球化毋庸置疑在今后很长一段时期之内仍然是大势所趋。十八大以来，我国在建设领域大力提倡文化自信和文化创新，一方面是因为我们对自身悠久的传统文化倍加珍视，另一方面也是为了应对"长期以来，以西方建筑话语为主的建筑思想一统天下，这使西方文化成为建筑的主流。当代盛行的全球化更是一个以西方世界的价值观为主体的话语领域，在建筑界则表现为建筑文化的国际化以及城市空间与形态的趋同现象②"。以史为鉴，国际上先进的、成熟的、具有普遍性的经验我们可以参考借鉴，但绝不能一味地简单模仿，更不能机械地照搬照抄。城市并非一日建成，个性也并非一蹴而就，我们唯有通过学习这些他山之玉，结合过往经验教训，强调本土文化传统，突出城市文脉特色，方能重塑建筑空间和城乡风貌的个性。从文化入手，向传统学习，不失为解决文化趋同这一世界性难题的有效手段之一。

2.3.3　风俗技艺的维续

　　传统地域风俗习惯和传统建筑匠作精华是研究传统建筑文化必不可缺的一个组成部分，也是至今被该地区民众所共同认可的文化表达方式。从文化传承的视角来看有三层含义：一是保护建筑遗产的文化本体，包括历史建筑与所在的人工环境和自然环境，及其因应特征；二是传承建造仪式和历史场景，即我们需要活化普遍存在于民间的风土习俗，这是存续乡愁记忆最有效的文化基因库；三是延续和发展传统建筑的营造技艺和工匠智慧，当前那些过去口口相传的营造技艺普遍面临失传的风险，这对建筑遗产本体的保护、传承和再生构成了不可忽视的挑战③。就国内目前的实践经验和研究成果而言，我们已经逐步重视建筑遗产文化本体的保护和利用，但往往忽视将其所在的自然环境、人工环境和历史环境视为一个不可分割的整体，特别是对于风习仪式和营造技艺的保护、活化和再生尚缺乏足够的重

① 当代中国建筑设计现状与发展课题研究组. 当代中国建筑设计现状与发展 [M]. 南京：东南大学出版社，2014：40.
② 郑时龄. 全球化影响下的中国城市与建筑 [J]. 建筑学报，2014：646.
③ 常青. 乡遗出路何处觅？乡建中的风土建成遗产问题及策略 [Z]. 中国建筑学会年会讲座，2019：3–7.

视，更何谈有效的应对之策和成功经验。如果我们把建筑文化本体及其所处环境视作承载历史记忆的容器，那么对于风习仪式和营造技艺的成功活化于文化传承而言相当于根脉的守护，也是我们最终实现文化多样性至关重要的砝码。我们应该对祖先留下的各类有形和无形的文化遗产心存敬畏，因为这些遗产才是属于我们的永恒财富，它们是华夏民族存于世界的"阿基米德之点"[①]。

2.4　本章小结

本章是在上一章将建筑文化视为生命有机体的基础上，从文化轴的时间纵向演变视角出发，深入剖析如何实现建筑传统文化在代际间的有效传承，对弘扬传统文化、增强民族意识具有参考价值。

首先，我们要充分认识到，文化传承并非简单地继承延续，而是创新改良，是传统文化在具体的时代背景下的解读和适应，是原生文化与异质文化交融过程中不断地吸收与融合。

其次，我们要充分认识到在日常生活中强调文化传承的现实意义：一是在国际舞台上起到讲好中国故事、传递中国理念、彰显中国魅力的作用；二是对国民起到濡染文化、增强自信、凝聚信念的作用；三是在大众的日常生活中起到价值回归、生活健康、关系和谐的作用。

最后，我们在建筑创作的过程中延续中国建筑传统的价值在于提倡可持续的资源利用方式，寻求实用理性的空间营造方式，塑造因地制宜的独特环境风貌，延续绵延不息的传统匠作经验。

---

① 杨豪中 . 保护文化传承的新农村建设 [M]. 北京：中国建筑工业出版社，2015：3.

第 3 章

传承物质文化的
建筑创作原则

3.1　影响建筑创作的物质文化要素

传统物质文化的建筑化表现就是承载传统风貌的历史遗产及其因应环境。这两者共同构成了对人类生活而言具有"意义"的物质文化，承载着人类生生不息的集体记忆。历史遗产既可以是一部分独立的历史建筑（群），也可以是一部分残留的历史建筑构件；而某种历史遗产所处的历史地段、历史街区、历史城镇等具有文化信息的历史环境，甚至是某种具有文化积淀的地形地貌，都是它的因应环境。

人类在享受当代文明成果的同时，也无法回避"我们是谁？我们从哪里来？我们的家园在哪里？……"这样一些人类本体性的时空认同问题[①]。而建筑物质文化的传承正是我们回答这些问题最直接、最有效的方式，这也就意味着我们需要在保护和延续的前提下对这些既有的文化空间载体和心理坐标进行合理的再生利用，使之尽可能地融入到我们对未来生活的规划之中。

3.2　历史遗产的再生

3.2.1　原真性保护

历史遗产根据其重要程度又可以分为纪念性建筑遗产和日常性建筑遗产，前者就是通常意义的文物建筑，后者则是大量存在于城乡历史环境中具有一定历史价值的历史建筑。毫无疑问，我们必须对纪念性建筑遗产进行原真性保护，这是因为这些纪念性遗产的重要性和稀缺性要求我们必须进行标本式的保护。但本书更关注那些大量存在的日常性建筑遗产，这是因为我们对于历史的记忆和情感大量存在于日常活动之中。从本质上来说，这涉及我们如何处理新旧关系的问题。

西方从 17 世纪开始，先后经历了风格性修复、原真性修复、历史性修复，才有了 20 世纪的科学性修复和评价性修复理论。1963 年塞萨尔·布兰迪在出版的《修复理论》一书中提出艺术形象的原则和形象与材料相区别的原则，对《威尼斯宪章》的诞生起到了深远的作用。这份宪章指出不只是包括一些有重要价值的建筑，还包括一些能体现某一文明特征、见证某一社会发展历程和重大事件的城市或乡村环境都是应该予以保护，并使其传之永久的。历史建筑的原真性是非常重要的，除了要保护该建筑的平面布局、建筑形体、材料色彩等建筑本体的历史信息外，还包括该建筑所在的历史环境，"只要传统环境尚存，无论是在哪里，都应

---

① 常青. 历史环境的再生之道——历史意识与设计探索 [M]. 北京：中国建筑工业出版社，2009：5.

该加以保护。一切不恰当的改造，如改造原形体和色彩等的变更、新建、拆除行为都是错误的……而绘画雕刻以及装饰等构件，只有在必须临时卸下时才允许卸下……所有不可避免的增加部分都必须跟原有建筑外观明显地加以区分，新元素应是当代的元素……对于缺失部分，如要补充时，必须保证建筑的整体性，后添加部分跟保留部分要能明显区分，以防止原建筑的艺术和历史遗存失去真实性。[①]"而1987年10月通过的《华盛顿宪章》是继《威尼斯宪章》之后的又一个国际性遗产保护文件。它不再针对单一建筑本身给予关注，而是对历史街区提出保护要求——所有城市社区，不论是漫长有序发展起来的，还是特意建成的，都是历史上各式各样的社会文化的表现——不断强调历史建筑与其因应环境之间相互依存的关系。这些关系可以概括为历史地区和城市街道的格局，建筑物与城市空间的关系，历史建筑具体的原始面貌，历史地区与自然环境的关系，以及历史地段在历史上的各种功能作用[②]。

由此可见，西方的历史遗产保护经历了四个发展阶段：从保护被视为艺术品的历史建筑本体，到保护附带大量文化信息的历史建筑及其周边环境，进而保护历史建筑所在的历史地段或整个历史城区，最终拓展为对建筑遗产及其因应环境，以及背后隐藏的非物质文化遗产的协同保护。

我国古代的旧建筑更新实践恪守严格的建筑礼制等级，遵从"物尽其用"、"有机替换"的再利用原则，秉承"以不变应万变"的哲学观念，也受到"革故鼎新"、"辞旧迎新"等政治与民俗观念的影响[③]。改造中大多忽视旧建筑的历史信息，最终都以"修旧如新"的方式对木构建筑进行"焕然一新"的油漆饰面。我们注意到这种油漆饰面的保护方法固然有损木构表层的历史信息，但从客观需求上来说这是千百年延续下来的一种对于木结构安全性的保护方式。当然这种保护方式的差异，实际上隐含着深层次的文化差异——即虽然修缮的对象是建筑的物质，但其修缮的根本目的却并不在于建筑物质本身，而是其所蕴含的精神文化价值[④]。在2005年的《曲阜宣言》中，我国一众古建筑学家指出："以木结构为主体的中国古建筑，在世界建筑之林独树一帜，有区别于世界其他建筑的鲜明特点，它在材料、技术、构造做法、损毁规律及保护维修手段方面与西方古建筑有许多不同之处……对于损坏了的文物古建筑，只要按照原形制、原材料、原结构、原工艺进行认真修复，科学复原，依然具有科学价值、艺术价值和历史价值。按照"不改变原状"的原则科学修复的古建筑不能被视为"假古董"……文物古建筑的保护不仅要保护文物本身，还要保护传统材料和传统技术。离开了传统材料、传统工艺、传统做法这些最基本的要素，就谈不上文物保护。[⑤]"这就解释了我国

---

① 威尼斯宪章·保护文物建筑及历史地段的国际宪章 [J]. 世界建筑，1986（3）：8.
② 贺耀萱. 建筑更新领域学术研究发展历程及前景探析 [D]. 天津：天津大学，2011：77.
③ 郑宁. 关于建筑改造之中西比较 [D]. 天津：天津大学，2007：159.
④ 贺耀萱. 建筑更新领域学术研究发展历程及前景探析 [D]. 天津：天津大学，2011：195.
⑤ 关于中国特色的文物古建筑保护维修理论与实践的共识——曲阜宣言（二〇〇五年十月三十日·曲阜）[J]. 古建园林技术，2006（1）：3.

对于历史遗产的再生并不重视物质层面"原真性"的客观原因，但国人追求"统一"的文化思维实际上主导了国内建筑遗产再生普遍采用"整旧如新"的模式。

中国国家历史博物馆的改造就是一个很典型的案例。2004 年年底由德国 GMP 公司提交的中标方案提出拆除现存博物馆建筑的核心部分，用一座巨大的钢结构屋顶覆盖在拆除核心部分后所产生的巨大的中央空间上方，从而将旧建筑和扩建部分连为一体，用存有泾渭分明的新旧痕迹来突显"原真性"。在方案深化的过程中，业主提出建成后的博物馆其整体效果应与天安门广场上的众多建筑均衡一致，新旧建筑理应构成一个和谐的整体。于是，2006 年 9 月最终的实施方案包括一个向东面延伸的建筑体，其内部设有主要的展览空间。建筑顶部的退阶设计与中国传统建筑的檐口取得某种相似性，并强调了其与故宫、毛主席纪念堂和人民大会堂之间的关系。旧建筑的中央部分和东侧翼将进行拆除，整修后的旧建筑将在三面对新建筑呈环抱的姿态[1]。建筑内外经过本次"焕然一新"的改造，呈现出高度的完整性和艺术性。这既是天安门广场的庄严形象的"统一性"需要，更反映了中国文化的存在方式基本上是单一型的[2]。追求统一、强调完整是普遍的国民性（图 3-1）。

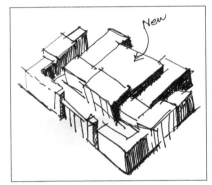

图 3-1　中国国家历史博物馆改造构思草图

3.2.2　适宜性再生

在路易斯·芒福德看来：城市在不断的更新中获得新生，但更新不能与粗暴的拆旧建新划等号；相反，以某种方式保留有利于文化传承和再生的历史空间，乃是城市更新的必要前提[3]。如果我们以一种动态的历史观去辩证地看待这些建筑遗产，特别是日常性建筑遗产，我们当然希望它是生动的、有活力的，可以为我们的生活持续不断地带来各种不同的价值。那么我们就无法回避"再生"——复原与重建、既存与翻建、扩建与新建——离开"再生"的保护常常事与愿违，而缺乏深思熟虑的"再生"又会吞噬本该保护的有限遗产资源[4]。物质文化的传承方式必然是在科学理性的"新陈代谢"与坚守历史的"休动莫扰"之间诉诸新的平衡。

对于相对完整的历史遗产，我们的关注重点不仅仅在于原真性的保护，更应着眼于通过恰当的改扩建方式为历史遗产注入适应时代需求、激发整体活力的使用功能和艺术内容。在

---

① http://www.chinabuildingcentre.com/show-6-2277-1.html.
② 武云霞. 日本建筑之道——民族性与时代性共生 [M]. 哈尔滨：黑龙江美术出版社，2003：117.
③ 常青. 思考与探索——旧城改造中的历史空间存续方式 [J]. 建筑师，2014（4）：28.
④ 常青. 历史环境的再生之道——历史意识与设计探索 [M]. 北京：中国建筑工业出版社，2009：5.

卢浮宫金字塔的扩建中，建筑师贝聿铭一方面巧妙地引导参观人流进入设置在广场下方的集散门厅，满足了卢浮宫作为世界级博物馆日益增长的游客参观需求；另一方面通过清透的玻璃金字塔与周围厚重的石材历史建筑之间的强烈对比，为巴黎的这个大心脏注入了时代气息，使之重新焕发经久不衰的魅力（图3-2）。

图3-2　卢浮宫金字塔的新旧并峙

在这一类整体性再生的设计中，新旧并峙往往是处理传统与现代关系的通行做法。建筑师贝聿铭设计美国国家美术馆东馆扩建时依据基地形状的特征将其分割成两个三角形，并通过将其中一个等腰三角形的长轴与老馆的东西向轴线重合并延续的方式完美地实现了新旧建筑的"和而不同"（图3-3）。而他在苏州博物馆的设计中，通过化整为零的几何单元组合形式与周边历史街区的肌理相融合（图3-4），并采用经典的灰白色系与拙政园的历史风貌完美契合。

图3-3　东馆与老馆的轴线合一

图3-4　苏州博物馆化整为零的肌理融入

另外一种比较典型的整体性再生方法我们可以称之为"热水瓶换胆"，即完整保留历史建筑的外立面，而在建筑内部通过强烈的新旧对比来体现时代特征。上海大学延长校区南大楼系 1925 年建造的历史建筑，由于长期空置和偶然失火急需进行抢救性修复。建筑师王海松采用在原建筑外墙内侧嵌入全新的钢结构体系以应对新的功能及现行设计规范的要求，并最大程度地使用通透的彩色玻璃，赋予了南大楼开敞、灵活的内部空间，并且与原建筑的厚重红砖墙形成了鲜明的对比，进而使得修缮后的南大楼富有活力和现代气息（图 3-5）。

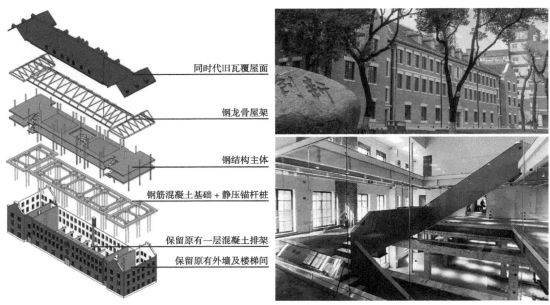

同时代旧瓦覆屋面

钢龙骨屋架

钢结构主体

钢筋混凝土基础 + 静压锚杆桩

保留原有一层混凝土排架

保留原有外墙及楼梯间

图 3-5　上海大学延长校区南大楼改造的"热水瓶换胆"模式

　　而对于一息尚存的历史遗产残迹，我们应重点关注如何巧妙地把这些需要保存的历史信息或整体、或局部有选择性地融合到"新生"的历史遗产之中，让这些浴火重生的历史建筑具有沧桑的历史之美。在巴塞罗那的圣·卡特琳娜菜市场的设计中，恩里克·米拉雷斯事务所不但在五彩斑斓的波浪形大屋顶之下保留了原址上老菜市场北、西、东三个立面，并且在其内部裸露出部分 12 世纪的圣·卡特琳娜教堂与修道院的部分遗址，赋予这个菜市场以微型博物馆的功能（图 3-6）。对米拉雷斯来说，场地上的历史性的对话已经存在，并且一直在进行，能把它打断，"你必须发现一系列时间在这块土地上浓缩凝结的证物，从逻辑上讲，依靠堆叠时间残留的痕迹来浓缩时间最容易不过了。但这并非为了证明你所做的项目是更进一步的，也不表示这里存在一个潜在的线性构想，我更愿意认为它本身就是时间——它并不存在于你身后，而是在你之前就已经存在。"[1]

---

[1]【商业设计】厉害了，这家彩色的菜市场刷爆了视觉新体验 [EB/OL]. 搜狐网，（2017-06-13）[2022-3-22]. https：//www.sohu.com/a/148517585_488260.

图 3-6　圣·卡特琳娜菜市场改造

在实践中，建筑师常常需要面对复杂的、不同时期的历史信息，如果要尽可能地保留这些历史信息，则需要降低对建筑完整性和纯净性的要求，以织补的策略最大程度地兼容这些历史信息。建筑师彼得·卒姆托设计的科伦巴博物馆全盘保留了圣科伦巴教堂经历二战洗礼后仅存的残垣断壁和宗教雕塑，以及考古发现的古罗马时期的遗留地基，同时将建筑师戈特弗里德·玻姆于 1947 年设计的小教堂完整地纳入到博物馆的整体之中。他采用镂空的砖墙将诸多复杂的历史遗迹整合起来，既保留了小教堂的宗教功能，又满足了教区的展示需求，更重要的是将这些相差了千年历史的新旧墙体毫无违和地融入到科隆主教区浓重的历史氛围之中（图 3-7）。

图 3-7　科伦巴博物馆保留的残垣断壁、小教堂及新旧墙体并存

建筑师王澍自中国美术学院象山校区开始，将回收的废弃旧砖瓦砌筑在有着现代建筑形式感的建筑外立面而获得了巨大的成功，并且他在随后的宁波博物馆和富春山馆等实践中努力延续并完善了这一物质性传承的设计手法，使得新建筑在建成之日起就天然具有沧桑的历史感。在材料的物质性中加入时间的影响就成为建筑物质文化传承的最小细胞单位，一砖一瓦融入了时间的印迹，造就了怀旧情感的延续。

3.2.3　场景性复建

场景性复建是针对已经消失的建筑历史遗产而言的，为了区别尚且存在于人们日常生活中的历史遗产，本书中姑且称之为历史记忆。一般而言，历史记忆既然已经消失就没有必要复建，因为这有悖于原真性保护原则。但是某些历史记忆或对建构完整的城市景观意象意义重大，或在政治、文化、旅游层面不可或缺，因此在资料完整、考据充足的前提下考虑复建也可以被允许。

由于桑珠孜宗堡（图3-8）的历史地位和地标作用，以及所关联的政治和文化背景，使得再现其往日风采势在必行。建筑师常青在单纯的废墟式地显露沧桑和修旧添新式地延续甚至超越历史之间作出了恰当的平衡①：在整体恢复历史上红、白堡形态的同时，将残留的堡台废墟全部保存在了复原后的整体轮廓中，在建筑色彩、檐部、门窗和内外装饰细节上依据史料，充分延续了西藏建筑的地域特点。

当然，很多时候此类消失的历史记忆无法完整复原，我们也可以从当代的眼光、发展的角度并结合一定的历史资料予以适当的"创作"。这种"创作"的复建方式在中国还是特别容易被接受的，历史上多数被毁的寺庙或名胜古迹的复建往往并不在意忠实于历史原样，而是依据复建时的需要进行自由裁量，这与一味凭借想象而生成的"假古董"还是不能一概而论的。

杭州西湖边雷峰塔（图3-9）复建的初衷正是由于杭州市民对留住"乡愁"的渴望，对恢复"雷峰夕照"这一历史场景的愿望由来已久。建筑师郭黛姮认为，雷峰塔的复建不仅仅是一个普通旅游景点建造，更需要保护文物遗址、彰显文化魅力，同时还应该体现时代特征。她认为出于景观上的意义的考虑，雷峰塔若建成残破状，登塔观景就难以实现；雷峰塔残败塔心的魅力来自千年时光的冲刷，非简单的人工做旧可以再现，即使克隆出了"老衲"式的雷峰塔，

图3-8　桑珠孜宗堡　　　　　　　　　　　　　　　　图3-9　雷峰塔

---

① 常青.历史环境的再道——历史意识与设计探索[M].北京：中国建筑工业出版社，2009：94.

它也不具备相同的记录历史的作用和价值，因而修复成类似南宋雷峰塔的式样更为恰当[①]。因此，在充分考证和研究南宋时期的八面五层塔的基础上，新塔采用了大跨度钢结构的结构形式横跨在原有的塔基遗址之上；塔身上的栏杆、瓦脊、柱子等均采用铜制，一方面减轻自重，另一方面易于维护；为满足无障碍的使用需求，塔基、塔身各设置两部液压电梯，有需求的参观者可以通过塔外的电梯换乘到达塔顶。

历史上的曲江芙蓉园（图 3-10）是久负盛名的皇家苑囿，然久已不存。为了配合西安城市发展的要求，建筑师张锦秋在原唐代芙蓉园遗址以北参照唐代皇家园林风格设计了一个全方位展示"大唐盛世"风貌的园林式文化主题公园。设计时，依据唐代诗词、敦煌壁画等历史资料，建筑师在新的大唐芙蓉园中创作并重现了紫云楼、望春阁、彩霞亭、芳林苑等一大批消失的历史记忆，并利用芙蓉园水面宽阔的特点，采用"借景"的手法将不远处高耸的大雁塔纳入园中，与园内复建的诸多历史记忆共同构成涵盖古今的"时空蒙太奇"。

图 3-10　曲江芙蓉园

3.3　因应环境的融合

3.3.1　地脉的保持

在大多数的创作实践中，保持地脉意味着尊重并顺应千百年来逐渐形成的风土环境特征，及其背后的种种理性和情感因素[②]。自发布《威尼斯宪章》以来，建筑历史遗产的保护与传承就不再局限在历史遗产本体，而应同样重视其所处环境的保持，这也就是说地脉延续是建筑

---

① 郭黛姮. 雷峰新塔，彰显文化遗产魅力的里程碑 [EB/OL]. 搜狐网，（2020-10-17）[2022-3-22]. https://www.sohu.com/na/425360255_260616.
② 常青. 历史环境的再生之道——历史意识与设计探索 [M]. 北京：中国建筑工业出版社，2009：164.

第3章　传承物质文化的建筑创作原则　055

物质文化传承中必不可少的一个组成部分。

对任何依附历史环境而存在的建筑而言，山川丘陵、江河湖泊等主导的环境要素必然是构成其历史风貌的重要组成部分。建筑师唐玉恩在设计绍兴博物馆时充分尊重府山东南麓原有的越王台轴线（图3-11）；保护府山原有的轮廓线，以显山露水……随地形起坡而升高的展厅等建筑，以"半掩半显"的姿态渐渐延伸向西、北面山体……力求保护历史文脉，尽最大的可能修复被破坏的山体[①]。

在西藏非物质文化遗产博物馆（图3-12）的设计中，建筑师肖诚充分尊重山形地貌，并充分利用山地的蜿蜒曲折，通过提取自布达拉宫"之"字形步道的原型，经过抽象的演绎，构成了从场地入口迂回上升进入建筑，以及博物馆内部螺旋上升的基本参观动线[②]，并不断调整叠加参观体验的感受，诠释了"天路"的设计概念。这种源于地脉的设计概念的出发点正是建筑师对场地环境的感性认识和直观理解，虽不惊艳，但也可以营造出色的艺术效果和丰富的情感体验。

图3-11　绍兴博物馆

图3-12　西藏非物质文化遗产博物馆

当然，整体保护地脉并不意味着僵化地全盘保留，适当地对历史遗产所处的地形地貌进行"微整形"往往可以对整体环境起到优化的效果，并对要保护的历史遗产本体起到烘托效应。建筑师程泰宁在设计南京博物院扩建工程（图3-13）时对历史环境和建筑环境进行了充分的考量，在"和而不同"的设计理念下，既表达了对原有历史环境的充分尊重，又体现了新建部分建筑的时代特征。特别是为了凸显博物院主体建筑应体现出辽代建筑特有的恢弘气势，在扩建中将此部分基座抬升3m，不但没有遮挡背后的钟山天际线，而且优化了自中山东路进入博物院的空间氛围。

通过修景的方式强化历史遗产与其因应环境之间的联系，往往能够突显历史遗产的整体文化价值。在山西五龙庙环境整治（图3-14）设计中，建筑师王辉面对一个被"封印"的虚假历史环境，引入了一种新的空间价值观——一种呈现当代与历史、整体意义与独立片段之

---

① 唐玉恩. 古越本色，乡土沉淀——绍兴博物馆设计 [J]. 时代建筑，2013（3）：130.

② 肖诚. 天路——西藏非物质文化遗产博物馆札记 [J]. 建筑学报，2019（11）：65.

图 3-13 南京博物院扩建工程

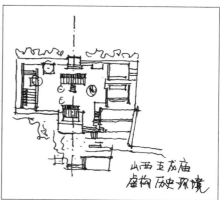

图 3-14 山西五龙庙环境整治手绘图

间差异性的思路①。针对五龙庙既存"虚构"环境，建筑师采用了"再虚构"的设计策略：对整体环境"博物馆化"的定位虚构、对五龙庙建筑"院落层叠化"的空间虚构和"类祭祀化"的仪式虚构，不仅彻底改变了封闭内向的传统文物保护模式，更为村民创造了一个欣欣向荣的社会新生境②。

3.3.2 肌理的整合

从物质文化视角来看，大多数建筑历史遗产的因应环境是由我们称之为历史环境要素的"实体与空间"所构成的。而这种"实体与空间"具有格式塔心理学中"图形与背景"的关系，鲜明地反映出城市空间格局在时间跨度中所形成的"肌理"和结构组织的交叠特征③。通常这些渐进生长而成的"肌理"是历史演变的产物，包含着地方人群的集体记忆，是城镇空间形态在其漫长的演化过程中形成的文化积淀。对这些具有生命的"肌理"进行研究，往往是我们在建筑创作和城市设计领域解读传统、延续传统、创造传统的有效途径之一。

以柏林为例，如果我们把时间作为传承建筑物质文化的特殊要素，那么就会充分理解在时间的流逝中，这座城市不断变化和丰富的肌理是如何展现那激动人心的历史片段的：新古典主义城市，早期现代主义城市，纳粹首都，现代主义的实验床，战争的牺牲品，死而复活的耶路撒冷，冷战英雄等④。每一处具有历史感的场地环境都具有历时性的特征，我们在此类条件下的创作不可避免地需要考虑新旧肌理之间的整合。新与旧的整合是为了场所的延续

---

① 鲁安东 . 考古建筑学与人工环境——对五龙庙环境整治设计的思考 [J]. 时代建筑，2016（4）：46.

② 周榕 . 有龙则灵——五龙庙环境整治设计"批判性复盘"[J]. 建筑学报，2016（8）：26.

③ 王建国 . 城市设计 [M]. 南京：东南大学出版社，2016：231.

④ 王骏阳 . 再访柏林 [R]. 上海：同济大学博士后研究工作报告，1999：40.

和转换，可以让我们在时间的跨度中找到缔结的纽带[1]，既尊重了过去的历史，又不受历史的约束。

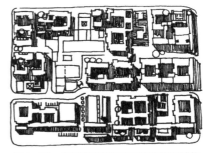

图 3-15　北京菊儿胡同院落的变异和重组

北京菊儿胡同的有机更新（图 3-15）位于历史悠久的南锣鼓巷东北侧，建筑师吴良镛在这处历史积淀深厚的城市历史地段所采用的更新策略正是顺应和保留原有环境中特有的"胡同和院落"空间结构体系，并通过"院落"的变异和重组建构出与周边城市肌理相融合的新肌理，以及在建筑造型、色彩、材料等方面对传统的继承和创新[2]，在满足现代生活需求的同时又有效地维持了历史环境的连续感。

在多数情况下，我们可以采取柯林·罗的"拼贴"策略对原有的城市肌理进行织补和针灸，有时和谐是通过一致性来实现的，有时却是通过对比，将新旧元素分层、并置来实现的[3]。由建筑师墨菲·扬设计的柏林索尼中心保留了原波茨坦广场总体规划中的一些刚性设计原则，但突破了希尔姆和萨特勒的规划建议的由三个建筑体量组成的街区，而是由一系列不同形态的单体组成的一个连续建筑体量，然后在它的中央挖出一个巨大的椭圆形公共空间（图 3-16），称之为"罗马广场"[4]。索尼中心彻底改变了原有规划所推崇的古典城市肌理，并且采用现代感十足的高科技形象，为波茨坦广场这一历史地段创造了一个充满活力的现代城市综合体。

与传统建筑相比，现代建筑的功能更复杂，尺度也更大，因此在历史环境中的矛盾普遍存在于新老建筑间尺度与体量的失调，从而导致传统肌理的突变或削弱。我们提倡进行建筑尺度整合，以调和新老建筑之间肌理的差异。一般是对历史环境中新建筑的大体量采用化整

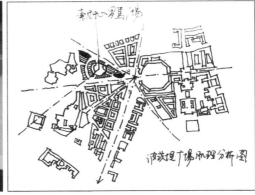

图 3-16　柏林索尼中心打散并融入的肌理

① 刘捷．城市形态的整合 [M]．南京：东南大学出版社，2004：112.
② 方可．当代北京旧城更新 [M]．北京：中国建筑工业出版社，2000：196.
③ （英）理查德·罗杰斯．建筑的梦想：公民、城市与未来 [M]．张寒，译．海口：南海出版公司，2020：198.
④ 时匡，（美）加里·赫克，林中杰．全球化时代的城市设计 [M]．北京：中国建筑工业出版社，2006：138-143.

为零的方法，或者依靠开发地下空间来尽量减少地上建筑的体量，使其与周边历史建筑相协调，并通过化整为零的方式达到空间上的丰富性[1]，同时也维护了历史环境原有的密集肌理。

面对具有崇高历史地位的建筑师路易斯·康的名作肯贝尔美术馆，建筑师安藤忠雄希望由自己设计的沃斯堡当代艺术馆（图3-17）能与之平等而友好地对话，并与肯贝尔美术馆的节奏秩序相呼应。于是在由10位著名建筑师共同参与的大型竞标中，他选择采用六个两层高的玻璃盒子进行复制、分隔和延展的方式最忠实地延续了肯贝尔美术馆的构成肌理，不仅赢得了这次竞标，并且创造了与肯贝尔美术馆同样出色的空间秩序，实现了最初所期望的新旧共生。

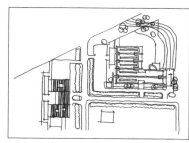

图3-17　沃斯堡当代艺术馆与肯贝尔美术馆的肌理比较

3.3.3　特征的强化

任何一个具有场所感的历史环境都需要通过自身的"特征"来获得人的认同，而特征的建立依靠的是构成环境本身的显性特征如造型样式、比例、韵律、尺度、维度、材质肌理和色彩[2]等，以及构成环境文脉的意象要素、视觉联系、空间轴线和域面网格等隐性特征。在创作实践中，对这些构成历史环境的显性特征和隐性特征加以研究，往往有助于我们设计构思的生成和发展，而进一步强化这些特征，则可以在助推物质文化传承的同时，让建筑、环境与人之间的互动关系更加紧密。

建筑师理查德·迈耶善于在复杂环境中找寻出显性与隐性的特征，以此作为创作逻辑的思考原点，再经过不断的提炼、加工和逻辑推导，使得新建筑得体地融入到所在场地环境的文脉之中。乌尔姆会展大楼正是基于一个由欧洲第一高的乌尔姆大教堂柱网所提取的控制性网格，一个由背面商住楼坡屋顶肌理所提取出来的辅助性网格，以及一系列依据城市环境中的视觉分析而生成的控制线叠加而成。而建筑第五立面的处理借鉴了背面商住楼的传统坡屋顶样式，考虑到展厅采光的需求而全面采用轻钢加玻璃的现代结构，参观者可以在观展的同

① 刘捷. 城市形态的整合 [M]. 南京：东南大学出版社，2004：115.
② （挪）克里斯蒂安·诺伯格－舒尔茨. 西方建筑的意义 [M]. 李路珂，欧阳恬之，译. 北京：中国建筑工业出版社，2005：227.

图3-18 乌尔姆会展大楼域面网格及视线分析

时透过极具现代感的玻璃屋顶仰望几经岁月洗礼的乌尔姆大教堂的钟楼。从而在这样一个复杂多变的历史环境下，完美地实现了传统与现代之间的平等对话（图3-18）。

而在法兰克福装饰艺术博物馆的设计中理查德·迈耶充分尊重和利用了场地中的多种限定条件，谨慎地采用各种手段把诸多环境特征予以强化：扩建部分一方面沿用了场地中保留建筑的朝向和轴网关系，一方面又包含河岸与保留别墅相连的七个博物馆之间隐含着3.5°的角度关系，因此，在正交网格里旋转方形平面的斜向拉力可以使一些地方的空间压缩，而其他一些地方的空间扩展，并且这种微妙的拉力使建筑内部富于变化[1]；而这种变化还使得这座博物馆成为一座沟通南部住宅区和北部商业区必经的"步行桥"，连接法兰克福的过去与现在。同时这座建筑的外立面设计采用了原建筑的比例，窗户的尺寸和外观样式作为一种模块被广泛使用（图3-19）。尽管新老建筑不尽相同，但新建筑采用原建筑的尺寸作为基础组织，使二者组合成为和谐的整体[2]。

值得注意的是，建筑遗产的因应环境是具有层次的，我们会经常关注微观的建筑层次和中观的城市层次，而往往忽略了宏观的景观层次。景观层次通常是彰显存在空间结构的背

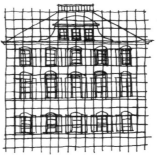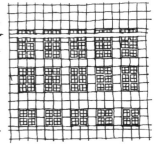

图3-19 法兰克福装饰艺术博物馆立面比例分析

---

① （美）肯尼思·弗兰姆普敦.理查德·迈耶[M].大连：大连理工大学出版社，2004：187-188.
② （美）肯尼思·弗兰姆普敦.理查德·迈耶[M].大连：大连理工大学出版社，2004：188.

景……它总是与我们保持着一定的距离,并给我们宏大而浑然一体的体验[①]。就中国而言,每一处地望深厚的历史环境必然对应着古人"相土尝水"的经验智慧,山水格局和人文地景的维续和强化理应作为物质文化传承不可分割的一部分。

临海崇和门广场(图3-20)选址于历史上的崇和门原址,同时也是临海西部古城与东部新城的交汇处。建筑师卢济威的设计充分考虑

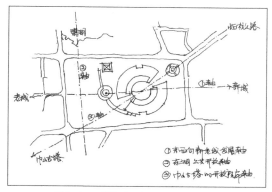

图3-20 临海崇和门广场俯瞰轴线图

了临海古城北有北固山,南有巾山(山顶有古塔作为临海地标),东临东湖,西南侧被灵江环抱的山水格局,在场地中建立了三条城市轴线:①东西向的新老城区发展轴线;②南北向的由广场与东湖相结合而形成的城市主导开放空间轴;③由境外进入城市时形成的巾山及巾山古塔为对景的视廊轴[②]。而广场中间的圆形商业建筑正是基于轴线①和轴线③的存在而作出了自东北向西南斜切的开口,打通了眺望远处巾山古塔的视廊,避免围合形成的广场内部过于封闭。特别需要指出的是,所谓的特征强化并非一味地做加法,适当的疏散和减法处理也能强化历史环境的山水格局。该设计中的轴线②即属于此列,起到了类似于山水画中飞白艺术效果的作用。

3.4 传承物质文化的建筑创作实践

3.4.1 高技再生:诺曼·福斯特的实践

柯林·戴维斯在《高技派建筑》中写道,早在1779年英国赛文河上的第一座生铁桥的落成起就开始了高技派的形式表达,而且这种由昔日大英帝国工程技术的辉煌所带来的设计方式直到20世纪末都发生着影响[③]。诺曼·福斯特正是20世纪80年代以后一位在高技表达领域取得卓越成绩的英国建筑师。1999年当他获得普利兹克建筑奖时的获奖评价总结为:"从他的第一个项目起就倾向于使用最先进的技术去完成项目。"然而在他看来高技并非一味采用刻意追求高科技的建筑技术手段,"适宜"才是最佳的技术策略,他只是将用于诸如飞机制造、汽车工业中的新材料、新技术"移植"到建筑中,这种"移植",也只有在使用最适宜的方法、

① (挪)克里斯蒂安·诺伯格 – 舒尔茨 . 西方建筑的意义 [M]. 李路珂,欧阳恬之,译 . 北京:中国建筑工业出版社,2005:226.
② 卢济威,李长君 . 城市整合——浙江临海崇和门广场城市设计 [J]. 建筑学报,2002(1):38.
③ 罗小未 . 外国近现代建筑史 [M]. 北京:中国建筑工业出版社,2004:402.

产生最大效益的情况下才采用①。福斯特对于他所遇到的更新改造同样采用了这种移植的策略，以期重生的建筑成为一个性能优良的工业精品。

始建于1894年的柏林国会大厦（图3-21）是一座新古典主义风格的普鲁士议会建筑，先后于1933年和1945年遭到两次重大创伤性破坏。他的更新设计是采用一个内部可步行观光的玻璃穹隆顶来象征已经消失的古典式穹隆顶。这个穹隆顶直径38m，高23.5m，重1200t，由24根竖直的肋和17根水平的环组成。在其内侧有两条对称的、螺旋式的、约1.8m宽、230m长的斜坡可以走到离原建筑屋顶40m高处的一个瞭望台②，以此作为一个供公众俯瞰柏林城市景观的场所，并且成为了两德统一的城市地标。福斯特充分利用生态技术来获得最佳的使用性能：自然光线透过玻璃穹顶后，再经过倒锥体的反射得以进入下面中央会议大厅的室内；穹顶内还设置了一个随日照方向自动转动的巨大遮光罩以防止眩光和热辐射，而这个中空的穹顶实际上是一个巨大的天然换风装置；该重建工程还成功地利用了地下天然湖泊资源，浅层蓄冷，深层蓄热，形成了生态的大型冷热交换器③。

图3-21　柏林国会大厦玻璃穹隆顶

大英博物馆的中央庭院（图3-22）由于在19世纪时期增建了一个圆形图书室，导致它成为了一个长期被人遗忘的角落。在1998年的改造中福斯特主要添加了玻璃顶和中央大中庭夹层，以此为博物馆创造一个核心的公共空间：在玻璃顶下设有公共信息咨询处、书店及咖啡厅；两个宽大对称环绕院中圆形阅览室的台阶向上一直引入到两个卵形的中间夹层空间作为临时的展厅及餐厅使用；在地下一层则是一个有关非洲的专题展厅，及一个有两个报告厅的学习中心和一些用于儿童的新设施④。值得注意的是，大英博物馆的四翼大楼围合的中庭并非

① 罗小未. 外国近现代建筑史 [M]. 北京：中国建筑工业出版社，2004：406.
② 贺耀萱. 建筑更新领域学术研究发展历程及前景探析 [D]. 天津：天津大学，2011：147.
③ 罗小未. 外国近现代建筑史 [M]. 北京：中国建筑工业出版社，2004：412.
④ 福斯特及合伙人事务所. 大英博物馆的中央庭院 [J]. 世界建筑，2002（6）：34.

图3-22　大英博物馆的中央庭院

标准矩形，因此这个看似几何规律很强的弯顶实际上是由复杂的非标准曲线构成的，其镶嵌的玻璃无一块尺寸相同，同时这个似环弧形弯顶的形式也并非源自主观设计，而是根据力学模型计算得来，因此其弯顶的骨架断面也十分纤细，烘托了弯顶的空灵之感 [1]。

位于纽约曼哈顿西 57 街和第 8 大道交界处的赫斯特大厦（图 3-23）是在 1928 年建成的老赫斯特大楼原址进行的建设。其最大的特点就是完全保留原有六层建筑的装饰艺术风格外立面，将内部结构完全拆除后从中建起 46 层的不锈钢玻璃大厦。塔楼和原混凝土石材外立面两者之间是完全脱开的，空隙的顶部覆盖玻璃屋顶而形成一个开放的室内公共大堂，就像一个繁忙的城市内广场。赫斯特大厦在结构上采用了斜肋钢架构，这种结构不但自重轻，并且在整体结构强度和横向刚度上为大厦提供了良好的稳定性。同时，塔楼采用结构即是造型的设计策略，转角处的内切造型对大楼的垂直向上感形成强调作用 [2]，并创造出卓尔不群的造型效果。同时，福斯特采用了多项绿色生态技术，使它成为纽约第一座在启用时即已获得 LEED 认证的办公楼。

图3-23　纽约赫斯特大厦改扩建

3.4.2　异质嫁接：赫尔佐格 & 德梅隆的实践

瑞士建筑师赫尔佐格和德梅隆的作品总是给人一种既熟悉又陌生的感觉：简洁的建筑形式和动人的材料表现。这种特征首先是对建筑本质的追问下的一种探索——建筑的要素减至

① 贺耀萱 . 建筑更新领域学术研究发展历程及前景探析 [D]. 天津：天津大学，2011：147.
② https：//news.qichacha.com/postnews_3f560ca2b5e87199906ed7ceff7f2519.html.

何种程度还成其为建筑[①]？因此，他们的作品往往被归于极简主义或者表皮主义一类，而他们在历史建筑的更新实践中依然秉承了一贯的设计哲学。他们把老建筑视为场地有机的一部分，坚持将建筑的处理与对城市空间的塑造联系在一起，把新老建筑尽量融合为一个整体，同时在新增部分对他们关心的物质性进行新的探索[②]。

赫尔佐格和德梅隆在伦敦泰特现代美术馆（图3-24）保留了原有砖瓦结构建筑外形，同时也在新建部分中使用了玻璃材料。他们期待通过砖瓦和玻璃这对相对比的材料的冲突所形成的力量，孕育出一种创造性能量[③]。泰特现代美术馆共分为两期建设，一期主要是改造了电厂内部空间为多用途现代艺术展览馆；二期是对美术馆的南部进行了扩建以增加新展示空间。比较最初的竞赛方案可以发现，赫尔佐格和德梅隆的方案对原建筑的变动是最小的。这种"有限干预"的改造策略最大程度地保留了原建筑的空间特点和造型特征，其顶部加建的两层高半透明的光梁不但为美术馆内部提供了良好的自然采光，而且与电厂99m的竖向大烟囱形成了一种均衡的虚实对比。赫尔佐格和德梅隆曾说道："当我们在1994年的比赛中初步思考这个项目时，我们就想到了在前一个电站的重型砖结构上方悬浮着一个巨大的灯的想法。这样的光线就是把日光倒入博物馆顶层的画廊，晚上人工照明的方向将颠倒过来，神奇地照进伦敦的天空。[④]"在二期的扩建中，原发电厂南部的三个大型圆形地下油罐中两个的地下一层用于文艺表演，地面以上被拆除作为新建部分的入口广场；而第三个则被改造成了一座65m高的异形几何塔楼，并通过连廊与美术馆画廊部分紧密联系；该新增塔楼的立面采取了砖面穿孔设计，取得了与"光梁"一致的空间光效，完全融合在了城市环境之中。

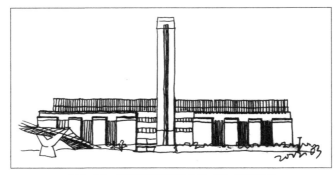

图3-24　伦敦泰特现代美术馆一期、二期扩建

在马德里普拉多当代艺术馆（图3-25）的改造设计中，赫尔佐格和德梅隆认为原建筑的红砖外墙最具有历史价值，应该予以完整保留。为了应对容量严重不足的问题，一方面保

---

① 罗小未. 外国近现代建筑史 [M]. 北京：中国建筑工业出版社，2004：418.
② 刘崇霄. 一样的旧，不同的新：几位明星建筑师旧建筑改造的观察 [J]. 建筑师，2004（6）：66.
③ （日）安藤忠雄. 安藤忠雄连战连败 [M]. 张健，蔡军，译. 北京：中国建筑工业出版社，2005：83.
④ 许扬帆，王冬. 含蓄的"介入"与悄然的"重构"——泰特现代美术馆更新改造方法探究 [J]. 建筑与文化，2018（7）：208.

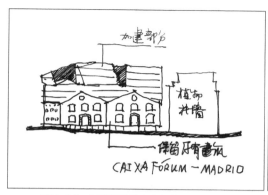

图3-25 马德里普拉多当代艺术馆手绘图

图3-26 易北爱乐音乐厅手绘图

留外立面砖墙而将原建筑内部掏空进行重建，另一方面对于不足部分则需要通过顶部和地下的空间叠加进行扩容来解决。他们将原建筑的坡屋顶拆除，保留山墙元素，以山墙的边界向上叠加一个新的体量，外包与砖红色接近的耐候钢板，再根据周边建筑形态对形体作减法切割，以呼应原有电厂建筑厚重的工业历史感。同时，为了充分挖掘场地的潜力，调整建筑与城市之间的关系，他们把建筑前方的煤气站与建筑首层一并移除以显示微坡地形的特征，不但使建筑面向城市的方向获得了良好的视线引导，而且优化了艺术馆的动线，并且巧妙处理了地形与正负零标高之间的高差矛盾，这使得整个首层与南面的花园一起形成了城市的公共空间①。

易北爱乐音乐厅（图3-26）是把汉堡港最大的仓库改建为一个全新的文化艺术综合体。赫尔佐格和德梅隆认为，原始建筑的立面语汇已让其成为汉堡城市景观的重要组成部分，但建筑立面冷漠粗野的表情难以激发场所的活力，若要改善既有建筑的气场，必然需要注入与其调性相异的元素，那么这个元素的形态必然不是平稳的，也不是沉重的②。他们在这个37m高的旧仓库上面加建了一个70m高的三角形玻璃体，顶部起起伏伏的圆弧曲线形态与四周的易北河水波相映成趣。整个玻璃体采用单元式幕墙体系，每个玻璃单元在经过特殊的冲压处理后形成凹凸有致的丰富肌理变化，同时还具有良好的节能效果。灵动与静谧、通透与厚重、清晰与朦胧、光滑与粗糙—异质嫁接—这是一种打破历史沉闷的积极策略。

3.4.3 拼贴织补：柯林·罗的实践

100年前的今天，现代主义城市规划理论正式诞生，但是直到20世纪中叶，由于二战后的城市重建工作百废待兴而得以在世界各地广泛应用。然而仅仅不到20年的时间，1961年美

---

① 刘崇霄.一样的旧，不同的新——几位明星建筑师旧建筑改造的观察[J].建筑师，2004（6）：66.
② 万丰登.基于共生理念的城市历史建筑再生研究[D].广州：华南理工大学博士论文，2017：209.

国作家简·雅各布斯就以一本《美国大城市的死与生》对现代主义规划所引起的城市病进行了强烈的批判，并提出现代城市更新改造的首要任务是恢复街道和街区"多样性"的活力[①]。1975年柯林·罗在发表的《拼贴城市》一书中表述了与简·雅各布斯接近的城市设计观点，并将现代主义城市规划的局限性归纳为"实体的危机、肌理的困境"。

在书中柯林·罗用大量的篇幅将以勒·柯布西耶为代表的现代城市模式与渐进形成的传统城市模式进行格式塔的图底分析。从结果来看，二者几乎截然相反：一个几乎全是白色的，另一个却几乎全是黑色的；一个是在几乎无法控制的空间中的实体的聚集，而另一个则是在几乎不能控制的实体中的空间的聚集；并且在这两种情况中，基底促成了一系列完全不同类型的图——一个是实体，另一个是空间。随后他提示我们回顾传统，重新去关注一下传统城市显而易见的优点：实体、连续的本底或肌理，使相应的环境或具体的空间富于活力；随后，广场和街道发挥着某种公共释放场所的作用，并提供某种清晰易辨的结构；重要的是，支持肌理或图底的丰富多样性[②]。而现代主义城市规划最大的弊病则在于"实体"与"肌理"的分离——一种类似于在广阔田野上插秧式地布置建筑的规划方法——在柯布西耶1922年所做的巴黎普瓦赞规划中新老肌理的对比是如此的鲜明，以至于公众舆论截然分成了支持派和反对派，幸运的是这一规划未被当局批准才使得巴黎的奥斯曼风貌得以完整保存。

柯林·罗进一步提出不去争论"实体"与"肌理"之间的孰是孰非，而是以一种包容的姿态，参考17世纪的罗马（图3-27），采用多元内容"拼贴"的方式，形成城市的丰富内涵[③]——鼓励和允许"实体"溶解在城市的"肌理"之中。进而建立一种辩证的平衡关系：固定的与偶然的、公共的与私有的、国家的与个人的……这种对立因素的统一，正是简·雅各布斯所谓的城市活力的基础。"拼贴"是指城市中不同功能的部分贴合在一起，而非按照现代主义所

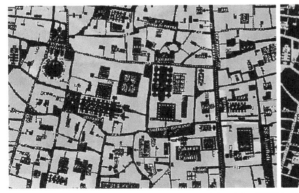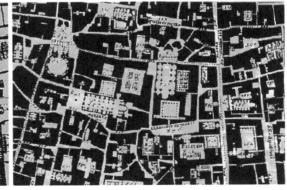

图3-27 "图""底"关系的反转

① 王建国. 现代城市设计理论和方法 [M]. 南京：东南大学出版社，2005：99.
② 唐纳德·沃特森. 城市设计手册 [M]. 北京：中国建筑工业出版社，2006：269.
③ 王受之. 世界现代建筑史 [M]. 北京：中国建筑工业出版社，2006：339.

主张的功能分区原则进行规划，这样就不会割断城市文脉，能够最大限度地保有城市文化的多元性。

同时，我们也注意到"实体与肌理"的城市论点与阿尔多·罗西的"类似性城市"有一定的相似之处——"实体"可以视为具有纪念性的公共建筑，"肌理"则类似于具有生活性的住宅街区。只是二者回归传统的方法不尽相同，罗西选择了"历史原型"的类型学方法，柯林·罗则诉诸于"历史文脉"的拼贴策略——把对象从它原先依存的结构中抽取出来的拼合方式是现在处理现代和传统问题的唯一办法，不仅仅是建筑、城市设计，社会问题也可以通过"社会拼贴"的方式来解决……而"拼贴"这种城市设计方法的核心是存在于结构和事件之间、必然性和偶然性之间及内部的和外部的之间的"和谐"①。因此，拿什么来拼贴城市并非随心所欲，反而受控于整个城市的结构。

由于柯林·罗本人并非是一位实践型建筑师，因此他的理论仅仅在1987年由他提出的"罗马奥古斯都大帝广场"的改造方案中得以一窥。他在方案中建立了一个四周有建筑围绕的文艺复兴式中庭广场，并与外部的现代环境隔绝开来②。但"拼贴城市"的观点却对一些国家的城市设计实践起到了深远的影响。如法国巴黎城市形态研究室就受此影响，认为城市改建中新旧文脉的转换是关键，于是他们潜心探索新古典意象的开发，并"通过开创作为一个连续城市各部分的盔甲式的纪念碑来寻求更有意义的连续性"③。另外,这种基于文脉的城市设计思想对凯文·林奇随后提出的"城市意象"理论和后现代主义建筑思潮中的"文脉主义"产生了深远的影响。

3.4.4 共生融合：黑川纪章的实践

共生思想是黑川纪章继"新陈代谢"之后，在日本大乘佛教的禅和生命的思想、哲学家三浦梅园的自然哲学的基础上，融合了亚瑟·凯斯特勒的子整体思想、吉尔·德勒兹的生命结构思想以及梅洛—庞蒂的多价哲学等西方当代哲学④，对日本传统文化进行的持续思考。他的共生思想以时、地、人等一切可能存在的要素为对象，通过消除事物间的对峙来实现异质共存，其核心内容包含：部分与整体的共生、内部与外部的共生、建筑与环境的共生、不同文化的共生、历史与现在的共生和人类与技术的共生。其中，前三部分偏重于建筑设计，而后三部分则有关城市与环境的再生,但事实上黑川的"共生"思想在实践中并没有严格的区分，反而是一种综合性的整体考量。

① 百度 . https://baike.baidu.com/item/%E6%8B%BC%E8%B4%B4%E5%9F%8E%E5%B8%82/3206390?fr=aladdin.
② 王受之 . 世界现代建筑史 [M]. 北京：中国建筑工业出版社，2006：372.
③ 王建国 . 现代城市设计理论和方法 [M]. 南京：东南大学出版社，2005：100.
④ 万丰登 . 基于共生理念的城市历史建筑再生研究 [D]. 广州：华南理工大学博士论文，2017：59.

"历史与现在的共生"是把时间的共存作为新事物和旧事物的共存,传统的空间和现代空间的共存,形成了共存城市的一个方面[①]。现代城市的快节奏更替,导致新事物与旧事物之间的矛盾日益凸显,建筑遗产要在现代城市空间中得以保留,那它必须以某种有价值的存在方式出现在现代生活中。保护建筑遗产并非是一种消极的博物馆式静态保护,更重要的是探寻让旧事物中有价值的部分,能够在现代城市中再现生机的方法。换言之,就是要使新事物与旧事物之间唇齿相依、和谐共生。

　　在梵·高美术馆扩建(图3-28)中,为使新建筑不在历史环境中过分突兀,建筑高度必须低于周边的树林,因此黑川纪章将新馆75%的面积设置在地下,并通过圆、椭圆、半圆、正方形等抽象几何构图的组合以呼应老美术馆的建筑师里特维德所主张的荷兰风格派。新建筑充分考虑了阿姆斯特丹中心的城市轴线关系和博物馆广场的视线通透,扩建部分实际上是从一个整圆中根据视廊的原则所切出的一个近似半圆,并把这个半圆控制在12m高(老美术馆高度的一半),以突出老美术馆的建筑体量,而剩下的半圆作为下沉庭院,把新老两馆之间有机地连成了一个整体。为了体现这个新美术馆是由日本和荷兰共同建造的,因此这个下沉庭院是一个浅水流动的日式的庭院(当然这个庭院的设计事后来看并非是成功的,2007年笔者在参观中发现这个水院的维护非常糟糕,原本的小桥和沙石小岛均已不存,最近整个庭院已经被一个玻璃展厅所取代),以表达该项目背后所具有的国与国之间跨文化交流的背景。在这个建筑与城市再生的过程中,充分体现了黑川纪章"历史与现在的共生""建筑与环境的共生""不同文化的共生"在内的多种共生思想。

　　同时,黑川纪章还对城市大规模开发中常用的超级街区的模式提出了质疑。这是由于超级街区所产生的超大尺度,造成了人在精神上的极端陌生感。有鉴于此,他提出了"中医疗法"的设想,即今天我们称之为"城市针灸"的渐进式城市更新模式——并非如西医外科手术刀式的摘取人体的器官,而是运用中医针刺、灸术,按摩、推拿等方式使城市、街区再生的方法——既可以使城市历史得以延续,又可以用少量的公共投资诱导巨额民间投资。

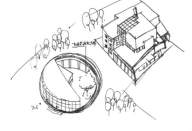

图3-28　梵·高美术馆扩建

① (日)黑川纪章.黑川纪章城市设计的思想与手法[M].覃力,译.北京:中国建筑工业出版社,2004:153.

墨尔本中心是墨尔本 CBD 中规模最大的城市再开发项目，是一个包含餐饮、零售、办公、娱乐等功能在内的火车中转枢纽综合体。场地中有一座建于 1894 年的不可拆除文物建筑——墨尔本子弹厂旧址——成为设计中必须妥善处理的一个难题。黑川纪章采用了圆锥体玻璃中庭的方法把子弹厂旧址及塔楼打造成中庭内的视觉中心。而圆锥形的玻璃屋顶覆盖住原有的历史建筑塔楼，也就是将 100 年前的古老建筑包围在有着六层楼高的圆形共享大厅的新购物设施的内部，由此以寻求一个与历史共生的巨型中庭空间。从外部开始的交通流线利用规划用地内的 11m 的高差，将地上三层和地下二层地铁的人流都与这个圆锥体建筑的多用途娱乐广场相连接[①]。这样就巧妙地将不利的因素转变为开发成功的关键所在。

黑川纪章在论述共生思想与新陈代谢理论的关系时，把新陈代谢理论总结为两个引领共生思想的核心主题原理，这两个原理包括了在建筑和城市空间中引用不同时间的共生和现存于世界的诸文化在所处的同一空间中的共生，而这两个原理都与我们在现实环境中处理历史环境的再生息息相关。它告诉我们面对传统的时候需要有一颗平常心，既不需要复古而回到过去，也不需要激进地彻底斩断过去。

3.5　本章小结

本章关注以传承物质文化为目标导向的现代建筑创作原则。

首先，我们认为在建筑传统范畴中所要传承的物质文化是由历史遗产及其因应环境所构成的，这两者共同组成具有文化价值和乡愁记忆的城乡历史环境。因此在建筑创作中，这二者是不可分割的整体。

其次，对于历史遗产的再生我们优先思考的就是历史的原真性。建筑师面对每一处历史遗产都需要尽可能翔实地掌握历史上存在过的变动，去伪存真、正本清源是保护与再生设计的基础和依据。但是当建筑师面对多数一般性历史遗产的原真性时，往往需要依据实际情况和今后的使用需求辩证地处理新旧之间的关系，在泾渭分明和焕然一新之间谨慎地加以取舍。当历史遗产极具文物价值的时候，让新旧差异鲜明是对历史最大的敬意。当历史遗产更具使用价值的时候，调和新旧差异使二者和谐共生往往能被大部分中国人所接受。当历史遗产仅具有唤起乡愁的记忆价值时，片段化地保留部分构件，甚至仅仅是废弃的建筑材料也能在一定程度上传承物质文化。

再次，对于历史遗产所处的因应环境也是传承物质文化的过程中必不可少的一个部分。地脉的维续是指建筑师在历史环境中进行创作，需要尽可能地保持山势、水岸、城市天际线

---

① （日）黑川纪章. 黑川纪章城市设计的思想与手法 [M]. 覃力，译. 北京：中国建筑工业出版社，2004：173.

等主导环境的自然要素，以及千百年来形成的整体格局。建筑师不但要维续已有的环境格局，还需要充分解读地脉，利用地脉，甚至在特定的情况下适当地改良地脉，以此让建筑和环境的整体效果更为优化，彰显特色。在历史环境中设计新建筑通常可以现存的环境肌理作为参照，采用拼贴的策略和化整为零的手段对新旧肌理进行整合，让新建筑的体量不至于过分庞大而显得突兀。广大建筑师还需要对历史环境中的显性特征和隐性特征十分敏感。对这些特征的提炼可以帮助建筑师在初期构思的时候找寻环境中隐藏的线索，对于这些特征的加强则对最终的环境品质起到优化的作用。

最后，作者通过对诺曼·福斯特、赫尔佐格＆德梅隆、柯林·罗和黑川纪章四位著名建筑师在物质文化传承过程中的设计思想和创作实践加以深入分析，进一步论证了对历史遗产及其因应环境的关注是传承建筑物质文化的有效抓手。

第 4 章

传承精神文化的
建筑创作原则

4.1　影响建筑创作的精神文化要素

　　"现代主义建筑在否定过去的形式主义建筑的过程中，将其丰富精神的一面与它原有的形式一同排除掉了"，安藤忠雄在论及文化传统的时候认为，"不是继承形体，而是继承眼睛看不到的'精神'，通过这些将属于地域的、个人的特殊性、具体性的东西继承下来。"① 建筑中所蕴含的各时期的精神文化代表着人类对宇宙万物及人类本体的思考，涉及信仰和价值②。它是人类文化现象的深层本质，属于文化现象背后核心的、起支配作用的基本因素。不同民族的思考方式不同，从根本上决定了其文化特征的不同，决定了其哲学与美学特征的不同③。时至今日，这些流传至今的文化思维方式已经成为我们密不可分的传统，并且依然是多数建筑师进行建筑创作的思想源泉，同时也是我们传承建筑文化的起点。

　　在程泰宁院士看来，建筑传统应该有一个由表及里的多层次理解，由"形"及"意"，再到"理"的过程④。"形"可以理解为建筑的形式，是有形的；"意"就是建筑的审美，是无形的；而"理"就是建筑的理念，抽象却非常重要。这其中的"理"和"意"涉及建筑传统中的价值观念、生活方式、思维方式、行为方式、哲学意识、文化心态、审美情趣、建筑观念、建筑思想、创作方法、设计手法等⑤。本书尝试归纳为包含传统设计思想、传统设计审美和传统设计技法三个部分，三者统称为建筑精神文化。这是一个外延和内涵都十分丰富的概念，它没有统一、具体而又固定不变的解释，每一个人完全可以根据自己的素养和爱好从不同角度、不同层次去理解⑥。这便于我们在具体的实践中加以应用这些看不见、摸不着，但确实存在的精神遗产。

4.2　传统设计思想的继承

　　人类先民大约是从自身的认知出发去理解建筑这一庇护人类的场所，因此自然而然地会将建筑观建立在自身宇宙观、世界观的基础之上。我们可以发现，人类建筑思想的发展往往随着人类对世界认知水平的深入而持续发展，但基本的关注点在不同时代纵有些许微差其核心议题却往往保持不变。

---

① （日）安藤忠雄 . 安藤忠雄论建筑 [M]. 白林，译 . 北京：中国建筑工业出版社，1997：80.
② （挪）克里斯蒂安·诺伯格 – 舒尔茨 . 西方建筑的意义 [M]. 李路珂，欧阳恬之，译 . 北京：中国建筑工业出版社，2005：227.
③ 王晓 . 表达中国传统美学精神的现代建筑意研究 [D]. 武汉：武汉理工大学，2007：30.
④ 程泰宁 . 语言与境界 [M]. 北京：中国电力出版社，2016：119.
⑤ 侯幼彬 . 中国建筑美学 [M]. 北京：中国建筑工业出版社，2018：329.
⑥ 程泰宁 . 语言与境界 [M]. 北京：中国电力出版社，2016：17.

4.2.1　传统的价值观

建筑源于人类为了自身生存和发展而创造"遮蔽"的客观需求。海德格尔的"诗意栖居"直指人类内心真实的需求，并揭示了建筑是我们日常生活中一种具体而真实的存在。它的基本价值表现为物质价值、精神价值以及物质、精神相交融的综合价值。而今天我们在所谓的"时代精神"影响下常常丰富其价值内涵：建筑是一种可以根据不同需求而不断变化的商品。如果建筑作为一种商品，那么必然需要"奇货可居"而增加它的溢出价值，需要"夺人眼球"而增加它的审美价值，需要"广告效应"而加快它的流通价值。由此，本应承载生活的建筑就演变成具有流通价值的公众"艺术品"。

在改革开放的前四十年里，我们这个国家自上而下都期望与国际接轨，因此以求新求变为主要创作方向，故而将"时代精神"等同于"耳目一新"作为建筑创作的基本准则。广大建筑学人理所当然地把最流行、最先进的"时尚"和"潮流"奉为圭臬，将层出不穷的建筑风格变化视作习以为常。一方面，这使得我们对于什么风格、什么主义莫衷一是，我们总觉得某些外来成果新颖别致，最终我们只能"邯郸学步"式地炒作概念、照搬样式，甚至全盘抄袭。另一方面，我们把建筑视为常规的大众消费品，项目的决策者喜欢什么那我们就设计什么，最糟糕的情况不过是以"十八般武艺"轮番上阵的方式告诉决策者我们什么风格都可以设计。与此同时，为了实现这些奇奇怪怪的建筑风格我们往往需要通过高难度的结构技术和高消耗的经济成本，吴良镛先生对此现象一再强调："建筑从本质上讲，总是受到功能、经济、技术、环境等种种条件的制约，不能像搞纯艺术那样随心所欲。新技术的发展可以产生新的美学观，但不能仅仅为形式的创造而服务，建筑归根到底是要适应社会的需要，但作为社会的生产，要满足日益增长的人的要求，不能忽略其人为因素。"[①]这实质上是倡导了一种对建筑基本原理的回归，一种对人类本质需求的回归，一种对建筑优秀传统的回归。

反观我们的传统建筑，没有高不可攀的尺度，没有逻辑不清的结构，没有节奏模糊的序列，没有不可理解的造型，也没有莫名其妙的装饰[②]，在数千年的历史长河中长期保持着稳定的审美体系和建造体系，即使遇到异质文化的冲击也没有失去其本来面貌。究其根本在于中华民族平和内敛的民族性格、重人贵生的人本精神和实用理性的价值观念。在《周礼·考工记》中有载，中国古人把与日常生活息息相关的房屋及人体尺度结合作为营造度量的基础，"夏后氏世室，堂修二七，广四修一，五室，三四步，四三尺……殷人重屋，堂修七寻，堂崇三尺……周人明堂，度九尺之筵，东西九筵，南北七筵，堂崇一筵，五室，凡室二筵。室中度以几，堂上度以筵，宫中度以寻，野度以步，涂度以轨……"而清末的曾国藩在《曾氏家训》中依

---

① 吴良镛.最尖锐的矛盾和最优越的机遇 [J]. 建筑学报，2004（1）：14.
② 中国古建筑的哲学思想 [EB/OL]. 搜狐网，（2017–12–16）[2022–3–22]. https：//www.sohu.com/a/210963892_696174.

旧提倡"居家之道，惟崇俭可以长久"。可见在中国人的观念中建筑一直都不是一种创造永恒和不朽的艺术，而是一门基于实际需要而产生的生活技能，无需一劳永逸且传之永久。明代计成在《园冶》中也提到人和物的寿命是不相称的，人工创造的居住环境应该和预计自己可使用的年限相适应便足够了[①]，其背后蕴含的正是数千年来占文化主导地位的儒家学说所提倡的"崇俭去奢"思想。

正是基于这种尚俭的建筑思想，我们的祖先得以理智地选择适宜的材料和技术，进而发展为一种独特而成熟的"通用式"建造体系和设计原则——房屋就是房屋，不管什么用途几乎都希望可以合乎使用[②]。与西方传统建筑把各种功能分门别类的做法大相径庭，几乎每栋中国传统建筑都无需通过空间布局和外观形态来适应使用者的功能需求，人们只需要通过对基本框架的不断复制和自由组合就可以满足因功能不同而导致的规模和尺度的调整。我们从中可以发现中国传统建筑的价值观与现代主义所提倡的理性精神无比契合：形式适应功能，功能易于调整，技术考虑经济，建造合乎规律。

建筑师崔愷通过多年的实践提出"设计应立足土地，建筑要接地气"的价值观，强调"本土建筑"应回归中国传统建筑的伦理精神：回归理性，以"用"为先；回归生态，以"俭"为先；回归本土，以"和"为先；回归社会，以"公"为先；回归本体，以"品"为先；回归专业，以"责"为先[③]。从中可以看出"本土建筑"是基于优秀传统精神的文化自觉和继承发展，既是一种指导我们设计实践的恰当立场，也是一种贯穿建筑创作始末的正确方法。

针对近年来西方盛行的反理性思潮在我国特定环境下产生的种种怪象，建筑师程泰宁提出了强烈的批判，呼吁建筑创作应该回归理性，并结合自己的实践经验提出"理象合一"的建筑认识论和创作方法论。他认为建筑创作是"理象合一"的过程，即理性思考与意象生成相交织、相匹配、相复合的过程。也就是说理性思考是建筑创作的基础，没有认真反复的理性思考，作品就如无根之木、无源之水，是经不起推敲的[④]。

在黑格尔看来，建筑即使可以被视为一门艺术，那也只是初级的象征型艺术，因为"它的形式还没有脱离无机自然的形式，是凭知解力认识的抽象关系……建筑艺术的基本类型就是象征艺术类型"[⑤]。所谓的象征型艺术就是物质影响重于精神影响，受制于各种现实条件，并非能够随心所欲地表达创作主体思想和情感的艺术类型。建筑的本质正是这样的一种受限制的象征型艺术，基于现实的条件，遵循适宜的原则，注重理性的分析，对所涉及的功能法则、技术法则、经济法则、环境适应法则和美学法则，以及它们之间的协调法则充分尊重[⑥]。时至今日，我们依旧有理由相信

① 李允鉌.华夏意匠——中国古典建筑设计原理分析 [M].香港：广角镜出版社，1984：25.
② 李允鉌.华夏意匠——中国古典建筑设计原理分析 [M].香港：广角镜出版社，1984：79.
③ 崔愷.本土设计 II [M].北京：知识产权出版社，2016：290.
④ 程泰宁.语言与境界 [M].北京：中国电力出版社，2016：50-52.
⑤ （德）黑格尔.美学·第一卷 [M].朱光潜，译.北京：商务印书馆，1996：112.
⑥ 侯幼彬.中国建筑之道 [M].北京：中国建筑工业出版社，2013：89.

建筑是一种具体而现实的存在，一种与人的日常生活直接相关的生产，因而它同人的现实生活一样，是具体、生动和丰富的，也不接受所谓"时代精神"的"统一安排"和"统一指挥"①。

4.2.2 传统的环境观

德国哲学家康纳认为，"在亚洲，他们文化的各方面都是汇入整个生命之流中。他们离开了宗教的情愫，不能谈艺术；离开了理性的思辨，不能谈宗教；离开了玄秘的感受，不能谈思想；同时，离开了道德和政治的智慧，也没有玄秘的感受可言。"②这就解释了为什么有那么多学者把"天人合一"学说视为中国文化对世界作出的最大贡献。与西方文化中改造自然、征服自然、战胜自然的环境观截然不同，中国先人的信仰和认识被环境所征服，促使他们顺应环境，进而发展出一种将道德和政治有机结合在一起的哲学，这里面也包含了天人关系——天地把自然现象和人为的机制二者紧密联系在了一起③。《周易》将天、地、人称为"三才"，即"天有天之道，天之道在于始万物；地有地之道，地之道在于生万物；人有人之道，人之道在于成万物。"而董仲舒则进一步将"天""地"概括为"天"或者"天道"，提出了"天人感应"的观点。不仅将"天"与"人"视为一体，而且将人的生命机体和社会结构、精神品质视为一体④。他在《春秋繁露·阴阳义》中提出的"以类合之，天人一也"的观点实际上是一种具有整体性的类比思想，揭示了天地万物之间普遍存在着相互之间的联系，而这种联系往往是内在的、自然的、和谐的。换言之，"天人合一"的本质是一种天人和谐的境界，个体投身到自然大化中去实现个体生命与宇宙生命的融合⑤。

因此，建筑师程泰宁认为，在建筑创作之中应适当淡化建筑的主体意识，强调"天人合一"所蕴含的重综合、重整体的认知模式是十分重要的⑥。这就要求建筑师在处理具体问题时注重整体性，有大局意识，把建筑视为环境中的有机组成部分，善于寻找矛盾背后隐藏的共性，最好能够帮助二者相得益彰，而非一味地厚此薄彼。在设计杭州黄龙饭店时，他就从"天人合一"的中国传统思想出发，吸取传统水墨艺术的飞白原理，总图采用品字形、簇群式布局，令建筑、园林与山体相互渗透，使得建筑、城市与自然的整体气韵融为一体（图4-1）。

院落作为"天人合一"思想在中国传统建筑中的直观反映早已深入人心。它作为天地阴阳之气交汇的气场正是典型的"阴阳枢纽之处"，代表了天，又代表了地，人乐乎居其中⑦。

① 徐千里. 创造与评价的人文尺度——中国当代建筑文化分析与批评 [M]. 北京：中国建筑工业出版社，2000：142.
② 滕军红. 整体与适应——复杂性科学对建筑学的启示 [D]. 天津：天津大学，1997：30.
③ 李晓东，杨茳善. 中国空间 [M]. 北京：中国建筑工业出版社，2007：16.
④ 王前. 生机的意蕴——中国文化背景的机体哲学 [M]. 北京：人民出版社，2017：37.
⑤ 朱志荣. 中国美学的"天人合一"观 [J]. 西北师范大学报（社会科学版），2005（3）：17-20.
⑥ 程泰宁. 语言与境界 [M]. 北京：中国电力出版社，2016：47.
⑦ 王国光. 基于环境整体观的现代建筑创作思想研究 [D]. 广州：华南理工大学，2013：31.

因而院落虽小，意义却不一般：其一，院落的存在能够模糊建筑内外边界，可视之为留空，"内外一体"的建筑能够更加紧密地与自然融为一体，而人在其中活动就会愈加怡然自得；其二，院落的叠加使得空间无限延伸，可视之为时空，"时空一体"的中国传统建筑群以时间主导空间，人可以在一个丰富多变的空间序列中感受时间的流动；其三，院落的营造采用相反相承的原则在动静开阖之间令空间富有思辨趣味，可视之为境空，"物我一体"的自然静虚使得客观景物与主体精神互相交融，实现主客、天人关系在更高层次上的统一[①]。

图4-1　杭州黄龙饭店

在创作实践中，不少建筑师往往钟情于"院落"这一传统空间形态，或以院落为主导来进行空间组合，或以院落为辅助来实现空间联系。建筑师冯正功以传统院落的空间逻辑来思考现代建筑的形态布局，"院落"成为控制建筑布局的秩序和线索，而让建筑于其中自在生长[②]。在他早期设计的苏州工业园区设计研究院研发中心项目中特别关注由园林所建构的多义与模糊的语意与场景（图4-2），以及由此引起的某些心境、感悟与氛围的整体变化[③]。建筑师通过缓冲迎客的外向之园、组织空间的内向之园和多重标高的立体之园，在有限的空间之中为设计人员营造了一个富有精神归宿感的办公场所。而近期落成的中衡设计研发中心（图4-3）则在高层建筑营造中进一步延续和发展了上述设计理念。该建筑的裙房包含了五个各不相同的院落，并参照苏州传统民居的空间模式进行组合。而高层塔楼内部设置了多个立体中庭和屋顶花园，关照了建筑师们的身心需求，最终实现了"城市山林，壶中天地"的设计意象。

图4-2　苏州工业园区设计研究院研发中心

图4-3　中衡设计研发中心

① 陈鑫.江南传统建筑文化及其对当代建筑创作思维的启示[D].南京：东南大学博士学位论文，2016：39.
② 冯正功.延续建筑[M].北京：中国建筑工业出版社，2019：18.
③ 冯正功.延续建筑[M].北京：中国建筑工业出版社，2019：240.

"天人合一"思想的根本价值在于探求人与地球相处的最佳模式——与环境互动，与自然共生——这种思想在今天显现出特别的价值，因为人类已经意识到盲目、过度、无遏制的破坏性发展已经使得我们的生态环境变得脆弱而不可持续。当下我们大力提倡的"绿色建筑""生态建筑""可持续建筑""低碳建筑"实际上表述的是同一个意思，那就是关注建筑的建造和使用对资源的消耗和给环境造成的影响，同时也强调为使用者提供健康舒适的建成环境[①]。因此，我们需要意识到建筑本体在创作中不再是唯一需要被关注的对象，谨慎维续场地周边的生态多样性，关注建设活动与能源消耗之间的平衡将日趋重要。建筑可以低调地显示自己的存在，尽可能尊重自然环境中的地形、植被等天然场地特征，尤其在意自然景观的保护存留[②]。

　　通过多年的实践，建筑师何镜堂提出每一座优秀的建筑都是整体观和可持续发展观高度统一的产物。建筑的整体观的核心是和谐和统一，从本质上讲就是要处理好设计对象中各影响因素的对立统一的关系；而建筑的可持续发展是一个整体的概念，贯穿在建筑的全过程中，包括对自然环境的保护和生态平衡、建筑空间和资源的有效利用、节能技术、集约化设计、建筑文化的传承发展、建筑全寿命周期的投入和效益等各个环节[③]。在他的200多个校园规划作品中，我们能深刻地感知到他对这一建筑思想一以贯之的追求，同时还结合整体性的思考对可持续发展观作出了全面的拓展和提升：其一，针对校园外向型发展的整体开放需求，提出了可持续校园规划的城市共生策略；其二，基于校园内向型发展的客观本体需求，提出了可持续校园规划的时空共生策略；其三，基于校园文化性发展的核心品质需求，提出了可持续校园规划的文化共生策略[④]。我们从这些策略中可以发现，何镜堂的建筑整体观与可持续发展观是相辅相成、不可分割的，前者是对设计目标的宏观设定，后者是对设计范畴的微观阐述（表4-1）。

建筑的整体与可持续观　　　　　　　　　　　　　　　　　表4-1

校园类型	发展需求	共生策略	何镜堂的"两观三性"
校园外向型	整体开放需求	城市共生策略	
校园内向型	客观本体需求	时空共生策略	
校园文化性发展	核心品质需求	文化共生策略	

---

① 刘加平. 绿色建筑概论 [M]. 北京：中国建筑工业出版社，2012：1.
② 王国光. 基于环境整体观的现代建筑创作思想研究 [D]. 广州：华南理工大学，2013：144.
③ 何镜堂. 基于"两观三性"的建筑创作理论与实践 [J]. 华南理工大学学报（自然科学版），2012（10）：11-14.
④ 海佳. 基于共生思想的可持续校园规划策略研究 [D]. 广州：华南理工大学，2011：1.

由"天人合一"学说发展而来的中国传统建筑的环境观具有鲜明的人文主义特征，它既不是以追求形式的体量美为主，也不是以体现在事物之间的比例、逻辑关系为主，而是以文化的表述为基本结构，这是中国文化的混沌性的表现[①]。讲求整体、辩证、模糊与和合的传统环境观对各层次的建筑创作都具有很强的前瞻性和指导性，也是对我们当下以西方科学主义思维为主导将建筑、城市与内外环境进行详细分类和定量研究的现代建筑理论的有效补充。

4.3 传统设计审美的延续

从18世纪至今，"和谐"这一带有追求自然的理想文化精神虽然几经世人怀疑，但它仍然是文化领域中的经典法则，同时也是被世人所普遍接受的艺术原理。甚至到了21世纪，萨林加罗斯仍然指出，"现代主义从一诞生就是病态的，因为它轻蔑地忽视了宇宙中的至理，即美与协调的数学规律……全世界大部分人都喜欢居住、工作在舒适、熟悉、尺度和比例均衡的建筑和城市当中，这也是一个不争的事实。"[②] 当今日本建筑师以集体的力量表达了现代建筑对传统日本审美的理解，即在现代主义抽象的几何过程中融入自然元素，并使日本民族传统的几何抽象之美、"数寄屋"建筑氛围、"阴翳"空间内涵、含而不露的气质、"空灵"的禅宗意境、隐寂枯淡的审美意象得以充分表达，创造了当代日本建筑"虚无灵隐"的整体特征[③]。

中华传统审美对中国传统建筑发展的影响同样是无与伦比的。林徽因先生在《清式营造则例》中认为，"虽然在思想及生活上，中国曾多次受外来异族的影响，发生了不少变异，但中国建筑，直至成熟繁衍的后代，竟仍然完整地保存为它固有的结构方法及布置规模，始终没有失掉它原始的面目，形成一个极特殊、极长寿、极体面的建筑体系"[④]。而在这套完整的建筑体系背后所蕴含的反映传统主流审美的"中和之美"、传统宗教审美的"自然之美"和传统艺术审美的"意境之美"则集中反映了中国传统文化对"美"的持续理解和深入思考。

4.3.1 传统的主流审美

中国的传统主流文化以儒家学说为代表，诉诸于"礼"，主要关注人与人之间的关系，强调"中庸之道"，其本质在于对"和"的追求。《中庸》一书中对"中和"作了充分的解释："中也者，天下之大本也；和也者，天下之达到也。致中和，天地位焉，万物育焉"，也就是说宇

---

① 邱建伟.走向"天人合一"——建筑设计的人文反思与非线性思维观建构 [D].天津：天津大学博士学位论文，2006：63.
② （美）尼科斯·A·萨林加罗斯.反建筑与解构主义新论 [M].李春青，译.北京：中国建筑工业出版社，2010：171.
③ 单琳琳.民族根生性视域下的日本当代建筑创作研究 [D].哈尔滨：哈尔滨工业大学博士论文，2014：4.
④ 郑秉东.解释学视域下中国建筑传统的当代诠释 [D].北京：中央美术学院，2017：15.

宙万物的最佳状态在于和谐自由地生发成长，甚至是那些截然相反的事物也可以找到折中的、恰当的处理方式。这种"中和"文化的代表是"太极"：太阴中有少阳，太阳中有少阴（图4-4）。由此可见，我们可以把"中和"的最高境界理解为"和而不同"，即将不同事物和谐地糅合成一个整体，并保持着不同事物之间的多样性。

"中和"

图4-4　太极阴阳和合

"中和之美"往往呈现出一种含蓄深沉、意味隽永的艺术特征，一般很少表达愤怒或狂喜的情绪，与西方诗歌那种"酒神"式的狂迷具有明显不同，李泽厚称之为"礼乐精神"[①]。它对传统建筑的影响主要体现在建筑及建筑群具有明显的崇中尚正、均衡对仗的古典美学特征。就故宫建筑群而言，位于中轴线之上各建筑的屋顶样式随着等级的改变而不断改变，而主轴两边的建筑屋顶则保持着几近相同的样式，呈现出"和而不同"的群体美学特征。这恰恰与西方建筑在单体上讲求个性差异，在视觉上追求纯粹完整的审美心理截然不同。

建筑师贝聿铭无疑是运用几何与光线来营造"中和之美"的杰出代表。在巴黎的大卢浮宫项目中（图4-5），他通过一组比例得当的玻璃金字塔和三角形喷水池，巧妙地将现代钢结构技术与卢浮宫的历史氛围相融合，创造出深谙古典气质的城市开放空间，并出色地将卢浮宫七个不同的管理部门整合为一个统一的整体。在德国历史博物馆扩建的设计中（图4-6），他在两座辛克尔设计的历史建筑之间的街角插入了一个等边三角形的实体建筑和一个近似等腰三角形的弧形玻璃体，贝聿铭评论说"这个项目最有特点也是最难处理的一点，正是它紧挨辛克尔的新岗哨。我这里也特别下了功夫，用圆形的步梯把二者连接起来。"[②]

日本建筑师深厚的东方文化底蕴使得他们具有出众的能力来驾驭"中和之美"。在东京螺旋大厦（图4-7）的创作中，建筑师桢文彦采用拼贴的策略表现建筑作为时尚公司总部的独特

图4-5　卢浮宫运用几何营造"中和之美"

图4-6　德国历史博物馆的扩建设计

① 李泽厚. 华夏美学 [M]. 天津：天津社会科学出版社，2002：29-37.
② （美）菲利普·朱迪狄欧. 贝聿铭全集 [M]. 黄萌，译. 北京：电子工业出版社，2017：301.

图4-7　东京螺旋大厦

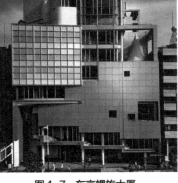

图4-8　金泽21世纪当代美术馆

个性，由于采用了1.35m边长的网格作为建筑获得均一性的基础，使得各种不同形状的空间和不同材质的表皮既能保持各自的特点，又能够与周边环境融为一体。妹岛和世的金泽21世纪当代美术馆（图4-8）的设计策略是通过一个一层通高的完整玻璃圆环"中和"内部的20多个不同功能的白色立方体，使得这座建筑整体呈现静谧的古典气质。

强调多元共生，容忍二元对立的"中和"精神，已经逐渐成为我们这个时代的一种文化共识，这也正是本书论述"文化传承"的基础——传统与现代的中和。除了这组对立的关系之外，我们在实践中还需要"中和"多种对立的关系：全球与地方、东方与西方、人工与自然、整体与局部、感性与理性、虚与实、内与外、明与暗、旷与奥……"中和之美"从本质上来说是通过某种中介、方法或技巧对建筑诸要素进行整合，使之呈现出一种偏重古典、整体均衡的审美趣味。这种审美观是为世界上大多数建筑师所普遍接受和继承的。

4.3.2　传统的宗教审美

工业社会以前，无论东方还是西方都把皇权与政治所倡导的文化视为主流文化，与此相伴的另一种重要文化则是与人类信仰息息相关的宗教文化。在某些特定时期，宗教文化的影响力加剧而使之成为该特定时期占主流地位的时代文化，如中世纪欧洲的基督教文化催生了这一时期的哥特建筑美学。而中国历史上的宗教文化虽然从未取代儒家文化成为封建时期的主流文化，但依然有着不容忽视的影响力。儒家是中国美学的主干，而道、屈、禅都是不断地在突破儒家，而同时又补充和丰富着儒家[1]。如果说儒家致力于家国秩序的建构，那么道家

---

① 王晓. 表达中国传统美学精神的现代建筑意研究 [D]. 武汉：武汉理工大学，2007：41.

和禅宗则是关乎人类内心的修炼和超脱。超然物外、返璞归真的自然审美来自于寄情山水、道法自然的自然心态，由是乎庄子曰："朴素而天下莫能与之争美。"他在《庄子》一书中多次提到的"与道冥同""天地有大美""天地与我并坐，万物与我为一"等观点，极力赞扬自然的广阔与壮美，并把自然美的欣赏提到至乐、天乐的审美境界，提到精神自由、心灵解放、无限时空、物我超越的最高境界[①]。

今天我们可以发现道家文化所提倡的"自然之美"对中国传统建筑的影响是极其深远的，江南古典园林营造的很多基本法则皆源于此："虽由人作，宛自天开""巧于因借，精在体宜""静故了群动，空故纳万境""多方胜景，咫尺山林"……而我们今天的创作实践都会以不同方式、不同维度，或多或少地诠释"自然"的多重价值内涵。

中国建筑师出于对自身传统文化的接纳和喜爱，把"自然之美"作为建筑师自身的审美素养和艺术追求是一种极为自然的"自然"现象。大舍建筑事务所自成立以来一贯不掩饰对自然的喜好：水乡聚落、园林宅院一直是贯穿他们早期作品的主题；单元聚合、结构独立和材料本性则在近些年的实践中占有突出位置。在青浦的夏雨幼儿园（图4-9）和私营企业协会办公楼（图4-10）的设计中，大舍的设计策略都是采用小尺度的体块聚合并形成若干个内向性的院落。包括此后的南京吉山软件园、上海宁国禅寺以及青浦青少年中心等项目的设计均采用独立单元模式来营造经由小尺度体块之间离散而形成的多层次院落，显示出与宗白华的美学思想密不可分，"建筑之美，是可以基于关系的表达的，如'附丽'，是告诉我们建筑与它的周边环境不可分离；如'离合'，它可以让我们关注建筑群体的形式特征……"[②]而他们近几年完成的几件作品则显示出建筑师对"即物性"的持续关注和思考。龙美术馆（图4-11）的伞状结构被认为是典型的路易斯·康式的建筑要素，它有清晰的结构逻辑、诚实的材料表现，

图4-9　青浦的夏雨幼儿园

图4-10　私营企业协会办公楼

① 侯幼彬.中国建筑美学 [M].北京：中国建筑工业出版社，2018：294–297.
② 金秋野，张霓珂.若即若离——从龙美术馆的空间组织逻辑谈起 [J].建筑师，2016（6）：36.

| 图 4-11　龙美术馆的伞状结构图 | 图 4-12　台州当代美术馆 |

以及对服务与被服务空间妥善的安排。台州当代美术馆（图 4-12）则通过封闭的边界、厚重的清水混凝土体量和具有标志性的连续拱体现了康所注重的纪念性[①]。这一系列由轻透向厚重、由群体组合向单体架构的转变历程折射出对物体自然状态的审美和理解的不断加深，"当物被还原到一个相对本真状态之后，它反而具备了容纳新意义的可能。一种新的真实性随时可能发生。[②]"

时刻对地形地貌、气候、时间、材料和建造工艺保持敏感，遵循自然法则，这些都是约翰·伍重的建筑原则[③]。他曾在一篇论文中认为"新的建筑形式可以从这种纯粹的单元复加原则中诞生……就像手套应该适合手掌一样，我们的时代需要更多自由的建筑设计，远离方盒子建筑[④]"，揭示了作为一名西方建筑师采用单元复加的哥特式设计原则进行建筑创作的深层原因。在悉尼歌剧院（图 4-13）的设计中，建筑师伍重放弃了原本更容易实现的钢结构外包预制混凝土饰面的构造做法，而坚持采用组合式预制混凝土构件建造悉尼歌剧院八个大小不一的壳体，这是由于单元结构不断复制的真实性更接近于哥特教堂所营造的统一和丰富，能够最大程度地展示出建筑的结构和构件在搭接过程中的力学原理和构造逻辑。而在巴格斯韦德教堂（图 4-14）的设计中，他严格区分了整浇预制构造与镶嵌填充构造的概念差别，并极力表现由此产生的不同材料之间的真实属性和自然差异，以至于整个教堂内外没有采用任何粉刷。这种由建筑本体和材质肌理所呈现出的最自然的状态又充分与自然界中的阳光、日照、云层等自然要素相结合，使得建筑室内的空间变化忠实地反映出整个教堂起伏，并在高耸的礼拜堂中达到精神世界的高潮：自两个弧面交接处侧翼透过的顶光漫射到由混凝土薄壳所塑

① 青峰 . 墙后絮语——关于台州当代美术馆的讨论 [J]. 时代建筑，2019（5）：80.
② 茹雷 . 韵外之致——大舍建筑设计事务所的龙美术馆西岸馆 [J]. 时代建筑，2014（4）：87.
③ （美）肯尼思·弗兰普敦 . 建构文化研究——论 19 世纪和 20 世纪建筑中的建造诗学 [M]. 张钦楠，译 . 北京：中国建筑工业出版社，2007：256.
④ （美）肯尼思·弗兰普敦 . 建构文化研究——论 19 世纪和 20 世纪建筑中的建造诗学 [M]. 张钦楠，译 . 北京：中国建筑工业出版社，2007：296.

图4-13　悉尼歌剧院

图4-14　巴格斯韦德教堂

造的大弧度曲线顶棚，使人产生了云的强烈意象，进而这种神秘的升腾感给人强烈的静谧感和宗教氛围。

以物之本性唤起人之本情是"自然之美"的终极目标，在建筑创作中可理解为通过尊重材料与构造的本性、环境与空间的本性来满足人类最原始、最根本、最真实的精神追求。

4.3.3　传统的艺术审美

广义的艺术是相通的，一个国家或民族的传统艺术往往影响其传统建筑的发展，我们可以发现诗歌、文学、绘画、雕塑、戏剧等不同的艺术形式与传统建筑之间存在着或多或少的联系。从包豪斯建筑与风格派艺术、柯布西耶的建筑与纯粹主义、扎哈·哈迪德的建筑与至上主义、弗兰克·盖里的建筑与波普艺术的内在联系可以发现，当我们进行建筑创作时，的确会因受到相关艺术的启发而获得创作灵感，或是一种设计方法，甚至升华为一种创作思想。西方的传统艺术追求写实，对体量和光影尤其强调，因而西方传统的建筑设计更偏重于对形式"确定性"的追求和欣赏；与之相对的是中国传统的建筑设计更偏重对空间整体"模糊性"的追求和欣赏，那是因为中国传统艺术强调写意，对"意境"的追求一直是中国传统艺术的主要目标之一[1]。

自唐人王昌龄在《诗格》中提出诗有三境"一曰物境、二曰情境、三曰意境"之后，中国古人作诗讲究言外之意，留有余味，方为好诗；作画追求情景趣味，山水寄情，快意人生；写字讲求以意通神，笔势尚奇，章法灵韵。苏轼说："我书意造本无法，点画信手烦推求""天真烂漫是吾师"。黄庭坚说："凡书画当观其韵"，他所说的韵也就是"意"，"言外之意"是作书者并未明白说出、却能引发欣赏者无涯退想的"意味"[2]……简而言之，"意境之美"的获得

---

① 王辉.意境空间：中国美学与建筑设计[M].北京：中国建筑工业出版社，2018：24-25.
② 陈廷佑.书法之美的本原与创新[M].北京：人民美术出版社，1999：163.

不在于采用何种形式，而在于形式背后的意韵；也不在于形式是否完整和生动，而在于形式蕴含的境界。正如王国维所言："言气质，言神韵，不如言境界。有境界，本也。①"

与这些优秀传统艺术一样，中国的传统建筑将"意境"视为最高的审美标准。早在1932年的《平郊建筑杂录》中，梁思成与林徽因就首次提出"建筑意"的概念："这些美的存在，在建筑审美者的眼里，都能引起特异的感觉，在'诗意'和'画意'之外，还使他感到一种'建筑意'的愉快。②"在建筑创作中则体现了对实体与空间的无限简约，甚至可有可无，在最原始质朴的虚空的环境中通过主体的自由虚静获得超越自我的审美境界，达到人生的感悟③。

相对于以分析为基础，以"语言"为本体的西方建筑文化，建筑师程泰宁结合自己多年的实践和思考提出了以整体模糊思维为基础，以"语言"为手段，以"意境"为审美，以"境界"为本体的创作理念，以此摆脱"分析哲学"和单向逻辑模式的影响，转而关注建筑与人和自然之间的关系，探求物质与精神高度契合的"意境两忘和物我一体"④。换言之，他通过"理象合一"在建筑的形式上突破唯语言论的创新桎梏，通过"情境合一"在建筑的空间上营造具有意境的东方美学，通过"天人合一"在建筑的理念上实现人与自然的有机和谐。在建川博物馆战俘馆（图4-15）的设计中，展馆入口设计成一个高墙夹峙的曲折通道，为的是自进大门起，就让观众的情绪始终沉浸在高度沉重、压抑的气氛之中⑤。整个展馆虽然面积不大，但建筑师刻意拉长的展线呈现出一个连续封闭、曲折迂回的空间序列，展馆的室内空间仅仅采用不规则的高窗和墙面的小孔采光，营造神秘、压抑的观展氛围。仅在中途插入的若干小天井和高耸的放风院得以稍作喘息，最终以一个供观众放松和反思的水院作为整个参观过程的收头。整个建筑并未在形式上作过多考量，也未采取个性张扬的表现形式，而是通过空间的收放变异、光线的明暗对比及清水混凝土的质感差异，来营造战俘内心面对困顿的不屈和面对不公的苦闷，激发参观者的同理心。这是一个意境的营造重于形式探索的作品，努力做到了"大象无形"。

对大多数中国职业建筑师而言，"意境"的营造必定视每个项目的个体差异而有所取舍，但在建筑师王澍看来，他的每一座建筑都是一座园林，每一次的创作并非简单地设计一座（组）房子，而是在建造一个充满个人情趣的"小世界"。可以这么说，这个"小世界"其实透露着这位建筑师的思想境界，出于对自然的喜爱而执着于对"自然形态"的求索，进而是符合"自然之道"的传统东方生活方式的回归。在他早期设计的苏州文正学院图书馆（图4-16）中，可以在平面上看到清晰的扭转叠加的交通空间，以及若干个相似的盒子空间通过相互穿插所呈

① 王国维. 王国维文集：观堂集林 [M]. 北京：北京燕山出版社，1997：14.
② 侯幼彬. 中国建筑美学 [M]. 北京：中国建筑工业出版社，2018：277.
③ 陈鑫. 江南传统建筑文化及其对当代建筑创作思维的启示 [D]. 南京：东南大学博士学位论文，2016：68.
④ 程泰宁. 语言与境界 [M]. 北京：中国电力出版社，2016：96.
⑤ 程泰宁. 无形·有形·无形：四川建川博物馆战俘馆建筑创作札记 [J]. 建筑创作，2006（8）：36.

图 4-15　建川博物馆战俘馆空间序列

现出的类似江南园林的迷宫趣味。而中国美术学院象山校区自选址开始就强调自然的重要性，最终呈现的效果是若干座三四层体量、类型相似的合院建筑或错落、或转折、或聚集、或离散地围绕着中心 50m 高的山体布置，具有强烈的"面山而营"的江南意境。建筑群敏感地随闪烁扭转偏斜，场地原有的农地、溪流和鱼塘被小心保持，中国传统园林的精致诗意与空间语言被探索化地转化为大尺度的淳朴田园①。

　　通常我们认为建筑的"意境之美"往往是不可言传，只可意会。然究其生成机制不外乎有限的空间意象与无限的象外意境充分契合，使观者的主观与客观高度统一，进而通过对"象"的消解甚至留白而达到畅神的境界。

　　中国传统美学作为人生美学，最为关注的乃是人的生存意义、价值及其理想境界的追寻

① 王澍. 中国美术学院象山校园一、二期工程 [J]. 世界建筑，2012（5）：42.

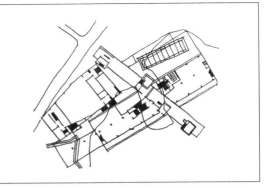

图4-16　苏州文正学院图书馆空间穿插

等问题 [1]，具有强大的普适性、现实性和生命力。当前我们面临中华民族伟大复兴的历史机遇，需要对于蕴含在建筑中的传统审美进行再审视、再解释和再创造，让这些软传统在经历大变革后，得以超越时代、超越民族、地区、国家的界限，成为全人类共同的建筑文化财富 [2]。

4.4　传统设计技法的借鉴

建筑设计虽有方法和技法的层次区别，但就创作而言二者同属精神文化的"软传统"。它们随着时间的推移，或有部分经典的被我们世代相传，或有部分有益的被我们适时地加以改良，当然必定也有部分过时的被我们逐步淡忘。本章所关注的一些方法和技巧并非不合时宜而为人所遗忘，而是在这个新时代看来有老生常谈的必要性。因为我们的每一次创作或视具体的任务要求和环境差异而采用不同的创作方法，或因审美的差异、文化的表达而采取不同的设计技法，但终究离不开带有敬意地借鉴前人总结的优秀经验的部分。

4.4.1　传统的创作方法

建筑作为一门学科与其他设计一样，具有科学的共性特征，不仅有所谓的设计哲学和设计组织等维度的认知，还涉及诸多方法论层面的思考：数据采集方法、预测方法、优化方法、启发式搜索方法、系统分解技术、系统工程程序、系统分析、计算机应用、创造性思维 [3]……除了这些源自现代设计科学的方法论，我们在实践中尚需关注一些历久弥新的传统创作方法。

① 刘方.中国美学的基本精神及其现代意义 [M].成都：巴蜀书社，2005：5.
② 侯幼彬.中国建筑美学 [M].北京：中国建筑工业出版社，2018：333.
③ 胡飞.中国传统设计思维方式探索 [M].北京：中国建筑工业出版社，2007：5.

1. 网格模数的方法

在西方传统建筑理论中，我们可以看见他们企图以数来定义建筑形式的构成和建筑秩序。在那里，数是一种形而上的理念，不过这种理念的操作将纳入正常视觉的公共判断之中[1]。维特鲁威在《建筑十书》中把对于建筑的思考分成六个基本概念：秩序、布置、整齐、均衡、得体和经营，而这其中秩序、布置和得体这三个原则至今依然是建筑学最基本的设计原则。在中世纪，人们把数、模数、比例和秩序等数的"神秘组成"与几何学相结合以此传达"神"的意图。到了文艺复兴时期，人们

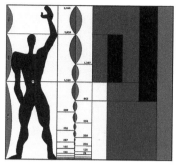

图4-17　柯布西耶"红蓝双尺"

又把人体比例与建筑物或建筑物的某些部分的比例等同起来以便论证人体的建筑物"对称"和建筑物中具有人的特点的那种生命力[2]，于是柱式与黄金比才成为我们今天讨论建筑的基础之一。即使到了现代主义时期，柯布西耶创造"红蓝双尺"的初衷依然是在人与自然之间建立一套符合人体特征、适于工业化大生产的尺度依据（图4-17）。

"模数"的设计方法在中国传统建筑中的地位同样十分显著。有人估计在唐代以前的相当长时期内，一些经验公式和以"模数"为基础的计算方法就产生和初步发展起来[3]。宋代李诫撰写的《营造法式》中明确提出了"以材为祖"的模数化设计方法，这为中国传统建筑的"模数化"和"标准化"的定型奠定了坚实的基础，依然是在人与自然之间建立一套符合人体特征、适于工业化大生产的尺度依据（图4-18）。直至清代的《工程做法则例》中虽然把"材"改为"斗口"作为模数基准，依然是在人与自然之间建立一套符合人体特征、适于工业化大生产的尺度依据（图4-19），但其核心的"标准化"设计精神依然不变，反而其适用范围进一步扩展，严谨程度进一步完善。王其亨教授对清代样式雷的研究成果显示，"模数"的设计方法可以进一步扩展为"网格"的方法在群体设计，甚至是城市设计中加以运用。例如，样式雷在清代陵寝设计图纸

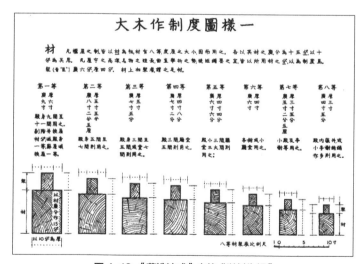

图4-18　《营造法式》中的"以材为祖"

① 陈伯冲.建筑形式论——迈向图像思维 [M].北京：中国建筑工业出版社，1996：49.
② 陈伯冲.建筑形式论——迈向图像思维 [M].北京：中国建筑工业出版社，1996：52.
③ 李允鉌.华夏意匠——中国古典建筑设计原理分析 [M].香港：广角镜出版社，1984：198.

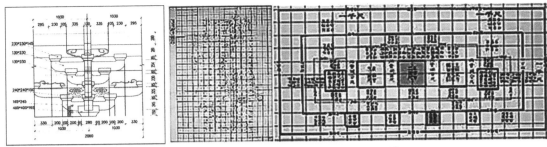

図4-19 "斗口"作为模数基准

图4-20 "平格"

中大量运用的五丈或十丈见方的模数网，即"平格"，严密契合风水形式说"百尺为形""千尺为势"（图4-20）的空间尺度构成原则[1]。由此可见，模数网格的方法在设计初期的勘探选址，方案设计阶段的总体布局，以及施工图设计阶段的精确预制都有着巨大的系统性优势。

中华人民共和国成立以来，在苏联模式的影响下，中国一度发展工业预制建筑，但由于工业预制建筑的抗震性能不佳，故在改革开放之后逐渐为钢筋混凝土现浇结构体系所取代，这为我们的建筑创作带来了极大的灵活性，但也令当今大多数建筑师对模数和网格的设计方法日渐淡忘。近年来，我国开始自上而下地提倡并发展建筑工业化，装配式建筑在各类以国有投资为主导的工程建设项目中日渐成为趋势，这就使得模数网格的设计方法重新具备鲜明的优势。维思平建筑事务所在社区中央景观带的一片树林中设计的亚运新新生活会所（图4-21）采用了一个悬浮的6m×6m的网格，仅仅在网格的交点处安排了钢结构基础，而上部整个建筑运用了750mm×750mm的模数，深棕色的金属构件与树干色彩接近一致，外

图4-21 亚运新新生活会所

---

① 何蓓洁，王其亨. 清代样式雷世家及其建筑图档研究史 [M]. 北京：中国建筑工业出版社，2019：102.

墙的磨砂玻璃反射周围环境①，既能满足售楼处等房产展示项目快速建造的要求，又在细微处体现人工与自然的差别。此类工业预制建筑在应对建设时间紧迫的项目时具有较大的时间优势，并且同样能够取得不错的建成效果。

德国著名的GMP建筑事务所在国内的校园总体规划项目中屡次采用这一设计方法并取得了不错的效果：北京航空航天大学新校园规划（图4-22）采用90m×90m的网格和60m×60m的建筑模度，并结合风车状路网和轴线对称布局形成一个有秩序的整体区域；中国人民大学珠海校区的总体规划（图4-23）依据独特的自然山水环境，采用90m×90m的网格套叠形成240m×240m的风车型路网，并结合60m×60m的建筑模块建构一个独特而有秩序的整体风格；华东师范大学嘉定校区总体规划（图4-24）采用78m×78m的大正方形围绕着一个小正方形错开布置，这样通过叠加而产生出时窄时宽的丰富有趣的空间序列②；长沙岳麓山大学城总体规划（图4-25）中从一个最初均匀规整的街块整体系统出发，通过90m×90m的基本网格在各个特殊的地段条件下，创造出多样的变换模式，从中产生的是清晰流畅的建筑形式和丰富有趣的空间序列③。同样的设计方法运用在大尺度的城市规划中依然是有效的：在佛山中心区

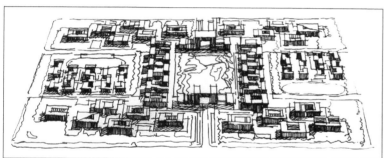

图4-22　北京航空航天大学新校园规划

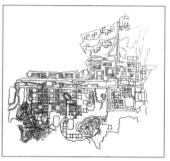

图4-23　中国人民大学珠海校区的总体规划

图4-24　华东师范大学嘉定校区总体规划

图4-25　长沙岳麓山大学城总体规划

① 德国维思平建筑设计有限公司专辑.亚运新新生活会[J].世界建筑导报，2004（3/4）：3.
② GMP在华设计项目专辑.华东师范大学嘉定校区[J].世界建筑导报，2003（1/2）：28.
③ GMP在华设计项目专辑.长沙岳麓山大学城[J].世界建筑导报，2003（1/2）：36.

规划（图 4-26）中采用网格模数的方法，以 90m 见方的街区模度、180m 见方的城市基本路网和 900m 宽度的居住带将一种强大的控制力从东平河的中心散发出来，赋予两岸景观以生命力，同时决定了佛山中心区组团的特色[①]；而上海临港新城（图 4-27）被建筑师隐喻为一滴水落入水面形成的同心涟漪，以一个直径 2.5km 的圆形湖泊和一个 8km 长的湖畔步行廊为中心建构一个环形发散的网格作为城市基本骨架，每 1000m 见方构成一个居住单元，而每个单元之间通过绿带和道路分隔形成一个约 8 万人口的上海卫星城。

通过模数和网格为设计建构一个完整体系的设计方法是一种在全世界范围内被广泛认可，并且适应人类社会各阶段生产力水平的一种行之有效的方法，理应被我们继承和发展。

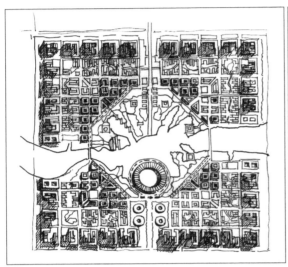

图 4-26　佛山中心区规划　　　　　　　　　　图 4-27　上海临港新城

2. 功能适形的方法

工业化大生产以来，功能主义大行其道，以至于"形式追随功能"的口号似乎成为了建筑设计的金科玉律。但在实际的工程实践中常常因为设计者的水平参差或过于机械地理解和执行，而过度夸大了功能的重要性，这也是对路易斯·沙利文的本意盲目地断章取义。功能主义的本质是反对日趋僵化的古典主义建筑陷入形式主义的泥潭，但在用立方体将功能形式化后又走向了另一种僵化的极端，一种将功能与形式理解为一一对应的公式化极端。建筑设计必须由功能开始，一旦把确定的功能输入，那么最终确定的形式必然是唯一的。这极易在设计中引导建筑师过度追求效率，极端追求商业价值最大化，而忽略了建筑的本质是一种多向平衡的艺术。

---

① （德）gmp 冯·格康，玛格及合作者建筑事务所. GMP[M]. 何崴，赵晓波，李华东，等，译. 北京：清华大学出版社，2004：237.

反观我们的建筑传统，普遍存在形式启发功能、功能适应形式的情况。中国传统的合院建筑具有鲜明的模式化特征，也就是说设计之初先由轴向对仗的空间组合结构围合形成内敛的院落单元，再由一进一进的院落单元叠加生长而呈现出群的整体特征。北京故宫的建筑布局因循《周礼·考工记》中"五门三朝"的古制，而每一进院落中东西两侧的建筑功能往往是可以完全互换的，这正是因为设计的初衷为表达等级威严的天子之"礼"，而非为了满足某种特定的功能需要。又如天坛皇穹宇主殿东西两侧配殿、颐和园玉澜堂两侧霞芬室和藕香榭的存在均非实际功能的需要，而是为了配合主体建筑，营造整体格局，而让功能适应于某种具有象征意义的先验形式。

从《诗三百》中我们能够发现，大量的诗歌形式是与比、兴的修辞方法息息相关的。在传统建筑中形式、色彩、方位、数量均具有丰富的文化象征。天圆地方、五行八卦、九宫图式等文化传统图样和龙凤呈祥、节节高升、日月同辉等有吉祥寓意的文化典故在实践中往往都是我们作为先验形式的创作基础。上海博物馆采用"天圆地方"（图4-28）的文化原型，香港中银大厦采用节节高的竹子作为创作原型，北京奥林匹克公园总体规划采用的龙形水系（图4-29），均属强调形式象征作用的范畴。

2010年上海世博会中国国家馆（图4-30）的设计带有明显的功能适应形式的模式特征。作为一个世界级盛会的国家馆，中国馆的形式无疑需要极高的象征意义来代表这个古老国家悠久的艺术之美、力度之美、传统之美和现代之美。建筑师何镜堂选用一个层层外挑的红色斗栱作为上部国家馆的造型元素，寓意"华冠高耸，天下粮仓"，下部的地区馆则以宽大扎实的平台基座作为造型元素，寓意"社泽神州，富庶四方"。而二者相合的整体造型恰如一尊"东方之冠"，以"天地交泰、万物咸亨"的寓意集中展示"城市发展中的中国智慧"。而从该馆

图4-28　上海博物馆天圆地方

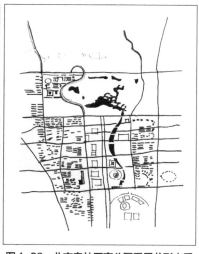

图4-29　北京奥林匹克公园采用龙形水系

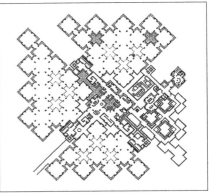

图4-30　上海世博会中国国家馆　　　　　　　图4-31　比希尔中心的"十"字形网格

在世博会之后被上海美术馆成功地改造为"中华艺术宫"的事实中我们可以发现，中国馆的创作的确是建筑功能顺应建筑造型进行合理布置的典型代表。

　　我们要看到这种具有象征意义的先验形式并非一种确定的风格样式，而是由若干符合一定转换规律的成分组成一种具有自我调节能力的整体体系[1]。这往往与荷兰建筑师赫曼·赫兹伯格所提倡的结构主义建筑有异曲同工之妙。结构主义根植于一种与正统秩序观相反的观念中，并非是用正确的结构限制自由而是激发自由，因此产生了出人意料的空间[2]。这就意味着建筑师在设计的过程中，要时刻关注哪些功能所对应的形式可以相对持久地提炼为结构，哪些功能相对的形式相对短暂而适合于填充。他在比希尔中心（图4-31）的设计中取消了原本正式的办公环境，用一个不断复制的"十"字形网格作为形式生成的基本结构，而每个办公单元根据基本结构串在一起，空间骨架将所有部分控制在适当的位置，并始终充当内部空间的外围[3]。

　　功能与形式一直是创作中被重点关注和讨论的两个方面，在人类不同的时期二者的优先顺序是不一样的。通常来说功能是建筑的使用系统，依靠逻辑思维，而形式是建筑的信息系统，需要形象思维。好的建筑必然是形式与功能的巧妙融合，单向的逻辑思维往往陷入僵化的机械教条，单向的形象思维往往诱发华而不实的形式深渊。简而言之，建筑学所研究的主要课题就是如何给它的功能赋予恰当的形式[4]，它需要理性和感性的结合而非单一向度地思考功能效益的最大化。

　　3. 知觉通感的方法

　　当今中国职业建筑师所受的专业教育大多以巴黎美术学院的布扎体系和包豪斯学派的功能主义为基础，因此普遍关注建筑的形式美学和功能布置。这些固然都是建筑学所涉及的核

① 张钦楠. 建筑设计方法学 [M]. 西安：陕西科学技术出版社，1995：101.
② （荷）赫曼·赫兹伯格. 建筑学教程2：空间与建筑师 [M]. 刘大馨，古红缨，译. 天津：天津大学出版社，2003：178.
③ （荷）赫曼·赫兹伯格. 建筑学教程2：空间与建筑师 [M]. 刘大馨，古红缨，译. 天津：天津大学出版社，2003：182.
④ 张钦楠. 建筑设计方法学 [M]. 西安：陕西科学技术出版社，1995：99.

心范畴，但仅依此原则创作的建筑往往缺乏更高层次的精神共鸣。在中西方建筑理论中都认可采用"通感"这一注重多重感官知觉相互结合、相互启发、相互促进的创作思维来解决该问题。

法国哲学家梅洛·庞蒂在《眼与心》中认为身体是理性知觉和物质世界之间的交界面，进而在《纠缠与交错》中提出"世界之肉身"的概念，用以强调个体经验对于直达事物核心的重要性[①]。他提出的知觉现象学对于建筑领域产生了深远的影响——建筑现象学的到来拉近了个体经验与建筑认知之间的距离，意味着人对建筑的真实感受高于抽象晦涩的符号意义。

建筑师卡洛·斯卡帕极其关注建筑的物性感知力和空间体验性，他认为"在建筑中感知扶手，拾级而上抑或夹于两面墙之间，转过拐角，留意对应穿墙过梁，都同样是视觉和触觉的感知要素。正是这些细部整合了建筑意义和意识，产生了新的传统。[②]"建筑师斯蒂芬·霍尔则认为对建筑的亲身感受和具体的体验与知觉是建筑设计的源泉，同时也是建筑最终所要获得的[③]。他在《交织》一书中特别提到梅洛·庞蒂的作品，甚至用经络（Kaisma）这个词来形容他的赫尔辛基美术馆方案[④]，实际上强调了人对由建筑构成的物质世界的真实"感觉"。建筑师安藤忠雄也认为："身体建构世界，同时也被世界建构。当'我'感到混凝土冷漠和坚硬的时候，'我'把身体视为温暖和柔软的参照。身体与世界的这种互动关系就是'神体'。唯有这种意义上的'神体'才能构造和理解建筑。'神体'乃是对世界作出呼应的感知存在。[⑤]"

钱钟书先生在《通感》一文中指出："在日常生活经验里，视觉、听觉、触觉、嗅觉和味觉往往可以彼此打通或交通，眼、耳、舌、鼻、身各个官能的领域可以不分界限。颜色似乎会有温度，声音似乎会有形象，冷暖似乎会有重量，气味似乎会有锋芒……五官感觉真算得有无互通，彼此相生了。[⑥]"中国传统文化认为世界的万事万物都是普遍联系而非独立存在的，因此每个人必定经历过触景生情、触类旁通的类似体验，这在朱光潜先生看来"各种感觉可以默契旁通，视觉意象可以暗示听觉意象，嗅觉意象可以旁通触觉意象，乃至宇宙万事万物无不是一片生灵灌注，息息相通。[⑦]"中国传统建筑常有借用匾额、对联、碑刻的文学手段对空间的意境起到画龙点睛的作用。拙政园内一处池畔的亭子本无特殊感受，但因匾额上刻的"与谁同坐轩"却立刻触发游人联想到苏东坡的名句"与谁同坐？明月、清风、我"，进而将人的思绪引入皓月当空、清风徐来的悠长情景之中而回味不绝。

① （英）乔纳森·A·黑尔.建筑理念——建筑理论导论[M].方滨，王涛，译.北京：中国建筑工业出版社，2015：86–87.
② （英）乔纳森·A·黑尔.建筑理念——建筑理论导论[M].方滨，王涛，译.北京：中国建筑工业出版社，2015：99.
③ 鲍英华.意境文化传承下的建筑空白研究[D].哈尔滨：哈尔滨工业大学，2009：68.
④ （英）乔纳森·A·黑尔.建筑理念——建筑理论导论[M].方滨，王涛，译.北京：中国建筑工业出版社，2015：101.
⑤ （美）肯尼思·弗兰姆普敦.建构文化研究——论19世纪和20世纪建筑中的建造诗学[M].王骏阳，译.北京：中国建筑工业出版社，2007：11.
⑥ 钱钟书.旧文四篇[M].上海：上海古籍出版社，1979：57.
⑦ 朱光潜.朱光潜文集·第一卷[M].合肥：安徽教育出版社，1987：287.

松江方塔园中的何陋轩是整个园林收头的点睛之笔，建筑师冯纪忠将自己手写的"何陋轩"题刻立于建筑的草顶之下，让人很自然地联想到刘禹锡《陋室铭》中的"何陋之有？"（图4-32）以此表明这座看似水边草棚的园林小筑虽然受到诸多限制但依然是精致、讲究的大乘之作，显露了建筑大师一生举重若轻的创作心得，更诠释了他本人历经沧桑后所独有的超然人生境界。

建筑师贝聿铭设计的美秀美术馆（图4-33）正是他本人对《桃花源记》的通感表达：走过一个长长的、弯弯的小路，到达一个山间的草堂，它隐在幽静中，只有瀑布声与之相伴，那便是远离人间的仙境[①]。因此，他特意把入口的通道拉长，让馆身时隐时现，呈现出"犹抱琵琶半遮面"的朦胧意境。这条弧形的通道强调了穿越空间的历时性体验，特别是在樱花盛开的季节，当参观者走过这段充满梦幻感的粉色心灵历程，峰回路转地远远看到美术馆入口，一种寻访桃花源的审美通感被最大程度地激发出来——山有小口，仿佛若有光。

图4-32　松江方塔园"何陋轩"　　　　图4-33　贝聿铭设计的美秀美术馆通道

当我们运用知觉通感的传统方法进行创作时，往往涉及形式及功能背后的诸多复杂因素，其过程不可能用理性和机械的方法去解开。这正如建筑师阿尔瓦·阿尔托论述自己的创作方法，"我先让任务的气氛及那无数的、各不相同的要求深入我的无意识之中，然后，把这一大堆问题暂时忘却，开始用一种类似抽象艺术的方法去进行工作，只是凭直觉而不是分析综合法作图"[②]。

4.4.2　传统的设计手法

相较于上文提到的建筑创作方法，形式构图、空间营造、动线组织、色彩搭配等具体的设计手法作为较低层级的精神文化传统却在实践中能帮助广大建筑师更加直接有效地从传统

---

① 来嘉隆．建筑通感研究——一种建筑创造性思维的提出与建构[D]．南京：东南大学博士学位论文，2017：155.
② 张钦楠．建筑设计方法学[M]．西安：陕西科学技术出版社，1995：139.

中获取滋养和启发，甚至应对一个完全现代的、跨文化语境的设计需求。

1. 辩证的空间营造技法

中国传统建筑的空间处理技法极为丰富，从根源上来分析均离不开周易和太极等传统文化的影响，这其中蕴藏着一种朴素的辩证思想。自《老子》中提出"凿户牖以为室，当其无，有室之用"，建筑就有了空间的虚实之辩；在单体空间中则有内外之辩、明暗之辩、动静之辩；而在群体空间之中则有曲直之辩、疏密之辩、开阖之辩、旷奥之辩、远近之辩……这是人作为体验的主体在空间中对"有"和"无"的交叉感受，而艺术在其中起到的作用是激发人们的联想[1]。

中国传统的礼制建筑经常运用将空间感受主体的人体尺度作为标准参照的对比来实现精神性的营造需求。从功能上来说，天坛祈年殿和故宫太和殿并不需要超常规的高度和宽度，但正是通过建筑尺度和人体尺度的强烈反差让身处其中之人充分感受到对天地和皇权的无限敬畏之心。建筑师张锦秋在设计陕西博物馆时就采用了这一设计手法。当参观者自开阔的前广场进入三开间的入口门楼时，由于门楼尺度的压低和空间开阖的对比形成了饱满的画框效果，具有盛唐韵味的博物馆主门厅在参观者眼中呈现出雄伟的形象，象征着陕西的悠久历史和灿烂文化。

建筑师冯纪忠在《风景开拓议》一文中指出："奥者是凝聚的、向心的、向下的，而旷者是散发的、外向的、向上的。奥者静，贵在静中寓动，有期待、推测、向往。那么，旷者动，贵在动中有静，即所谓定感。[2]"他在松江方塔园的设计中采用渐行渐低的块石堑（图 4-34）道作为东入口与方塔之间的步行联系。封闭的石堑道与开敞的方塔院形成的开阖之变，石堑道上部松柏树荫形成的阴翳幽深与视线尽头天妃宫的明亮通透形成的幽明之变。旷奥交替这种疏密有致、虚实相生的设计手法，既展现了景观的多样风采，又突出了景物的对比反衬，充分发挥了散整相间、虚实相生的构景机制[3]。

图4-34　松江方塔园渐行渐低的块石堑

2. 多样的细节营造技法

中国建筑经历了过去四十年的高速发展，已从一味追求体量、规模和速度转向对高质量、高品位的追求，因此追求建筑品质与文化内涵已然成为一种不可阻挡的趋势。现代主义对"少就是多"的简约追求客观上受限于建设速度和设计师水平，简化细节趣味后的新建筑渐趋沦落为简陋、粗糙的代名词。一座建筑如果缺乏良好的细节和对近人尺度的关注，

---

① 李晓东，杨茳善. 中国空间 [M]. 北京：中国建筑工业出版社，2007：182.

② 冯纪忠. 风景开拓议 [J]. 建筑学报，1984（8）：62.

③ 侯幼彬. 中国建筑美学 [M]. 北京：中国建筑工业出版社，2018：312.

就会"使建筑显得贫乏，也使我们失去了这个层面的体验，即让我们能与建筑物有近距离的接触，能欣赏材料的美和工匠或工程师的技巧①"，人们便会觉得粗糙、生硬、无聊。反观我们的建筑传统，对于个性和品质的追求并非着眼于单体的与众不同，在色彩、装饰、彩绘、雕刻和纹样等细节上匠心独具的经验很值得我们在设计中借鉴和整合。

中国古代各个时期对建筑色彩的使用有不同的要求，但是离不开"礼乐复合"的等级观念，逐渐形成了纯色、混合、非彩的基本搭配原则。时至今日，色彩不再是等级的象征，但是针对不同性质的建筑搭配不同性格的色彩却能起到得合体宜的创作效果。自唐代以来红色成为最高等级象征的色彩，中国红成为一种普遍认可的传统特征，因此，世博会中国馆的设计自上而下选取了四种不同纯度的红色组合起来表达现代中国特色。标准营造设计的尼洋河游客中心（图4-35）采用了藏族的传统用色，粗犷的石材与鲜艳的色彩搭配在一起，形成了对比强烈的色彩组合②。源自黄土的黄色已成为关中地区建筑的通用色彩，建筑师刘克成在大唐西市博物馆（图4-36）的设计中选用干打垒肌理的土黄色外墙板来表达建筑所在的黄土高原厚重雄浑的历史积淀。江南传统建筑的基本特征是粉墙黛瓦，建筑师贝聿铭在北京香山饭店（图4-37）和苏州博物馆（图4-38）的设计中将黑色石材组合成传统纹样镶嵌在大面积的白墙之上，具有极强的地域辨识度。

细节趣味的另一部分包含在使视觉"丰富"和"典雅"的要素中③：立面舒适的比例和材料分割，精美的铺地，细节被强化的门窗、角落和入口空间，这些要素本身的趣味性和复杂性使环境富有人情味，让人觉得新奇、有趣和放松。中国传统建筑十分注重彩绘、纹样和雕塑等与建筑的融合，如果在现代建筑的细部设计中予以巧妙结合依然会取得不错的效果，并

图4-35　尼洋河游客中心藏族的传统用色　　　　　图4-36　大唐西市博物馆土黄色外墙板

---

① （美）Matthew Carmona. 城市设计的维度——公共空间·城市空间 [M]. 冯江，袁粤，傅娟，等，译. 南京：江苏科学技术出版社，2005：147.
② 郑秉东. 解释学视域下中国建筑传统的当代诠释 [D]. 北京：中央美术学院，2017：31.
③ 李翔宁. 当代中国建筑读本 [M]. 北京：中国建筑工业出版社，2017：275.

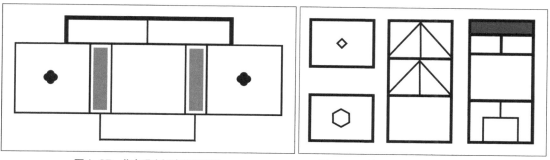

图4-37　北京香山饭店传统纹样　　　　　　图4-38　苏州博物馆黑色石材组合成传统纹样

非如阿道夫·路斯所言的"一切装饰皆是罪恶"。建筑师何镜堂设计的大厂民族宫（图4-39）从中国传统的"天圆地方"几何构图出发，正中央高耸的穹隆顶和四周的花瓣式门洞柱廊具有浓郁的伊斯兰格调，而柱廊内侧的玻璃幕墙采用了回族特有的伊斯兰纹样，为社区居民尤其是穆斯林族群提供了一个休憩放松的场所。在南京博物院（图4-40）的扩建设计中，建筑师程泰宁在扩建部分大面积的白色石材立面和黄铜饰面的门窗雨篷等处恰到好处地镶嵌了传统藻井纹样的浅浮雕，与古朴、端庄、典雅的整体历史气质相吻合，也与南京博物院的老大殿相得益彰。

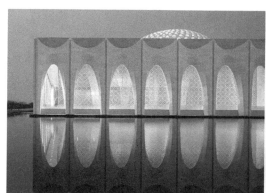　　　　

图4-39　大厂民族宫　　　　　　　　　　图4-40　南京博物院

4.5　传承精神文化的建筑创作实践

4.5.1　永恒秩序的回归：路易斯·康的实践

作为 20 世纪美国本土最重要的建筑师之一，路易斯·康所处的时代是一个失去了心灵的精神而对一切都不确定的时代，因此他的建筑理想从企图表达时代精神转而去追寻超越任何时间的永恒——他找到了"秩序"，把心灵的精神带回到我们的世界来①。路易斯·康对于"秩序"的追求，一方面是由于作为一名德意志文明的后裔，他把叔本华、海德格尔等人的存在主义哲学作为理解宇宙、世界、人间的主要工具——自然界的一切事物皆有存在和表达的愿望，万物皆有其自身愿望的客体化倾向②；另一方面源自于他在宾夕法尼亚大学所接受的布扎体系的传统建筑教育，这使他明白除了理性主义之外，还有一种更深入的建筑组织原则需要探求，最后他发现，这是一种可以运用到所有实存上的普遍的原则③。

路易斯·康所谓的"秩序"不仅是一种隐藏事物内部客观存在的原则，还是一种能够促进事物发生的方法，类似于老子所谓的"道"；那些还未存在的事物被称为"静谧"，是不可计量、渴望光明存在的，类似于老子所谓的"无名"；那些已经存在的事物被称为"光明"，是可计量、形象的赋予者，类似于老子所谓的"有名"④。我们参照《道德经》中"道可道，非常道，名可名，非常名。无名天地之始，有名万物之母。故无常欲以观其妙，常有欲以观其徼"的意思可以比较好地理解路易斯·康获得"秩序"的方式——先将"形式"从"静谧"中通过"领悟"带到"光明"，再通过建筑师个人的"设计"，对在"光明"中的"形式"赋予建筑真实的形状和材料——也就意味着去发掘蕴含在人类精神中先验存在的建筑"原型"。这是一种与功能主义所谓的"形式追随功能"截然不同的设计方法，我们称之为"形式唤起功能"⑤。

在可以分析的路易斯·康的96件作品中，1950年以前的23件作品属于现代建筑的构成，空间具有鲜明的均质化特征，而建筑形体强调纯粹的特征，实际上几乎都是方盒子⑥。从1957年设计的理查德医学实验楼开始，路易斯·康通过解体当时流行的"水平均质空间"而发展出来一种特殊的"结构单元式空间"，直到他设计特林顿游泳池更衣室（图4-41）的时候才发展出唯他所独有的空间概念——"服伺空间"和"被服伺空间"。由此他找到了形式的"秩序"，得以唤起建筑的功能。这座浴室中采用了一种非典型意义的希腊十字平面：五个相同尺寸的正方形，它们以各自取决于空心体宽度的分隔墙为区别，从而表现不同的功能——入口庭院，中间作为集会的区域，两边分别作为更衣室和卫生间的区域以及通往游泳池的过厅——四个金字塔屋顶下面柱子的空心体，它不仅让它们归属于同一个单位，而且还与相邻的单元相连，共同突出内部空的中心⑦。他在一本名为"风格的空间"的笔记本中，这样记录着："由穹顶创造的空间和穹顶下面被墙分隔的空间，已经不是同样的空间了……一个房间必须是一个结构

① （美）约翰·罗贝尔.静谧与光明：路易斯·康建筑中的精神[M].成寒，译.台北：詹氏书局，1989：4.
② 李大夏.路易斯·康[M].北京：中国建筑工业出版社，1999：14.
③ （美）约翰·罗贝尔.静谧与光明：路易斯·康建筑中的精神[M].成寒，译.台北：詹氏书局，1989：63.
④ （美）约翰·罗贝尔.静谧与光明：路易斯·康建筑中的精神[M].成寒，译.台北：詹氏书局，1989：64.
⑤ 侯幼彬.中国建筑之道[M].北京：中国建筑工业出版社，2013：73.
⑥ （日）原口秀昭.路易斯·康的空间构成[M].徐苏宁，吕飞，译.北京：中国建筑工业出版社，2007：20.
⑦ （瑞）克劳斯-彼得·加斯特.路易斯·康：秩的理念[M].马琴，译.北京：中国建筑工业出版社，2007：29-34.

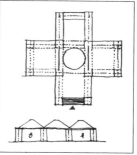

图4-41　特林顿游泳池更衣室

整体，或者是结构体系中一个有秩序的部分。^①"

回顾一下西方古典建筑的历史就可以发现，欧洲的建筑传统就是致力于发展一种强调连续围合、具有高度集聚特征的"中心"空间：如果这个"中心"覆盖穹顶，那就是罗马的万神庙和圣彼得大教堂；如果这个"中心"面向天空，那就成了锡耶纳的坎波广场和威尼斯的圣马可广场。而20世纪初的现代主义巨匠们正是通过把这个"中心"解体而创造了服从功能的建筑新形式，当然随之而来的副产品就是这个"中心"所蕴含的精神也就随之土崩瓦解。正是在特林顿游泳池更衣室这座极小的建筑中，路易斯·康把自己的创作转移到用什么样的方法统一被分解的单元上，也就是通过建筑的"中心"空间统一各个单元空间，借此表现出整体的中心。这个不是实体而是空间的"中心"把四周独立布置的服伺空间单元统一起来^②，实现了"秩序"作为一种被遗忘的传统的回归。

路易斯·康在此后将近20年的时光中，一直试图通过把类似古老的模型和单个的、精神元素之类的古典模式加以融合和转变，以此来表现建筑中蕴含的历史宝藏、确定形式的原则和超越时空的永远正确的法则^③。在萨尔克研究中心实验室中，路易斯·康最终以一个面向大海的线性石头广场作为两座实验室的"中心"，创造了一个蕴含着科学家忠诚精神的场所。而在邻近的萨尔克生物学研究所（图4-42）社区中心的方案中，路易斯·康首次探索了"外层"与"内层"墙的关系：不仅有罗马味十足的半圆广场、喧泉、静泉以及花园，并且有方套圆、圆套方的服伺单元^④，它们被统一在一个由正方形的中庭所构成的、作为建筑整体的"中心"周围。当这个"中心"在埃克斯特图书馆（图4-43）中又变成了一个正方形的采光中厅时——由两条对角线的十字交叉梁所构成的"空白"桂冠——一种极其强烈的向心力，把内层的藏书功能和外层的阅览功能以一种"面包圈"的模式组织在一起，创造了一个优雅与专注相结合的知识世界。

---

① （美）戴维·B·布朗宁.戴维·G·德·龙，路易斯·康：在建筑的王国中 [M].马琴，译.北京：中国建筑工业出版社，2004：66.

② （日）原口秀昭.路易斯·康的空间构成 [M].徐苏宁，吕飞，译.北京：中国建筑工业出版社，2007：36.

③ （瑞）克劳斯-彼得·加斯特.路易斯·康：秩序的理念 [M].马琴，译.北京：中国建筑工业出版社，2007：192.

④ 李大夏.路易斯·康 [M].北京：中国建筑工业出版社，1999：67.

图 4-42　萨尔克生物学研究所　　　　　　　　　图 4-43　埃克斯特图书馆

　　在路易斯·康的后期实践中，"中心"是从特林顿游泳池更衣室到埃克斯特图书馆的设计中不断出现的主题。这种布局方式形成了作为一个城市"整体形式"和单一的结构，在孟加拉国首都政府建筑群（图 4-44）项目中得到了集中的体现。而这种基于古罗马卡拉卡拉浴场启发的"原型"充分印证了康关于"宇宙文化"的观念，"各个洲的文化虽然从来没有彼此交流过，但是它们确定建筑形式的法则却是类似的"[①]。路易斯·康为了表达他一贯主张的"集会具有一种卓越本质"的理念，把清真寺等有利于聚集的功能增加到议会大厦（图 4-45）这个核心建筑群中：中央是议会大厅；环绕着这个议会大厅是交通通道，有的通向公众和记者旁听席，有的连接着各委员办公室和图书馆；议会大厦的外圈是办公室、党政用房、休息厅和餐厅；南边是通向祷告厅的过厅；北边是通向总统广场和花园的门厅[②]。这些不同的功能围绕着作为"中心"的圆形议会大厅，具有类似于圣索菲亚大教堂中央穹顶的向心力。而入口花园前的大水面所形成的建筑倒影，更进一步证明了在"光明"与"静谧"之间确实存在康所孜孜以求的永恒"秩序"（图 4-46）。

图 4-44　孟加拉国首都政府建筑群　　　　图 4-45　达卡议会大厦　　　图 4-46　"光明"与"静谧"——大水面所形成的建筑倒影

---

① （瑞）克劳斯 - 彼得·加斯特. 路易斯·康：秩序的理念 [M]. 马琴，译. 北京：中国建筑工业出版社，2007：193.
② 李大夏. 路易斯·康 [M]. 北京：中国建筑工业出版社，1999：91.

4.5.2　传统审美的转译：后新陈代谢的实践

　　1960 年代末的世界建筑界出现了发展多元化的新理论、新趋势。在此背景下，日本原本盛行的新陈代谢思想也发生转变，建筑师们纷纷通过各自的理论对传统建筑空间进行阐释。这些阐释源于日本的民族情感、环境认知和审美理想——间的空间、奥的空间、灰的空间——与日本的现实国情和当时世界建筑理论的发展充分结合，在传统与现代之间找到了有效的平衡点，使得日本的建筑传统在工业化大发展的时代背景中实现了"软着陆"。

　　建筑师矶崎新通过对如"天柱"、"阴翳"、"黑暗"和"废墟"等一系列具有神话色彩的传统空间概念的探讨，最终把日本传统空间的特征归纳为"间"。在日语中"间"（Ma）意味着"时间的休止"和"空间的空白"，但又不是简单的空白，是在空白中产生无休止的观念，它的关键在于不可分割的两个空间的对应关系[①]。这种对应关系是两个不同现象之间，两个矛盾因素之间，或是各种各样自然界的量度之间的暂时歇息的过渡[②]。就空间来说，可以把"间"视为一种对不同建筑元素之间进行调和的手法主义；一种使观者和建筑保持适度的陌生感，从而促使人发挥各自想象力来多样解读建筑的策略；一种试图把东西方思想兼容并蓄的折中思想。

　　筑波中心大厦（图 4-47）就是矶崎新实践自己"间的空间"理论的典型代表。这是一个包含了音乐厅、会议厅、信息中心、旅馆、银行、商业、办公等复合功能的城市综合体，位于筑波科学城的中轴线上。在一个矩形的用地内，两栋主体建筑呈"L"形布置，共同围绕着一个中心广场。为了表达科学城的开放融合，筑波中心使用了潜伏在现代主义建筑运动中的超现实主义的"拼贴画"形式：以米开朗琪罗的卡比多广场为蓝本的椭圆形下沉式广场、一条波浪形的人工瀑布、采用欧洲古典建筑三段式构图的旅馆塔楼和具有三角形和圆拱形断山花的屋顶。这些形式经重新拼凑、组合、装配后形成了一种支离、混杂的综合体，建筑群反而显得无中心，具有空洞的基调[③]。矶崎新通过所谓的剧场性、胎内性、两义性、迷路性、寓意性、对立性等概念消解广场的中心而获得空白的"间性"，源自于他本人一贯以来反对中心、反对权威、反对等级的现代意识和广岛原子弹爆炸后所产生的"废墟"意识。而他在洛杉矶现代美术馆（图 4-48）的设计中，采用"间"的空间策略，严格依照黄金分割法则把方、圆、三角等最基本的纯粹几何形态通过分解、变形、并置、穿插、转换等手法进行自由组合，使这些元素之间彼此的关系相互独立。在这个作品中矶崎新既表达了西方空间观的黄金分割，又表达了东方空间观的阴阳哲学[④]。他于 2006 年完成的喜马拉雅艺术中心（图 4-49），则有两个截然不同的组成部分——玻璃立方体和不规则的树林——公共的商业空间和私密的办公空

① 单琳琳.民族根生性视域下的日本当代建筑创作研究 [D].哈尔滨：哈尔滨工业大学博士论文，2014：142.
② 武云霞.日本建筑之道——民族性与时代性共生 [M].哈尔滨：黑龙江美术出版社，2003：53.
③ 武云霞.日本建筑之道——民族性与时代性共生 [M].哈尔滨：黑龙江美术出版社，2003：53.
④ 武云霞.日本建筑之道——民族性与时代性共生 [M].哈尔滨：黑龙江美术出版社，2003：55.

图4-47　筑波中心大厦

图4-48　洛杉矶现代美术馆

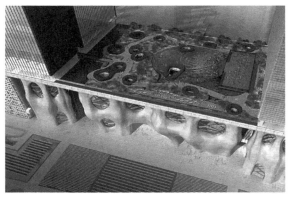

图4-49　喜马拉雅艺术中心

间在交接处呈现"混沌"的部位就是"间"的原型。

　　建筑师槙文彦通过对"集群理论"和"场所精神"的研究认为，日本传统城市空间与西方城市空间中那种从各个方向通向高潮空间的模式不同，它们是用微妙的明暗变化来表示空间的，从高到低，从人工到自然，最终形成一件"从精确走向朦胧的作品"[①]。他认为日本有着与众不同的丰富的城市空间，其特点是通过一层层的膜，形成多层次的境界，从少中见多，可以使较浅的空间取得深邃的感觉。这种深层的中心空间表示的就是"奥"（Oku）的概念[②]。在日本的农村和城市中"奥"普遍地存在着，作为人们集体居住地的城市围合了大量的"奥"空间，有些是私人的，有些是公共的……"奥"不是一个绝对中心，在它的周围布置着多个建筑组群。同时他认为，"奥"不仅表示城市空间具有"膜"的深层结构，而且也表示日本人心灵深处也存在着类似"膜"的深层结构，这是由日本民族含蓄、暧昧的情感心理所决定的。

　　代官山住宅（图4-50）是一个跨越25年才完成的城市综合开发项目。开发分为六期，每一期以先前阶段的成果为基础，又和之前的成果有所区别。槙文彦将自己在美国研究的"集群"和"场所"理论在这个设计过程中予以充分的贯彻。这个过程是由低矮的、破碎的形式的小"块"组成的，而且是由私有的土地，提供大量的

①　（澳）詹妮弗·泰勒.槙文彦的建筑——空间·城市·秩序和建造 [M].马琴，译.北京：中国建筑工业出版社，2007：99.
②　武云霞.日本建筑之道——民族性与时代性共生 [M].哈尔滨：黑龙江美术出版社，2003：51.

公共空间。公共与私密的融合一直延续到人们的行为之中，许多私密的空间不仅用作聚会的场所，而且还充当诸如音乐会与艺术展之类的社会活动的地点①。他以坡状地形为基础，通过建筑与建筑之间的收放以营造公共空间，在每个区域的开口处理上充分考虑了人在行动之中的视觉引导和遮挡，使人在城市空间行进中获得了层层叠叠的"膜"效应。特别是在 1975 年开发的三期设计中（图 4-51），通过"奥"的运用不但增加了文化内涵，而且巧妙地保留了场地中的土丘和古迹。在"风之丘"火葬场（图 4-52）的设计中槙文彦将红色锈钢板的三角形休息厅、清水混凝土的正方形火葬厅和清水砖墙的八角形葬礼厅打散融入到场地之中，而三个部分之间又通过连廊、水院、枯山水庭院等景观元素与室内精心组织的一条动线串联起来。这一系列行进路线的空间氛围是曲折的、灰暗的、寂静的，但是通过开窗的洞口处理，能够看到室外明亮的庭院景观。这种内外巨大的反差就形成了一个连续的"奥"空间，指引着悲者以一种近似于宗教仪式的路线行进。在这个行进过程中，人们得到了平静—敬畏—冥想—超脱的体验②，从而到达心灵深处的"奥"。

图4-50　代官山住宅　　图4-51　代官山住宅第三期平面图　　图4-52　"风之丘"火葬场

　　作为新陈代谢派的主将，建筑师黑川纪章在逐渐认识到新陈代谢理论的不足之后，把佛教教义中的空间观念引入到建筑领域，这使他感悟到"空"与日本传统建筑之间存在深远的关系，于是相继提出了"道的空间"、"侧缘空间"、"中间领域"、"暧昧性"、"两义性"和"利休灰"等理论来解释日本传统空间的特征，最终他用"灰"（En）的概念来阐释他共生思想中的空间概念。在黑川纪章看来"利休灰"既是一种在佛教中代表着空寂、混合和模糊的终极色彩，也代表着日本传统文化中自然和建筑之间相互延伸的领域，因此"利休灰"可以使不同材料、时间和空间、物质性与精神性进入"不连续的连续"，或继承与同化的联系之中。即"利休灰"的手法是将三度的、实体的、单一的意义空间转化为两度的、图案化的、非知觉的、具有多重意义的暧昧空间③。"灰"的空间没有古典的量和形，只是一种相对稳定的空间秩序，是一种

① （澳）詹妮弗·泰勒. 槙文彦的建筑——空间·城市·秩序和建造 [M]. 马琴，译. 北京：中国建筑工业出版社，2007：133.
② 单琳琳. 民族根生性视域下的日本当代建筑创作研究 [D]. 哈尔滨：哈尔滨工业大学博士论文，2014：159.
③ 武云霞. 日本建筑之道——民族性与时代性共生 [M]. 哈尔滨：黑龙江美术出版社，2003：45.

采用介于室内与室外之间的过渡空间作为调和矛盾的中介，使建筑中的若干对立因素能够共生而达到连续的状态，以此作为一种组织建筑空间的设计方法。

黑川纪章在福冈银行总部大楼（图4-53）的设计中，运用钢筋混凝土巨型梁架结构创造了一个厚重、超大的巨门形象作为"灰"的空间，其目的是达成城市公共空间与建筑入口空间之间的过渡。这既是对传统"侧缘空间"的放大，也同时为城市提供了一个安逸、舒适的有顶休闲场所。在广岛市当代艺术博物馆（图4-54）的设计中，黑川将入口广场设计为一个开敞的圆形柱廊，作为动态的"灰"空间，对两侧的永久性展览空间和专业性展览空间进行有效的连接。在东京国立美术馆（图4-55）的设计中黑川纪章运用阴翳的美学意象，巨大的波浪形玻璃百叶幕墙避免了阳光的直射，通过阴影的强调在混凝土圆锥体块之间形成了一个巨大的"灰"的空间。这个21m高的中庭空间不仅作为建筑室内与室外的有效过渡，而且通过不加修饰的材料之间的精心搭配，表达了源于日本传统文化的共生精神。

图4-53　福冈银行总部大楼

图4-55　东京国立美术馆

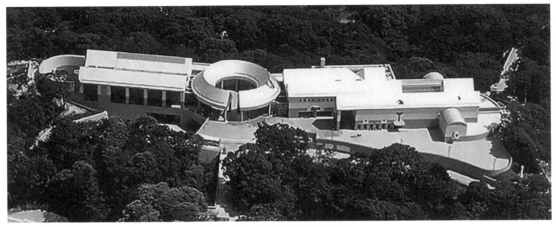

图4-54　广岛市当代艺术博物馆

4.5.3 黄金分割的新生：勒·柯布西耶的实践

勒·柯布西耶作为 20 世纪最伟大的建筑师之一，穷其一生始终充满着矛盾，他把两条看起来毫不相干的思路结合在一起，形成了一种高度的个人综合[①]：一方面他受理性主义和功能主义的影响，否定 19 世纪以来因循守旧的古典主义、折中主义的建筑观点与建筑风格，激烈主张创造表现新时代的新建筑[②]；另一方面他受理想主义和加尔文主义的影响，认为"建筑学是人类创造他自己的宇宙的第一表征，是支配我们自己的自然和我们的宇宙的法则[③]"，而主张在自然和建筑之间建立所谓的绝对和谐法则。

西方世界通常认为人是宇宙之最，因而从古希腊以来就存在着对人体之美的无限崇拜，进而将人体比例视为宇宙间最根本的秩序之源。像柏拉图或者毕达哥拉斯那样的思想家认为，宇宙世界作为一个和谐的结构是建立在一个数据序列的基础上的。他们认为这个世界的每一个部分或相邻部分的关系以及它们自己在数值上的比例，都可以进行抽象而理性的理解[④]。源自加尔文主义的影响，使比例——以人体尺度为基准——在勒·柯布西耶的自然秩序中成为关键性密码。他在《走向新建筑》中的第一幅插图不无用意地采用了弗朗索瓦·布隆代尔在巴黎的圣丹尼斯门廊，附带有一个比例系统，从而建立起了与古典法国建筑理论的一种直接的联系[⑤]。他印证了巴黎圣母院等建筑的黄金分割现象，并现身说法地以自己的建筑作品加以剖析，从建筑与人体的数理关系中衍生出权威的立面比例和构图法则，体现了基于古典主义人体类比思路的建筑理论研究积淀[⑥]。

勒·柯布西耶早期的住宅设计，十分强调对建筑控制线和黄金矩形法的运用。他在拉罗歇 – 让纳雷住宅的说明中提到："控制线是抵制任意性的一种保证，是一项检验运算……控制线是一种精神秩序的满足，它引导我们寻求巧妙而和谐的关系……控制线带来了可感知的数学，它有助于对秩序的领悟……控制线的选择决定了作品基本的几何学，是建筑学的一项基本操作[⑦]"。在随后的加歇别墅设计中，"富足的表面，不是通过奢侈的材料，而是通过内部的布局和比例的协调来体现。整栋住宅，严格遵循控制线，各个不同部分的边界都进行了精确到厘米的修正。于是数学带来了令人鼓舞的真理，不确信已经达到精确，就绝不停止工作。[⑧]"

---

① （德）汉诺 – 沃尔特·克鲁夫特. 建筑理论史——从维特鲁威到现在 [M]. 王贵祥，译. 北京：中国建筑工业出版社，2005：396.

② 罗小未. 外国近现代建筑史 [M]. 北京：中国建筑工业出版社，2004：75.

③ Le Corbusier. Towards a New Architecture[M]. New York: Princeton Architectural Press, 1946: 69–70.

④ （瑞）克劳斯 – 彼得·加斯特. 路易斯·康：秩序的理念 [M]. 马琴，译. 北京：中国建筑工业出版社，2007：10.

⑤ （德）汉诺 – 沃尔特·克鲁夫特. 建筑理论史——从维特鲁威到现在 [M]. 王贵祥，译. 北京：中国建筑工业出版社，2005：399.

⑥ 王冬梅. 建筑文化学六艺 [M]. 合肥：合肥工业大学出版社，2013：6.

⑦ （瑞）W·博奥席耶. 勒·柯布西耶全集（第一卷）[M]. 牛燕芳，程超，译. 北京：中国建筑工业出版社，2005：62.

⑧ （瑞）W·博奥席耶. 勒·柯布西耶全集（第一卷）[M]. 牛燕芳，程超，译. 北京：中国建筑工业出版社，2005：132.

勒·柯布西耶试图根据标准人体比例建立一套模数制，使人能够与建筑环境之间建立一套和谐关系，并且与现代工业生产结合，令现代建筑有一个人性基础，而非一套绝对的标准[1]。在《模度》一书中，他从一个成年男性的人体尺度出发（英国男人183cm，法国男人175cm）设定了下垂手臂、肚脐、头顶、上伸手臂的四个高度为控制点（分别为86、113、183、226cm）：以头顶和肚脐的高度为"一倍单元"的起始，结合菲波菲波纳契数列形成一套网格体系，称为"红尺"；以上伸手臂和下垂手臂的高度为"两倍单元"的起始，结合菲波菲波纳契数列形成一套新的网格体系，称为"蓝尺"。这套"红蓝双尺"被命名为"模度"，一个符合人体尺度的和谐的尺寸系列，普遍适用于建筑和机械[2]。在他看来这套体系既满足美观要求，又适合功能要求，简直就是一把万能仪，应用方便，可在全世界范围内使人类所生产的各类产品的比例达到既美观又合理[3]。

1952年建成的马赛公寓是勒·柯布西耶第一次全方位运用"模度"系统而建成的作品（图4-56）。它建立在模度提供的15个标准尺寸的基础上。这个长165m、宽24m、高56m的庞然大物，看上去却是亲切自然：从上到下、从内至外无不遵循人体的尺度[4]。马赛公寓的设计原型就像在一个巨大的钢筋混凝土做成的红酒架上插入无数的红酒瓶——寓所单元，而每个寓所单元是由几个顶棚高度为模数制之中上伸手臂高度2.26m的小房间及一个高度为其两倍的大起居室组成，房屋里面的设备的尺寸也与模数制之中的尺寸一致[5]。而这个建筑的正立面非常接近一个竖立的黄金矩形位于两个正方形之间，而它的侧面则接近一个正方形位于两个横卧的黄金矩形之间，这个建筑的平面是三个横向的黄金矩形与四个正方形的交错。

图4-56　马赛公寓单元与模度

① 陈伯冲.建筑形式论——迈向图像思维[M].北京：中国建筑工业出版社，1996：70.
② （瑞）W·博奥席耶.勒·柯布西耶全集（第五卷）[M].牛燕芳，程超，译.北京：中国建筑工业出版社，2005：168.
③ （丹）S·E·拉斯姆森.建筑体验[M].北京：知识产权出版社，2012：100.
④ （瑞）W·博奥席耶.勒·柯布西耶全集（第五卷）[M].牛燕芳，程超，译.北京：中国建筑工业出版社，2005：168.
⑤ （丹）S·E·拉斯姆森.建筑体验[M].刘亚芬，译.北京：知识产权出版社，2012：101.

在柯布西耶看来，美是"高级数学"的产物，它将影响生命的本质以及有用的物体和消费品：从厨房设备到未来寻求与正宇宙自身统一性的大教堂①。

4.5.4 色彩技法的拓展：路易斯·巴拉甘的实践

大概因为建筑色彩是用来突出它的形式及材料特征、表达它的空间划分②，过往的多数建筑创作所关注的焦点几乎都是建筑的形式、空间、功能与建造等方面，而鲜有对影响视觉最直观的要素之一的色彩进行专项研究的。而1980年的普利兹克建筑奖获得者路易斯·巴拉甘正是这样一位因善于运用各种鲜艳浓烈色彩来表达传统而独树一帜的墨西哥建筑师。

墨西哥地处高原，气候温润，阳光充足，辐射强烈，因此在前哥伦布时代，墨西哥本土的美洲印第安文化一直充满着光、影和色彩，对明快鲜亮的色调表现出强烈的喜好。直到今天，墨西哥地区的众多民居仍有着鲜艳动人的外墙——用地方植物混合着蜗牛壳粉末而成的外墙涂料——红色代表东方，象征了太阳的升起，生命的诞生和鲜血；黄色代表南方，象征了谷物、生命、太阳的照耀；白色代表北方，象征着变化；黑色代表西方，象征着太阳离去的黑夜和死亡；而蓝色代表天空、水和雨的颜色，象征着肥沃③。在普利兹克奖颁奖典礼上他说："墨西哥的乡村和城镇中朴实无华的建筑，给人带来的启示一直是我灵感的源泉。这里的传统与北非和摩洛哥的村庄，有着深刻的历史渊源，他们丰富了我对建筑简洁之美的理解力④"。而他本人作为一个虔诚的天主教徒也常常从强烈的宗教信仰和殖民时代的建筑智慧——以阿尔罕布拉官为代表的地中海传统——传统的色彩和静谧的气氛中汲取大量有益的灵感，以此唤醒自己心底对童年生活的记忆和对墨西哥传统文化的深爱⑤。由此可见，巴拉甘一方面继承了墨西哥传统建筑的色彩运用，另一方面又从地中海文化中获得了赋予环境静谧的能力。

建筑师巴拉甘早期建筑的色彩运用多局限于红黄蓝三原色，这也是墨西哥建筑中的传统三色。他的第一个作品鲁纳住宅就选择了黄色作为主色调，并与光线和空间之间结合得相当巧妙（图4-57）。大约在1940年前后，得益于法国景观建筑师费迪南德·巴克和墨西哥的雕刻家马西亚斯·吉奥瑞思，他舍弃了国际式建筑的流行做法，转而将现代主义建筑的简洁融入了墨西哥本土的现实之中，并更加大胆随性地使用各种鲜艳饱和的颜色。他的建筑常被归入极简的范畴，通常采用最简单的几何形态、有厚度的墙体和去除装饰的建筑内部，并且通过运用大块面的色彩、单一来源的阳光和阴影，营造出神秘、纯粹的氛围。他于1957年设计

① （英）理查德·帕多万.比例——科学·哲学·建筑[M].周玉鹏，刘耀辉，译.北京：中国建筑工业出版社，2007：338.
② （丹）S·E·拉斯姆森.建筑体验[M].北京：知识产权出版社，2012：198.
③ 大师系列丛书编辑部.路易斯·巴拉甘的作品与思想[M].北京：中国电力出版社，2006：20.
④ https://www.pritzkerprize.com/cn/%E5%B1%8A%E8%8E%B7%A5%96%E8%80%85/luyisibalagan.
⑤ 大师系列丛书编辑部.路易斯·巴拉甘的作品与思想[M].北京：中国电力出版社，2006：22.

图4-57　鲁纳住宅　　　　　　　　　　图4-58　墨西哥卫星城塔雕塑

的墨西哥卫星城塔雕塑（图4-58）由五个平面大小不一的三角形混凝土彩色高塔组成，其中红、黄、蓝色各一个，白色两个。这五个塔的高度各不相同，随着观察距离的变化呈现出不断变化的景象。这组极富个性的雕塑，不仅成为了墨西哥城的入城标志，也对墨西哥现代建筑产生了深远的影响。

　　他在色彩的运用上十分注重与空间氛围的契合，反而并不关心建筑的完整性，"我通常会在空间已经建立后才去决定色彩的运用。我会在一天的不同时间去观察这个地方，并在脑中开始想象该用什么色彩，从最宁静的色彩到最狂野的色彩。[①]"巴拉甘故居位于墨西哥城，目前已经被联合国教科文组织列为世界遗产。建筑师为了不妨碍周边的工人住宅，在朴素的建筑立面背后别有洞天（图4-59）。进入公寓后，首先经过一段刻意营造的黑暗走廊，面前突然出现一面巴拉甘惯用的粉色墙壁而感知进入了一个双层通高的主房间。随后我们可以发现整个公寓中都留有地方文化和传统符号的痕迹：十字架告诉我们主人是虔诚的天主教徒；大量以马为主题的工艺品和古董提示着巴拉甘深刻眷恋的童年记忆（图4-60）；明亮粉色、黄色和淡紫色的搭配方式也表达出墨西哥文化的传统特性（图4-61）。公寓的前后两侧充分兼顾了隐私和通透：公寓沿街的外侧采用高窗使光线可以充分地进入又保持绝对的隐私；而内侧作为私人空间则采用落地大窗面朝后方的花园敞开（图4-62）。

　　圣·克里斯特博马厩与别墅项目（图4-63）是巴拉甘最著名的作品，这座白色的房子被设计成一系列不同高度的体块组合，并与邻近的马厩通过四周色彩鲜艳的高墙、基底的黄土、清澈的池水围合成一个整体来组织空间：场地以马场和饮水池为中心，住宅偏在一角，其余被马场和草地所包围。在入口处，巴拉甘在粉红色的景观墙体上开洞而形成框景，把人的视线引向了远处：水从一堵由铁锈色的墙体构成的高架水渠上落入池中，马厩的入口被巧妙地

---

① NO.192【大师作品】路易斯·巴拉干：一位把色彩玩得淋漓尽致的设计大师……[EB/OL]. 搜狐网，（2019-02-27）[2022-03-22].http://www.sohu.com/a/298124410_99901456.

图4-59　巴拉甘故居朴素的建筑立面

图4-60　巴拉甘故居地方文化符号

图4-61　巴拉甘故居明亮颜色

图4-62　公寓落地大窗面朝花园

图4-63　圣·克里斯特博马厩与别墅

隐藏在了这堵墙体后面，其后一堵更高的粉色墙体提高了空间的纵深感，并与另一面紫红矮墙组合而环抱了整个中心庭院。2016 年 Louis Vuitton 选择在这里拍摄当年的早秋系列广告，意图通过坚实的墙体、马匹、色彩来匹配 LV 的设计感与神秘感[1]。由此可见，这座倾注了巴拉甘极大情感并浓缩了他一生设计精髓的建筑确实充满了神话般的永恒精神。

　　路易斯·巴拉甘既是建筑师也是景观设计师，"在他的一生之中对神话和扎根文化的起源的情感未间断过，总是在寻求一种感官的和附着于土地的建筑……一种间接参照墨西哥农庄的建筑[2]"，具有相当鲜明的地域主义倾向。

---

① 这个"好色"老头设计了一座少女心爆棚的马厩，还影响了安藤忠雄和 LV..[EB/OL]. 腾讯网，（2019-04-03）[2022-3-22]. https：//new.qq.com/omn/20190403/20190403A0LG7G.html?pc.

② （美）肯尼思·弗兰姆普敦. 现代建筑：一部批判的历史 [M]. 张钦楠，译. 北京：中国建筑工业出版社，2004：360.

4.6　本章小结

本章关注以传承精神文化为目标导向的现代建筑创作原则。

首先，我们认为建筑传统中精神文化由创作思想、创作审美和创作技法三部分组成。这三者从逻辑上来说有范围大小和顺序先后之别，但在创作实践中却是同等重要的，因此需要全方位加以把握。

其次，创作思想用来引导建筑师树立正确的创作观，不至于曲意迎逢而沦为权力和资本的媚俗奴隶。实用理性的建筑传统价值观帮助我们走出视觉至上的唯形式论。天人合一的建筑传统环境观帮助我们摆脱就建筑论建筑的本体论思维。建筑创作在构思之初就必须全方位思考环境的处理方式、资源的利用方式和投资的综合效益，综合协调业主的使用需求、运营的长效管理和城市的公共利益，不偏不倚而使之最优。

再次，创作审美则是一座建筑为地方人群喜闻乐见的基础，不至于矫揉造作而催生夸张的建筑怪胎。中国传统审美并非西方式追求征服世界般的激情澎湃，反而浸润在日常的生活之中，处处透露着以中正平和、自然质朴、空灵意趣为最高境界的人生哲学。因此，延续传统的审美，让建筑融入所在地区的审美，不因求新求变而设计奇奇怪怪的建筑，是广大中国建筑师应有的职业素养。

又次，创作技法则是建筑师进行建筑创作必备的方法和技能，不至于黔驴技穷而导致南辕北辙，不至于捉襟见肘而导致哑口无言。本文涉及的方法与技巧并非中国所特有，但却具有普遍的应用价值和研究意义。许多杰出的现代建筑作品背后往往隐藏着建筑师独特的设计技法，可以说创作技法的传承是普遍地提高建筑创作质量的关键所在。但时至今日，设计方法论在中国建筑教育和职业培训中并未占有自己的一席之地，应引起充分的重视。

最后，作者通过对路易斯·康重塑聚集的永恒秩序的创作思想，日本后新陈代谢派在现代建筑创作中集体阐释日本建筑的传统审美，勒·柯布西耶继承与发展黄金分割的创作方法和路易斯·巴拉甘延续并提升墨西哥地区传统的色彩技法作为案例加以深入分析，从而可以看出，在日新月异的 21 世纪传承无形的建筑精神文化，具有帮助建筑师站在巨人肩膀上进行创作的作用。

第 5 章

传承地域文化的
建筑创作原则

5.1 影响建筑创作的地域文化要素

人们常常用风格这个概念对传统建筑的特征进行概括。狭义上的地域风格来自 18 世纪英国如画的"浪漫风格",人们往往通过对传统建筑的形式、空间等特征进行描述来归纳传统建筑的风格。我们如果对这些显而易见的传统特征简单而片面地断章取义,极容易陷入复古主义形式论的俗白之中,但是通过对这些特征的恰当转换,也可以在文化层面取得老树新枝的效果。在这个探索过程中间,很多研究已经扩展了传统意义上的形式与空间的内涵:以罗伯特·文丘里和查尔斯·詹克斯为首的后现代主义将语言学引入对于形式的研究,建筑成为一套有意义的符号系统;以阿尔多·罗西和乔治·格拉西为首的意大利新理性主义借助于德·昆西的类型学方法把对传统的关注归结为具有集体记忆的类型范畴;至于亚洲及北欧等地的建筑师也纷纷从生物学、心理学、阐释学等交叉学科切入,对本国建筑的细部特征、空间特质、风土仪式等加以研究,并通过他们出色的实践有效证明了传统与现代在工业化、信息化的大时代背景下完全可以多元并存。而肯尼思·弗兰姆普敦更是在前人的这些理论基础上创造性地提出"批判的地域主义"这一关乎场所与形式、地形与气候、知觉与体验的边缘性实践,一方面期望规避普世文化带来的现代化冲击,一方面也反对那种刻意而为的乡土情结,秉持一种兼容并蓄的理性态度来调适传统与现代之间的矛盾。

5.2 地域要素的影响

5.2.1 场地条件的约束

建筑附着于不同坐标的土地之上,地理信息坐标的唯一性为每一次建筑创作提供了隐性且唯一的前置条件。如果我们善加珍视这些隐性要素,充分利用场地的这些基本特征,必然有助于我们创作出恰当而独特的建筑。

1. 气候因素

气候因素是影响地域建筑形态的主要因素之一,它影响着地域建筑的空间、布局和使用,进而产生了具有不同特征的地域建筑。[1] 影响建筑的气候因素包含气温、降水、光照、通风等常见的要素,正是这些不同要素之间的相互作用从而产生了丰富多彩的建筑地域特征。

场地气温的差异直接决定了建筑室内的舒适度,由此也间接决定了建筑所呈现的形态或厚重或通透。寒冷地区的建筑首先需要满足防寒保暖的需求,因此建筑多采用厚墙小窗以减

---

① 王绍森. 当代闽南建筑的地域性表达研究 [D]. 广州:华南理工大学博士论文,2010:40.

少热量散失，因此立面通常表现出敦实坚固的特征；而炎热地区的建筑则更需要考虑隔热与致凉的需求，往往强调开敞和通透，因此立面多表现出轻盈多变的特征。多数传统建筑选择坡屋顶作为围护结构的顶部形式是基于阻挡雨雪等降水因素的需要，由此干旱少雨地区的建筑往往坡度平缓而出檐短小，潮湿多雨地区的建筑常常坡度陡峭而出檐深远。光照量往往决定了建筑内部储存热量的多少，因此，大多数地区的建筑布局多趋向于易于获得阳光的方向。而通风的作用一是散热，二是换气，通过散热使得室内温度适于人停留，又便于清浊之气的交换以保持室内空气清新。长三角地区夏热冬冷，必须同时考虑建筑的夏季通风散热和冬季保温隔热，因此多选择南向作为建筑主立面，在很大程度上是为了给室内争取尽可能多的光照和最佳的通风效果，由此而产生的南向兵营式布局的城市新肌理，却也在一定程度上见证了气候条件之于地域风貌的重要影响。

建筑师查尔斯·柯里亚基于印度本土文化、历史和气候的研究，提倡采用本土的适宜技术进行低成本住宅的建造，在《形式追随气候》一书中论证了建筑形式与场地气候之间相互因应的关系，提出了"管式住宅"（图5-1）、"露天空间"等地域性建筑理论，并设计了一大批如干城章嘉公寓（图5-2）、斋普尔艺术中心（图5-3）等充分融合印度本土气候特征、传统地域文化和现代抽象元素的建筑作品。他在印度电子有限公司办公楼的设计中针对当地炎热的气候特点，将主体建筑进行拆分重组，围合出高耸的内部庭院起到拔风的作用。这些庭院开口有利于将通过庭院后被绿化加湿的新鲜空气导入建筑内部。具有遮阳作用的构架屋顶为西侧和南侧带来舒适的阴影空间，在阻挡热辐射的同时帮助建筑获得连续完整的视觉效果。

图5-1　管式住宅

图5-2　干城章嘉公寓

图5-3　斋普尔艺术中心

在中国建筑设计研究院创新科研示范中心的设计中，建筑师崔海东成功把限制设计的日照因素转变成建筑形体生成的主导因素，根据周边的日照需求，对形态进行反向切削，以获得最小的日照遮挡影响[①]。在平面布局阶段，建筑师把大楼的办公区布置于东、南两侧，北侧则采用一系列的中庭空间为室内提供最佳的通风和采光性能，并把电梯间、楼梯间、卫生间等服务空间布置在西侧，以此将西晒的影响降到最低。

① 崔愷，刘恒．绿色建筑设计导则 [M]．北京：中国建筑工业出版社，2021：48.

2. 地形因素

地形是影响建筑外部环境的主要因素，既受地理因素的影响也受到地质因素的制约，同时又影响到别的环境和活动要素，如微气候、水文、植被、生产、交通、城市发展和建筑活动[1]。地域建筑的建造遵循着对场地和环境的维护，由于适应不同的地形和建造环境而形成独特的建筑构造和格局，使建筑成为此时此地的存在，从而形成区别于其他建筑的可识别性和地域性[2]。简而言之，设计场地的地貌及其上部的地物构成了我们设计的基本制约条件，我们或适应这种制约，或利用这种制约，绝非万不得已不应彻底无视这种制约。

中国各地传统民居的建造大多是本着适应地形的基本原则来开展的，一方面是受限于当时的经济、技术条件不可能大幅度地开展"征服自然"的行动，另一方面是受中国传统文化强调"天人合一"的和谐精神影响，当地也不提倡对人居环境进行翻天覆地的改造。因此，北方平原的四合院和南方水边的吊脚楼等传统地方民居均因此而生。

另一种较为常见的建造方式是充分利用地形，用地临水则让建筑尽可能地亲水，用地靠山则让建筑因山就势充分利用地形呈现恢弘独特。颐和园佛香阁的易塔建阁既依托万寿山原有的高度将前山主轴分为前、中、后三个层次，又考虑了山体的高度而以一个比例合宜的佛香阁避免了原先过于高耸的佛塔隐没了山体的存在。

建筑师崔愷在杭帮菜博物馆（图5-4）的设计中，为了削弱建筑对生态公园的压迫感，将建筑体形随山势和地形蜿蜒转折、自然断开，划分成贵宾楼、餐饮区、博物馆经营区和固定展区四个功能组团。[3] 四个分开的组团之间天然留出了必要的视线走廊，并在屋顶起伏之间与四周的山体相呼应，很自然地融入了地形环境之中。他在中信金陵酒店的设计中充分利用场地的巨大高差和背山面水的良好环境，因山就势地布置两侧的客房，产生层层跌落的形态，以切合"栖山、观水、望峰、憩谷"的设计主题。

图5-4 杭帮菜博物馆

① 王国光. 基于环境整体观的现代建筑创作思想研究 [D]. 广州：华南理工大学博士论文，2013：116.
② 王绍森. 当代闽南建筑的地域性表达研究 [D]. 广州：华南理工大学博士论文，2010：43.
③ 崔愷. 本土设计Ⅱ [M]. 北京：知识产权出版社，2016：20.

5.2.2 材料构造的移情

1. 建筑材料

材料是表达建筑地域特征最有效的方式之一,这是因为人对建筑最直观的感受来自于观察和触摸材料所得到的直接感受。在全球一体化、工业智能化、文化多样化的时代,材料的表现既需传统回归,也需现代拓展,传统的乡土建筑材料是表达文化情感的重要手段[①]。现代的科技材料能够更广泛地适应大量、快速建造的需求。

传统乡土材料多指在某一地区容易大量就地取材的主要建筑材料,如泥土、石材、木材、竹材、砖材和瓦等常见的建筑材料。由于人类早期生产力不高,出行半径不大,因此只能在生活环境周边选取容易获得、且容易施工的自然资源作为自己建房的材料。这说明建筑的地域性是人类就近使用传统乡土材料建造自己家园的必然结果。今天如果我们对这些传统乡土材料加以妥善使用,依然可以在保持地方特色、传承地域文化方面取得较好的延续性。

石材是最古老、最易取得永久性的建筑材料之一,它一方面能够坚固地对抗岁月的侵袭,一方面能够长久地保留岁月侵袭的痕迹。同时,石材作为一种砌筑型材料,不同的砌筑工艺会形成不同的立面肌理,从而取得令人意想不到的艺术效果。建筑师彼得·卒姆托设计的瓦尔斯温泉浴场(图5-5)为了让建筑与周围阿尔卑斯山优美的自然景观融为一体,特地选用距离建筑基地不到一公里的瓦尔斯片麻岩作为建筑主材。这个浴场不单单是创造性地延续了传统的材料加工工艺,更通过合理有效地运用光线激发了传统材料的表现新能力,赋予了沐浴空间丰富而静谧的独特体验。建筑师赫尔佐格与德梅隆在多米尼斯酿酒厂(图5-6)的设计中创造性地将当地盛产的玄武岩填充到特质的钢筋笼中,作为酒厂双层表皮中的外层墙体起到保温隔热和调节建筑微气候的作用,能很好地保存酿造后的酒的最佳口感。同时,由于填充的石块大小有别、疏密有致,形成了光影婆娑的内部空间特征,而建筑外立面由于这种特殊

图5-5 瓦尔斯温泉浴场

图5-6 多米尼斯酿酒厂

---

① 王绍森.当代闽南建筑的地域性表达研究[D].广州:华南理工大学博士论文,2010:151.

的材料也取得了令人印象深刻的视觉效果。

泥土是最广泛、最生态的传统建筑材料之一，在中国传统的木结构体系中通常作为墙体材料来使用。正是由于它具有经济便捷、易于混合和保温隔热、可循环使用的显著特点，既可以作为承重的结构构件，又可以作为非承重的围护构件出现在各地的民居建筑之中。而当我们把泥土进行过不同工艺的烧制之后则可以制作成大量不同形式、规格、尺寸的砖瓦材料，从而更加坚固、方便、灵活地使用在建筑的多个位置。现代建筑的创作又往往可以通过多样化地使用泥土、砖石等传统乡土材料，在建筑与地域文化之间建立某种微妙的潜在联系。在长城脚下公社的两分宅设计（图5-7）中，建筑师张永和采用传统的土墙工艺整体夯筑作为承重结构的建筑外墙，从而实现了在完全现代形式语言的建筑中对地域文化的有效传承。建筑师王澍在中国美术学院象山校区、五散房、富春山馆等一些列实践中对不同工艺、不同肌理的砌筑墙体建造进行了广泛的探讨研究，并创造性地将从各工地上回收的废弃砖瓦作为饰面材料与现代主义的建筑立面语言进行混搭研究，成功地实现了消逝的历史在现实世界的涅槃重生。

竹木材料在以中国为首的东方传统建筑体系中占有举足轻重的地位，是具有生命特征的天然材料，有着丰富的纹理、舒适的触感、清爽的香气与温暖的色泽[①]，可以带给人亲切愉快、清素典雅的心理感受。竹木材料具有选材、加工方便的优势，因此既可以作为主体承重构件的材料使用，也可以作为非受力的围护、装饰构件的材料来使用。将竹木材料运用在现代建筑中可以营造出亲切宜人的氛围，同时具有浓浓的乡土情结，而把它们与其他材料混搭则能创造出具有强烈生命体验感的人文情境。建筑师李晓东在云南玉湖完小（图5-8）和福建下石桥上书屋（图5-9）的设计中均大量使用当地出产的天然木材作为建筑立面的围护材料，不但最大程度地降低了建造成本，而且探索了木材在新语境下传达地域文化的可能性。建筑师王澍在宁波美术馆和中国美术学院象山校区教学楼的设计中大量使用通高的杉木门板作为构成

图5-7　长城脚下公社中的两分宅

图5-8　云南玉湖完小

---

① 郑秉东.解释学视域下中国建筑传统的当代诠释 [D].北京：中央美术学院，2017：72.

建筑立面的主要元素，从而获得了纯净统一而富有地方气息的建筑表情。而建筑师隈研吾在长城脚下公社的竹屋设计中充分探索竹子以不同形态作为结构构件和装饰构件贯穿于建筑空间的六个面，茶台浮于水上，竹影斑驳陆离，营造出一个极具东方韵味的生命空间[①]。

现代科技材料多是高科技复合材料，其表层的纹样肌理经过复杂工艺处理完全可以模仿甚至替代传统乡土材料，如清水混凝土、质感涂料、GRC 板、木丝水泥板、科技木板、胶合木板、竹纹编织板、穿孔铝板、合金钢板、耐候钢板、聚碳酸酯板、"U"形玻璃、磨砂玻璃、丝网印刷玻璃和镜面玻璃等新材料在地域文化表达中为建筑师提供了无限探索的可能。

清水混凝土不但是当前通行的建筑主体结构材料，对其表面采取不同的处理方式也可以形成多种不同的质感：通过精细模板灌注、养护、打磨后的混凝土可以形成完全平整、光洁的表面；也可以通过拉毛、斧剁等处理形成多种粗犷的肌理效果；更可以通过添加不同颜色的矿物获得彩色的混凝土以满足不同的建筑效果。建筑师赫尔佐格与德梅隆在杜伊斯堡的 Küppersmühle 博物馆（图 5-10）扩建设计中选用清水混凝土作为扩建部分的建筑材料，一方面通过加入铁矿石的创新工艺使得铁锈红的清水混凝土外墙与原有的红砖厂房在整体色彩上相协调，另一方面又用光滑细腻的表面肌理加强与具有历史沧桑的红砖肌理之间的反差，最终取得和而不同的新旧对比。

我们可以发现，玻璃在不同的工艺条件下可以得到不同的表现效果：普通玻璃有较好的通透性，可以把室内外的界限感降到最低，可以将外部的景色、光线和历史遗存引入到室内空间；磨砂玻璃、丝网印刷玻璃和 U 形玻璃则能够比较直接地在建筑内部营造一种朦胧含蓄的东方婉约之美；而镜面玻璃往往可以弱化自身的存在而突显反射物体的价值，有助于烘托

图5-9　福建下石桥上书屋

图5-10　Küppersmühle博物馆

① 郑秉东 . 解释学视域下中国建筑传统的当代诠释 [D]. 北京：中央美术学院，2017：75.

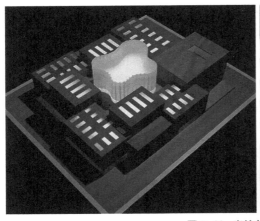

图5-11　米兰安萨尔多文化城

历史遗产的本体价值。建筑师大卫·奇普菲尔德在米兰安萨尔多文化城（图5-11）的设计中将一个由自由曲线构成的双层玻璃中庭插入到若干个实体展厅之中。这个中庭的外侧选用反射玻璃以呼应周边的历史环境，内侧选用磨砂玻璃得以实现光线均匀、朦胧静谧、具有现代气息的观展环境。建筑师赫尔佐格＆德梅隆设计的汉堡易北爱乐厅（图5-12）是在既有红砖仓库之上的一次大胆创新，也是当前世界范围内各种先进的玻璃工艺效果的一次大集成。红砖以上的扩建部分是一个波浪起伏状的玻璃体，最高处达到110m，整体采用丝网印刷的镜面玻璃以反射周边的汉堡港的沧桑历史，并在特定位置设置"U"形开口以利于自然通风。而从室内透过这些作了模糊处理的丝网印刷玻璃，则将汉堡港的风景以一种历史胶片的影像质感呈现出来。

竹木复合板材、金属复合板材和水泥复合材料均是适用于大面积干法作业的材料，多用于建筑外墙和屋顶，可以根据地域环境和项目特点不同开模定制各种各样的纹样、色彩、质感，并且能够取得较好的建筑效果。建筑师陆轶辰设计的2015米兰世博会中国馆（图5-13）以飘浮在"希望田野"上的一片白云为主题，为实现大跨度展览的要求，他在屋面采用以胶合木

图5-12　汉堡易北爱乐厅　　　　　　　　图5-13　米兰世博会中国馆

结构、半透明 PVC 防水层和遮阳竹瓦这三种建构元素组成的开放性建构体系①。其中的遮阳竹瓦每一块都是通过计算机参数化设计而定制的，既达到遮阳率 75% 的要求，又符合米兰当地抗风、抗压的要求，并能在室内形成婆娑的光影，以此唤起室内空间的一种特殊的中国意境。

2. 建筑构造

传统建筑构造与传统建筑材料往往作为一个硬币的两个方面共同成为构成建筑地域性的重要因素，因此我们必须对传统建筑构造与建筑地域性表达之间的互动关系加以研究。一个地区的传统建筑构造是与该地区的地理特征、气候条件、物产情况等地域要素长期适应的结果，不仅是技术文明的重要内容，也是建筑地域文化的重要组成部分。它为该地区人民所喜闻乐见，天然凝聚了某种自发的亲切感。建筑师维托里奥·戈里高蒂认为建筑的全部潜能就在于将建筑本体转化为充满诗意的和具备认知功能的构造能力②，因此如果能把传统构造与现代技术加以融合，不但能满足当前的文化需求，而且有助于同标新立异式的创新划清界限。我们对于传统构造在现代建筑创作中的转化可以通过同材同构、同材异构、异材同构三种方式加以考量。

同材同构可以认为是忠实地去继承和运用地域建筑中特有的传统构造方法及构造特征，以便在现代建筑中体现出该地区建筑的地域特征的方法。建筑师陈浩如在临安太阳公社（图 5-14）的设计中受限于场地的交通不便，以及工业材料匮乏而自然材料充沛③，而就地取材选用当地盛产的毛竹搭建了猪舍、鸡舍等一系列简易的现实建筑。同时又积极与当地匠人合作，以当地最常见的竹竿和竹片作为建筑的基本构造材料来搭接形成建筑的主体结构，并将茅草覆盖在建筑屋顶，形成了有自然趣味的新乡土建筑。建筑师张雷认为传统建造技艺对当今建筑师而言依然具有借鉴之处，并且也可以与当代风格相结合。他在云夕深澳里书局（图 5-15）一期

图 5-14　临安太阳公社

图 5-15　云夕深澳里书局

① 李翔宁. 走向批判的实用主义——当代中国建筑 [M]. 桂林：广西师范大学出版社，2018：102.
② （美）肯尼思·弗兰姆普敦. 建构文化研究——论 19 世纪和 20 世纪建筑中的建造诗学 [M]. 王骏阳，译. 北京：中国建筑工业出版社，2007：26.
③ 李翔宁. 走向批判的实用主义——当代中国建筑 [M]. 桂林：广西师范大学出版社，2018：338.

工程的扩建设计中，谨慎地选则了当地常见的卵石砌筑工艺作为扩建部分的外墙饰面，并刷上白色涂料与周边的保留历史建筑相融，同时为了适应现代生活的需求在该砌筑墙体内侧又砌筑了一道光洁细腻的红砖清水墙。最终希望达到的结果是建成既尊重当地建造秩序又同时具有当代性的建筑。[①]

同材异构则是在尊重材料本身特性的基础上根据建设需求选择异于传统、甚至全新的构造方式来实现创作的初衷的选择。在实践中这种方法往往会收到意想不到的地域特征，同时为人们带来全新的现代体验。日本建筑师隈研吾深谙此道，多数普通的传统建筑材料在他手中往往因为非常规的构造手法而呈现出令人印象深刻，兼具传统与现代、地方与全球的建筑特质。他在中国美术学院民艺博物馆（图5-16）的外墙设计中，将钢索编织成菱形格子来随机固定本地烧制的瓦片，从而营造了一整片光影斑驳的瓦片屏风，继而在建筑整体与视为粒子的瓦片之间取得了微妙的平衡。而在对栃木县一座大正时期的石米仓扩建为美术馆的设计中，他选择把与原建筑相同的凝灰岩切成40mm×120mm的棒状石材做成横向的格栅，并在局部墙体插入6mm厚的白色透光大理石，以此做出一种轻盈、通透的"透光的砖石结构"[②]，与边上保留下来的石米仓取得同材异构的差异性协调。建筑师葛如亮设计习习山庄的外侧矮墙（图5-17）时，选择了建德当地三种不同色彩的石材以蒙德里安式的抽象构成法进行砌筑，正斜有致，进退得当，取得了非常独特的现代乡土效果，被尊称为"灵栖做法"。

图5-16　中国美术学院民艺博物馆

图5-17　习习山庄的外侧矮墙

异材同构则是为了延续传统构造的某些优点与合理性，借此表达地域文化中的独特性，建筑师又充分考虑了传统构造中不合理、不适应现代生活的那部分因素，故选用先进、可靠的现代材料或搭接方式进行替换，继而在新与旧之间产生一种似是而非的新平衡。建筑师庄慎在衡山坊8号（图5-18）的设计中为了平衡建筑与周边环境的差异性和一致性，赋予这座三层的老洋房一层可变的肌肤——将98mm厚的青砖和发光砖交替砌筑以形成大小和密度各不相同的方形发光区域——白天幽雅安静，夜晚魅力四射。[③]

① 李翔宁．走向批判的实用主义——当代中国建筑[M]．桂林：广西师范大学出版社，2018：386.
② （日）隈研吾，日本株式会社新建筑社．隈研吾的材料研究室[M]．陆宇星，谭露，译．北京：中信出版集团，2020：140.
③ 李翔宁．走向批判的实用主义——当代中国建筑[M]．桂林：广西师范大学出版社，2018：330.

图 5-18　衡山坊 8 号

5.3　地域特征的转化

5.3.1　传统形式的转译

对建筑地域性的探索往往始于对形式的研究而终于对形式的操作，因此形式像是一根坚强而具体的纽带，联结了所有共时态的和历时态的相关域，并成为它们的体现者[①]。我们研究的传统形式又被称为传统样式，往往是我们了解一座建筑的风格流派或一个地区的传统风貌特征最直接有效的途径。在创作实践中若想在地域文化的表达上有所涉及，最司空见惯的策略必然是对传统形式进行一系列碰撞、迎合、淘汰、选择的操作，使最终选择的形式不但切合设计任务的初衷，还能够契合地方文脉和建造环境的要求。按照从具象到抽象的程度不同，我们可以按照形式模拟、形式转换和符号引用三种操作模式对传统形式的利用加以研究。

1. 形式模拟

形式模拟是直接沿用传统形式的一种拿来主义，或继续采用传统的材料、工艺忠实地继承传统形式，或选择新的材料、工艺尽可能地表现出传统形式的特征和韵味。历史上的东西方建筑都经历过模拟传统形式以期与传统达成某种鲜明的关联。无论是西方所经历的哥特复兴、罗马复兴和古典复兴，或是日本明治维新时期所提倡的"和魂洋材"，或是民国时期所提倡的"本民族之固有形式"，还是中华人民共和国成立以后鼓励的"民族形式，社会主义内容"，其共同点都是建筑师依据当时的新材料、新方法来模拟历史上本地区、本民族的传统形式，以此来表达朴素的民族自豪之情。

在传统建筑文化根基深厚的俄罗斯，即使在不断涌现新的建筑类型的今天，仍有不少建筑师沿用已有的形式去容纳新的功能和要求，更有不少学者认为"俄罗斯古典主义的建筑文

---

① 陈伯冲 . 建筑形式论——迈向图像思维 [M]. 北京：中国建筑工业出版社，1996：282.

化是今天俄罗斯建筑创作中最值得骄傲的一个部分"。[①]而我国则随着国家发展而带来的文化自信的提升,人民群众对于本土文化的热爱日益增加,带有浓厚地域特征的建筑创作与日俱增。近年来有较多建筑师在创作实践中对中国传统形式,特别是对江南地区传统风貌的时代化表达进行了持续努力的探索,并且也确实出现了一批行之有效的成果。

大屋顶是中国传统建筑的标志性特征,因此用先进的材料、工艺来延续大屋顶的形式或特征,在过去、现在和未来的很长一段时期内都有内在的需求。杭州西湖国宾馆自1953年建设一号楼开始(图5-19),就由建筑师戴念慈定下了北派歇山顶的风貌基调,此后的数十年间,虽屡次增添新的建筑物,直至为G20峰会而最新增建国际会议中心(图5-20),但均没有丢弃歇山顶这一基本特征。笔者作为其中的一位建筑师而有幸参与其中的某次新建设计,虽然也几经尝试但终究因歇山顶的个性相当鲜明独特而选择忠实于整体的历史基调,也是由于代表一国形象的国宾馆唯有采用这一深入人心的"固有形式"方能忠实于本国文化的传承与展示。而松江方塔园的何陋轩(图5-21)则把江南地区传统建筑的特征简化到只剩下一个由竹结构搭接形成的仿歇山形式的茅草大屋顶,但是由于体量与环境的关系恰到好处,在一片与世隔绝的密林深处,彰显了传统形式在当下和未来依然具有与大自然融为一体的强大生命力。

除了大屋顶以外,中国传统建筑多个重要的形式特征也被我们加以研究、模拟以便推广。围墙是中国传统建筑除了大屋顶之外给人印象最为深刻的形式特征。广大建筑师或通过建筑单体之间的错落和交接,或通过建筑单体与围合墙体之间的拼接组合,或通过连廊、假山、水景等景观构筑物与墙体相结合,来诠释传统形式对现代生活的适应。建筑师李立在费孝通江村纪念馆设计(图5-22)中为了恰如其分地表达场所的地域感,将分散的建筑体量适当扭转和错动,在建筑外墙与地块围墙之间形成了若干大小不一的留白空间,以此与传统民居的院落和天井形成某种同构关系。同时,将建筑外墙和独立的边界围墙统一处理为大面积的白

图5-19　杭州西湖国宾馆的歇山顶

图5-20　G20峰会国际会议中心

① 谢略.当代俄罗斯建筑创作发展研究1991—2010[M].北京:中国建筑工业出版社,2018:78.

图5-21　松江方塔园的何陋轩

图5-22　费孝通江村纪念馆设计

色墙体和黑色压顶以此隐喻传统江南民居粉墙黛瓦的色彩关系。[①] 多数独立的围墙还与参观动线上的连廊、拱桥、亭台等景观要素有机结合，不至过分单调又显现出郊野园林的乡土特征。

多数高规格的传统木构建筑均有台基和柱廊以示庄重，因此在大型公共建筑设计中，建筑师往往通过模拟各种台基和柱廊样式来展现雄伟壮丽的公共特性。天安门城楼、人民大会堂与中国国家历史博物馆围绕着毛主席纪念堂以各不相同的柱廊结合台基的形式组成了规模庞大的公共建筑群，以此实现了建筑物不同时代的新旧整合。

又如美国 SOM 事务所从对中国传统的阁楼、佛塔等建筑的研究中，发现了层叠的形式特征有助于解决当代高层建筑与中国传统大屋顶之间的矛盾，因此在上海金茂大厦的设计中采用抽象叠加的现代手法表现出中国古塔层层飞升的意象，成就了该公司 20 世纪的又一座超高层经典。在建筑师王澍设计的中国美术学院象山校区中，我们能找到多种传统民居的形式特征：如建筑学院的外立面在清水混凝土的层间外墙采用通长的木板门窗并饰以清漆，由此呼应江南民居檐下空间的木作门窗；而在公共教学楼的设计中则采用大小不一的方形外窗形成一种古拙朴素的立面表情，以此演绎江南民居立面的自由随性。

还有一类比较典型的形式模拟是聚焦于地域建筑形式的细部特征和装饰纹样的表达，如把东方传统木构建筑中的斗栱、梁头、屋脊、雕刻、彩绘以及门窗扇的比例引用到现代建筑的细部刻画之中，又如把西方传统砖石建筑中的檐部、柱式、线脚、花纹等经过处理在现代建筑中加以丰富外立面，虽然都是某些局部形式的模拟，但依然可以表达浓郁的地域特征。建筑师徐行川设计的拉萨贡嘎机场候机楼在外形上粗犷简练，而细部处理上完全具象化，把藏式建筑鲜艳夺目的门楣、窗楣原封不动地搬用到候机楼几个关键部位的门窗上，请西藏工匠彩绘，形成强烈的效果，以作点缀。[②] 而建筑室内的地拼、顶棚的藏式彩绘、柱脚的藏式铜饰和彩色藏式壁画及挂毯从整体到细节均表现出浓厚的藏族地域文化特征。

---

① 中华人民共和国住房和城乡建设部 . 中国传统建筑解析与传承·江苏卷 [M]. 北京：中国建筑工业出版社，2016：184.
② 徐行川 . 承传统之蕴，创现代之风——拉萨贡嘎机场候机楼藏族建筑文化的探索 [J]. 建筑学报，2001（1）：53.

形式模拟是以复制和吸纳传统形式为主要方式再现地域建筑的风貌特色。但往往由于设计者本身的水平有高下之分，反而容易造成对传统形式的生搬硬套，导致过度形式化的倾向。

2. 形式转换

形式转换是对传统建筑、艺术、器物、纹样等各种艺术形式进行抽象、变异、夸张、强调等艺术变形手段，使之成为新的建筑形式，为地域风貌注入新的活力元素的方法。当前以表达地域特征为创作倾向的设计实践往往把形式转换作为普遍性的创作手段，以此在现代和历史之间建立一种超越时空、似是而非的内在联系。

任何一个民族或地域形式的诞生基本上都是从自然界中得到感悟，并逐渐形成在艺术人类学、建筑学及其他造型观念中体现早期原始思维信仰的原始抽象形式。这一时期已有高度抽象的叙事方式，如古代岩画，体现无形与唯灵。[1] 建筑形式上的高度抽象就是提取某种地域形式最本质、最精华的那一部分，使之完全可以代表这种地域形式。换言之，必须能够从这个事物中发生出一种意象，这种意象应比事物自身提供的意象更加完美。[2] 建筑师伦佐·皮亚诺设计的特吉巴奥文化中心（图 5-23）以十个圆形"棚屋"形成三个组团"村落"，木质与金属质感的组合以现代的技术语言融入森林的氛围中，又向当地的卡纳克文化致敬[3]。这种"棚屋"的形式源自于当地传统建筑的木勒架和编制外墙的形式抽象，并结合现代钢木结构技术和拥有双层表皮的自然通风构造，从而获得了顺延地形一字排开具有生命力的独特建筑形式。

在创作实践中，我们可以把某一需要进行表达的地域建筑形式加以变异，将构成该形式的诸要素进行提炼、简化和变形，进而找寻到那些能集中揭示本质的"完形"元素，使之与环境、文脉、技术充分融合，进而上升为一种凝聚地域精神、代表地域文化的新建筑形式。建筑师贝聿铭谈及苏州博物馆（图 5-24）与他在中国的其他平屋顶作品之间的差异，认为最主要的

图 5-23 特吉巴奥文化中心十个圆形的"棚屋"

图 5-24 苏州博物馆特殊平屋顶

---

① 刘其伟 . 人类艺术学：原始思维与创作 [M]. 台北：台湾雄狮图书公司，2005：1.
② 汪丽君 . 建筑类型学 [M]. 天津：天津大学出版社，2005：172.
③ 王国光 . 基于环境整体观的现代建筑创作思想研究 [D]. 广州：华南理工大学博士论文，2013：148.

变化是在苏州博物馆的设计中加入了"体量化解方案"①。他在每个平屋顶正方形展厅的四个角部通过斜切获得体量上的削减，并结合同坡度的单坡屋顶获得层层渐变的多面几何体，这些多面几何体又通过彼此之间平坡结合的连接体构成了形体丰富多变的博物馆，以便以恰当的尺度融入周围历史街区的传统风貌之中。

　　夸张的目的很明确，是为了突出事物的本质特征，其手段是夸大和强调，但必须要求一个限度和原则。② 在建筑的地域性表达中，夸张往往是用相对宏大的尺度来表达某个经典的概念，或者用相对简洁的形式来概括一个相对复杂的概念，这样就会造成最终获得的形式与人们习以为常的传统地域形式之间的巨大反差，从而令人印象深刻。厦门大学科学艺术中心（图5-25）的设计最引人注意的地方，是建筑师用半个放大的闽南大厝的屋顶覆盖整个建筑，虽然在屋顶和侧山墙的细部处理是现代建筑的手法，但整体尺度放大的屋顶占据了最显著的地位，因此形成了既熟悉又陌生、富有闽南地域特色的新建筑形式。

　　传统建筑形式的细部往往具有鲜明的地域特征，是唤起人们对地方特色深刻记忆的最基本要素。比如在现代建筑创作中强化建筑物的窗、门、檐口、山墙、节点构造及某构件等具体或抽象的传统形式，使之成为一种新的认知感受，从而让这些传统样式细部产生新的价值。建筑师丹下健三设计的香川县厅舍（图5-26）用钢筋混凝土的水平栏板和出挑梁头模仿日本传统五重塔层层飞檐的样式特征，特别是柱头上出挑的双梁和柱间出挑的单梁着意强调了屋檐下方斗栱和檩条的样式特征，透露出浓浓的日本传统木结构建筑的韵味。

　　形式转换是一种动态地审视、继承和发展传统建筑形式的方法，本质上是一种遵循逻辑、高度概括，整体省略、局部强调的形式创作手法。也是在实践中最容易被接受和应用的实效性创作策略，而被广大建筑师应用在传统与现代之间建立起最具包容性的融合。

图5-25　厦门大学科学艺术中心

图5-26　香川县厅舍栏板和挑梁

① （美）菲利普·朱迪狄欧. 贝聿铭全集 [M]. 黄萌，译. 北京：电子工业出版社，2017：319.
② 陈镌，莫天伟. 建筑细部设计 [M]. 上海：同济大学出版社，2002：107.

3. 符号引用

查尔斯·詹克斯在其著名的《后现代建筑的13点主张》中认为，所有的建筑都是透过代码被创造和感觉的，所以建筑的语言和象征性，这些建筑的双重代码是存在于专家和民众之间的共同代码，并共同受到符号学和不同文化之间的体验影响[①]。人类历经千年而传承下来的经典建筑元素在很大程度上具有符号的强烈象征功能，代表着与人类自身息息相关的过去。而大多数民众则通过这种象征方式来理解我们的建筑与城市。这正如后现代主义建筑很突出的一个特征，是对历史的重视和实用性地采用某些历史建筑的元素，比如建筑构造、建筑符号、建筑比例、建筑材料等在现代建筑上体现历史的特征，增加建筑的文脉性。[②] 由此可见，"建筑语言—地域符号—传统文化"的文化传承方式固然有将建筑浅薄为二维图像的先天不足，但在实践中仍具有高度的折中主义色彩，不失为将"文言文"翻译为"白话文"的有效方式之一。

艺术上，在普通的建筑物中使用传统的元素——如球形门把手或已经存在的结构系统的熟悉形式——唤起了与过去的联系。[③] 而这种对传统元素的陌生性嫁接，是一个将从地方建筑文化中提取出来的传统经典元素二次融入设计现实状态的创造过程，在实践中是比较常见的创作手法之一。建筑师菲利普·约翰逊在美国电话电报公司（图5-27）的设计中用古典三段式石材立面和顶部一个有圆形缺口的巴洛克式断山花回应了19世纪末20世纪初在纽约风靡一时的装饰艺术风格。建筑师李立设计的盛泽文化艺术中心（图5-28）旨在表达江南地域文化，因而平整的山墙、经典的石拱桥以及错落的传统建筑布置，均是江南传统话语在现代建筑形式下的表达[④]。这些传统元素以碎片化的方式融入在现代建筑语境中，或直接引用，或打散重组，或稍加变形，其基本出发点均是立足当下对传统历史文化信息的有效传递。

自建筑师帕拉迪奥在维琴察修复巴西利卡时利用发券拱结构、小柱、大柱、额枋、圆洞

图5-27 美国电话电报公司　　　　　　　　图5-28 盛泽文化艺术中心

① （美）查尔斯·詹克斯，卡尔·克罗普夫. 当代建筑的理论和宣言 [M]. 周玉鹏，雄一，张鹏，译. 北京：中国建筑工业出版社，2005：127.
② 中华人民共和国住房和城乡建设部. 中国传统建筑解析与传承·江苏卷 [M]. 北京：中国建筑工业出版社，2016：175.
③ （美）查尔斯·詹克斯，卡尔·克罗普夫. 当代建筑的理论和宣言 [M]. 周玉鹏，雄一，张鹏，译. 北京：中国建筑工业出版社，2005：47.
④ 中华人民共和国住房和城乡建设部. 中国传统建筑解析与传承·江苏卷 [M]. 北京：中国建筑工业出版社，2016：176.

等历史元素创造出经典的"帕拉迪奥母题"开始，就已经证明建筑物通过若干元素组合成某种特定的符号并进行不断重复是可以取得非凡成就的（图5-29）。而这种重复经典符号的创作手法在表达地域文化、传递历史信息的创作道路上依然具有不可忽视的特殊价值。建筑师贝聿铭经常说他想找到一种适合当今中国的"现代设计语言"[1]，他在北京香山饭店和苏州博物馆中以惯用的几何构成手法为基础，以白墙为宣纸、灰砖或中国黑花岗石为墨线、菱形符号为立面元素，以园林中的水、石和植物为空间元素，将历史古迹融入21世纪的背景里，是地道的文脉主义建筑[2]。建筑师崔愷在苏州火车站站房（图5-30）的设计中需要协调站房庞大的空间体量与苏州古城细腻的小尺度氛围之间的矛盾，他将菱形作为一个符号系统进行发展，从站房大跨度的屋顶桁架到两组支撑屋架的灯柱，从门窗檐口到地面铺装均进行不断的重复演绎[3]。

图5-29 "帕拉迪奥母题"

图5-30 苏州火车站站房

对于通过运用历史符号的方式表达地方传统，尚存在着一种自由裁剪、自由组合的创作方式，我们可以称之为符号拼贴。而这种拼贴策略的背后往往隐藏着一种历史"隐喻"的情怀，建筑师将过往的各种文化现象视为一个具有一致性的整体来缅怀、憧憬和崇拜[4]，并试图借助"创造"的形式以期定义新的秩序。在斯图加特州立美术馆（图5-31）的扩

图5-31 斯图加特州立美术馆

建工程中，建筑师詹姆斯·斯特林实现了历史纪念性与城市公共性的巧妙融合：为了保留基地中原有的一条公共通道而设置的带有下沉坡道的开放式圆形庭院采用轴线布局，大量使用拱券、柱廊和人形柱式等传统建筑元素而获得了一种古罗马斗兽场的历史感；建筑内外大量运用红、绿、蓝等波普色彩，与建筑外墙厚重石材的历史质感形成鲜明的对比，特别是新馆中庭入口处设置的古典柱式只有1.8m高，充满了对古典形式的讽喻。这种充满历史隐喻的创作手法是对正统现代主义的一种修正，但确实能在一定程度上缓解现代主义单调刻板的冷漠印象，并非对传统的简单模仿。

① （美）菲利浦·朱迪狄欧. 贝聿铭全集 [M]. 黄萌，译. 北京：电子工业出版社，2017：282.
② （美）菲利浦·朱迪狄欧. 贝聿铭全集 [M]. 黄萌，译. 北京：电子工业出版社，2017：315.
③ 崔愷. 本土设计 II [M]. 北京：知识产权出版社，2016：136.
④ 任憑. 建筑视觉形式的修辞与演化 [M]. 北京：中国建筑工业出版社，2019：138.

5.3.2 传统空间的衍化

自古以来，对人性空间与神性空间的不懈追求从本质上反映出东西方文化的差异，而这种空间的差异又在人类漫长的历史进程中进一步加深了二者的分野，但也促进了人类文化史上两种范围最广、差异最大的地域文化逐步成形。现代建筑理论将空间视为建筑的本质已经成为一种共识，因此，对于地域文化的建筑化表达很重要的一种尝试就是从空间的角度进行探讨。如果说建筑形式是地域文化的直观表达，那么建筑空间则承载着地域文化的内在精神。这也就是说从空间特征、类型组合和使用习俗等多个维度审视地域文化中的差异性和独特性是行之有效的传承方法之一。

1. 场所特征

场所——因人的需求而被建造，以容纳具体活动的建筑空间——不同的使用需求决定了不同的物理特征，不同的文化语境决定了不同的精神特征。传统地域建筑所呈现的场所特征是经历漫长的岁月洗礼，几经筛选而形成的结果，蕴含着该地区的人类抵御自然、适应自然、利用自然的多重智慧和情感认同，符合地方人群的行为特征和生活习惯，因而获得了强烈的认同感与归属感。在诺伯格—舒尔茨眼中，只有当人们设法赋予场所一个具体特征的时候，其才会获得存在的立足点。

场所作为某种空间从物质性上讲是与时间相对的一种物质存在形式，表现为长度、宽度、高度的四方上下 [1]。场所中的人进行不同的活动需要不同形式的空间，特定的形式适用于特定的行为目的。一般而言，集中的形适用于人的汇聚，严格的形便于展示权利或烘托纪念性 [2]。多数西方建筑师在论述建筑时主要以建构的方式，贯穿它的是"物体的、构筑的"，呈现出一种物质的、静态的空间 [3]。建筑师罗伯特·克里尔对西方古典城市空间进行广泛研究后认为，"三种基本的形态——方形、圆形和三角形——受下列调节要素的影响：角度、分割、附加、合并、元素的重叠和融合、变形。这些调节要素可以在所有的空间中产生规则和不规则的几何形式。[4]" 当然，这种特定的形式并非是平面化的图形，我们还可以从剖面关系来研究场所的形式。如西方文化中的柱廊、骑楼、高塔，又如东方文化下的围墙、台基、檐下空间等常见的空间形式，在各自的文化语境中均有着独特的深层意义。如意大利建筑师古列尼选择不断复制作为母题的拱形券廊来设计意大利民族宫（图5-32），那是因为他坚信拱券外廊是一种被高度认可、能够代表古罗马璀璨文化的场所特征，同时可以在当时兼具古典与现代的文化平衡。

在东方语境中，场所的空间形式并非如此明确，反而呈现出一种"精神的、动态的"流

---

① 单琳琳. 民族根生性视域下的日本当代建筑创作研究 [D]. 哈尔滨：哈尔滨工业大学博士论文，2014：134.

② 蔡永洁. 城市广场 [M]. 南京：东南大学出版社，2006：107.

③ 单琳琳. 民族根生性视域下的日本当代建筑创作研究 [D]. 哈尔滨：哈尔滨工业大学博士论文，2014：139.

④ （美）唐纳德·沃特森. 城市设计手册 [M]. 刘海龙，郭凌云，俞孔坚，等，译. 北京：中国建筑工业出版社，2006：284.

图5-32　意大利民族宫

图5-33　阳朔小街坊

动特质。这种不确定的流动特质更接近现代建筑关于身体运动与空间感知之间紧密关联的论断，因此相较单纯的具体形式，与身体尺度相近的比例尺度更容易向进入该场所的体验者传达地域文化的独特性。标准营造事务所在阳朔小街坊（图5-33）的设计中，用六栋独立的小建筑和五条狭窄的小巷划分了一块并不富裕的建设用地，另一方面围合出传统沿街商业所需要的边界连续性，另一方面延续传统商业街区近人的空间尺度。这是一组完全现代的建筑组群，没有丝毫传统建筑的形式和细节，仅通过模拟传统街巷空间的形式、尺度、比例和丰富的步行层次感受，就恰当地表达了阳朔当地传统街巷空间的基本特征。

　　自古以来，环境的特征都被理解成"地方之灵"或"场所精神"[1]，它们生成于边界，不但是具体而明确的空间形式、尺度和比例，而且是一种综合的气氛，被诺伯格—舒尔茨进一步归纳为"围合""开敞""宽广""狭窄""昏暗""光明"等概念。从某种角度讲，特征是时间的作用，它随时季、天气之变化而变化，因此它们决定了光线的变化，而特征将在光的照射下呈现出来[2]。由建筑师阿尔瓦罗·西扎设计的福尔诺斯教区中心的圣堂（图5-34）是一个近似矩形的严整封闭空间，其西北侧的边界为双层墙体，内墙为曲面，向内倾斜。室外的光线从该墙与屋顶交界处设置的三扇巨大采光窗倾泻而下，经过多次的折射和反射而均匀漫射于整个空间之中[3]，充满着圣洁祥和的宗教氛围，引导世俗之人虔诚地于此逗留、祷告、朝圣、洗涤心灵。

　　在建筑创作中，我们必须清楚地意识到对于这些具体的场所特征并非简单地模拟就可以清晰地传达场所精神，更重要的是应契合场所中地方人群的行为特点、生活方式和行动路径，从而达到肉体与心灵的双重回应。以建筑师葛如亮设计的习习山庄（图5-35）为例，游人往往将注意力聚焦于那个因山而上的长尾巴坡屋顶，而忽略了建筑师在游览动线上的煞费苦心。

① （挪）克里斯蒂安·诺伯格－舒尔茨. 西方建筑的意义 [M]. 李路珂，欧阳恬之，译. 北京：中国建筑工业出版社，2005：227.
② 陈伯冲. 建筑形式论——迈向图像思维 [M]. 北京：中国建筑工业出版社，1996：196.
③ 秦凯臻，王建国. 阿尔瓦罗·西扎 [M]. 北京：中国建筑工业出版社，2005：82.

图5-34 福尔诺斯教区中心的圣堂

图5-35 习习山庄

图5-36 凉山民族文化中心

自山门开始到进入游览的清风洞这一行走过程中，游人需经历七次"L形"的路径转折，而每一次转折处均因地制宜地设置了引导视线的独立厚矮墙，不但能够有效地调动游人对未知盛景的期待，还处处透着中国传统园林中"转折"和"对仗"的智慧。

在凉山民族文化中心（图5-36）的设计中，建筑师崔愷采用三种策略来表达彝族的地方文化：其一，以圆形的火把广场为中心组织场地设计，将观众的参观行进路线与庆祝火把节仪式的轨迹结合起来，表达彝族文化对火的原始崇拜。其二，建筑师以自然景观覆盖建筑，把建筑的屋顶作为观看火把节仪式的看台，让建筑消隐，与自然融为一体，以此表达传统的天文崇拜。其三，提取彝族传统服饰、器物的典型纹样并在建筑的立面、装饰等部位加以抽象重组，以此进一步烘托彝族的地方文化特色。

2. 空间原型

以科学理性的分类方式对传统的建筑加以研究是建筑学的基本出发点，以功能分类为出发点的研究可谓功能主义的先声，以形式分类为出发点的研究往往与文化、历史、心理学相结合而诞生了建筑类型学。"类型是依照人的需要和对美的追求而发展起来的；一种特定的类型总是与某种形式及生活方式相联系，尽管它的具体形状随社会而变异[①]"，在阿尔多·罗西

---

① 张钦楠.建筑设计方法学[M].西安：陕西科学技术出版社，1995：119.

看来，"形式是变的，生活也是变的，但生活赖于发生的形式类型则自古不变"①。建筑类型是某地区多种建筑的历史形式背后的共同特征，它是建构模型的内在原则，人们可以根据这种最终产物或内在结构进行多样化的变化、演绎，产生出多样而统一的现实作品②。这也就是说，类型并不是一种全新的创造，相反是人类经验长期积累的产物，具有永恒的历史属性。因此，建筑类型学在研究和表达地域文化领域具有认识论和方法论层面的双重意义。

而在德·昆西看来，"类型"多少具有一些模糊的成分，因此他把能够被精确复制或定义的部分类型归结为"原型"。阿尔多·罗西则进一步对原型与建筑的关系作出了精彩的解释：建筑是文化的产物，建筑的生成联系着一种深层结构，而这种深层结构存在于由城市历史积淀的集体记忆之中，是一种"集体无意识"，它隐藏了公共的价值观念，具有一种文化中的原型（prototype）特征③。任何一个民族在长期的发展过程中都形成了特定的空间原型，而每一种空间原型按照类型学的原理都可以是一个创作的样本及范例，每一个创作者都可以根据它创作出不尽相同的作品。④从"类型"上升到"原型"的过程，往往需要通过"抽象"这一直指本质的方式对历史信息加以提炼和完善。抽象的结果就是我们得以发现建筑构成的基础——令城市与建筑获得和谐秩序的深层结构——与人类自身生活方式相适应的空间模式。传统地域建筑的空间原型是彻底去除附加物后的绝对的、普遍而永恒的建筑造型原则，它为我们在现实环境中进行创作实践提供了获取形式的依据。用罗西自己的话来说："这就是规则，建筑的组织原则。⑤"

人类建造建筑、城市的初衷是为了聚合，因为只有聚合在一起，远古人类才能在严苛的自然环境下用"以少胜多"的方式生存下来。所以，建筑空间的中心聚合模式对于现代人的心理而言就是一种本能的"祖型重现"。在西方中世纪城市的模型中，居住在城市各个区域的人都需要定期从四面八方聚集起来完成必要的庆典和宗教仪式，因此聚合的中心不外乎位于城市广场中心的实体标志物，或是教堂平面中央交汇处的穹顶最高处。而在中国的居住模型中，往往是几代人以代表虚空和自然的合院为中心世代聚居，进而这种以家族血缘为纽带的宗族化中心聚合模式经过千万次的复用和调整成就了与西方截然不同的传统城市形态。

中心聚合的空间原型也是现代建筑中常见的空间组织模式，特别是在城市开放空间和公共建筑的创作中多有出现。建筑师路易斯·康执着于探寻建筑的永恒秩序，在其设计的公共建筑中虽然采用了多种不同的环境调节手法，但用来组织建筑的空间原型则离不开中心聚合模式。他在第一唯一神教堂设计（图5-37）中采用了"中心"的母题⑥，将中央大厅比喻为"圣

① 陈伯冲.建筑形式论——迈向图像思维[M].北京：中国建筑工业出版社，1996：230.
② 汪丽君.建筑类型学[M].天津：天津大学出版社，2005：167.
③ 罗小未.外国近现代建筑史[M].北京：中国建筑工业出版社，2004：348.
④ 马清运.类型概念及建筑类型学[J].建筑师，1980（38）：15.
⑤ 阿尔多·罗西.城市建筑学[M].北京：中国建筑工业出版社，2006：42.
⑥ （瑞）克劳斯–彼得·加斯特.路易斯·康：秩序的理念[M].马琴，译.北京：中国建筑工业出版社，2007：61.

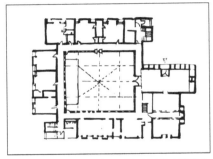

图 5-37　第一唯一神教堂设计（作者改绘）

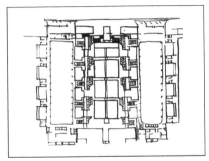

图 5-38　萨尔克生物研究所（作者改绘）

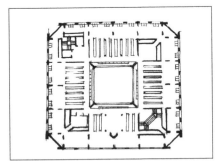

图 5-39　菲利普·埃克塞特图书馆（作者改绘）

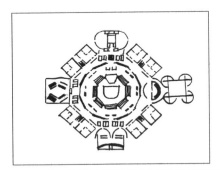

图 5-40　达卡的孟加拉国首都（作者改绘）建筑群

殿"，作为整座建筑的核心来组织空间和流线。萨尔克生物研究所（图 5-38）则以一个面向天空的"中心"广场强调了面向大海严格对称，从而有效地促进了两侧的实验室建筑形成聚集效应。菲利普·埃克塞特图书馆（图 5-39）则通过一个八层通高的中庭作为建筑物虚的"中心"来创造一个充满新秩序的知识天堂。而在达卡的孟加拉国首都建筑群中，会议大厦以绝对的体量和高度占据了整体环境和建筑群的绝对"中心"，而该建筑内部则又一次把集会大厅置于这个"中心"的中心，因为康相信"集会具有一种卓越的本质"①（图 5-40）。

勒·柯布西耶在《明日之城市》一书中写道："人类沿直线行走是因为他有一个目标：他知道该往哪里走；一旦决定了前往何处，他就径直地走过去。驴子曲折而行，思想散漫，心不在焉，它曲折而行以躲避巨石，或便于攀登，或得以庇荫；它采取一种阻力最小的路线……人类的理智建立起法则，法则为经验之结果。人类的经验源于劳作；人类为生存而劳作。为使创造成为可能，行为规则必不可少，经验的法则必须遵守。②"因此，他认为沿直线的轴向运动是人类摆脱动物本能而建立理性思维的重要标志。而人类的空间意识也经由轴向的运动经验而逐步建立起来，于是轴向化的空间模式在人类漫长的进化过程中逐渐上升为一种基本而普遍的空间原型：古希腊文明的雅典卫城，玛雅文明的奇琴伊察遗址，隋唐时期的唐长安城，

---

① （瑞）克劳斯–彼得·加斯特.路易斯·康：秩序的理念 [M].马琴，译.北京：中国建筑工业出版社，2007：99.
② （法）勒·柯布西耶.明日之城市 [M].李浩，译.北京：中国建筑工业出版社，2009：9.

明清时期的紫禁城，巴洛克影响下的罗马、巴黎、巴塞罗那……人类各个时期的文明成果均显示出轴向引导的空间原型与文化濡染、信仰崇拜之间强大的互动作用。

轴向引导的空间原型又可以分为单向递进和多向复合两种常见的情况（表5–1）。单向递进模式在创作实践中被使用的频率最高，因为该模式能简便而有效地组织多样空间，且能较好地适应多种场地环境。建筑师阿尔多·罗西在帕多瓦新市镇厅的设计中采用"U"形半围合的小广场联系正中的主楼和两侧的翼房，并在主楼的后侧设置了高高耸起的标志塔强调了整体结构严格的轴向对称。从地形学的观点来看，这个新建筑再现了维尼塔别墅的典型结构。[①] 多向复合模式则可以理解为多种单向递进模式的叠合，可以是单中心发散的模式，也可以是多个不同方向的轴线和轴线之间组合连接，从而适应不同方向、复杂场地以及多种群体之间的整合需求。建筑师张雷近期新作云夕博物纪温泉酒店的设计初衷是让当地出产的一种石灰矿被合理地运用到新建筑之中，使其成为新构成的场地文脉中的有效组成部分。"在这个建筑群中有三条强制性沉浸式体验动线，三条动线引导着游客并放大了空间仪式感[②]"，在建筑师本人看来这三条轴线是连接人与自然，并帮助人感受自然的绝佳场所。这三条轴线中南北向主轴线与东西向主轴线通过具有强烈仪式感和高差变化的空间引导在整组建筑核心位置的圆厅生活美学商店处十字交汇，并将游客的视线导向南侧山体前高耸的圆形冥想空间，继而在游客行进过程中，于东西向次要轴线交汇处，通过封闭墙体的硬围合将游客视线导向西侧远处的自然之中。

轴向引导的空间原型　　　　　　　　　　　　　　表5–1

轴向引导的空间原型	特点	案例
单向递进	使用的频率最高 简便有效组织多样空间 适应多种场地环境	阿尔多·罗西，帕多瓦新市镇厅
多向复合	多种单向递进模式的叠合 单中心发散/多个不同方向的轴线和轴线组合连接 适应不同方向、场地、多种群体的整合需求	张雷，云夕博物纪温泉酒店

---

① （意）贾尼·布拉费瑞.阿尔多·罗西 [M].王莹，译.沈阳：辽宁科学技术出版社，2005：162.
② 张雷，雷晓华.场所与时间的建筑——云夕博物纪面对自然的3次消失 [J].建筑学报，2021（3）：63.

"社区，形式集，是由非常简单的空间元素组成的，比如那些沿着一个小庭院布置的房间……在那些形式集中我看到一种地方文化"，建筑师槙文彦受新陈代谢思想的启发提出"组群"的概念，"它可以进入到永远是新的动态平衡状态并且仍然保持视觉上的连续性和一种长期的连续的秩序感……来自于生成元素的一种动态平衡，而不是风格化的、已经完成的实体组合[①]"。单元组群是一种古已有之的空间组织模式，由形式相近或具有共同特征的类型要素在空间上以一定的规律排列组合而成，较那些具有强烈形式特征的纪念性空间原型具有动态、弹性、易于调整的优点，能够在一个快速变化的文脉中形成一种个体的和集体的特性[②]，而被各地的民居建筑所广泛采纳。

现代语境中的住区设计常常采用单元组群式空间原型，通过不断重复单元化的地域建筑形式以形成独特的景观风貌。建筑师约翰·伍重在其早期设计金戈小区和弗雷登斯堡小区时均以一个L形三居室附加部分围合墙体构成一个方形的基本单元，而这些基本单元顺着坡地的等高线层叠布置，并通过单元之间的错位和连接构成了具有一定中心感的公共活动空间。而他在大型公共建筑的设计中也经常使用这一空间原型，取得了意想不到的效果。悉尼歌剧院正是他从海湾独特的地理环境出发，以三角形壳体为基本单元两两成对，通过四对基本单元的不断复制和尺度拉升，从而创造了一组白色风帆在海平面上迎风招展的壮美景象。尚有不少类似的成功案例足以证明，单元组群这一空间原型虽不及前两种空间原型那么有效地帮助我们找到震撼人心的建筑形式，但足以用整体性创造独特、美丽的场景：阿尔多·凡·艾克设计的儿童之家采用大量类穹顶单元进行正交网格复制，原广司设计的那霸市立小学采用大量四坡顶单元结合院落不断重复，路易斯·康设计的理查德医学研究中心以七个立方体单元依据风车型结构持续衍生，凯文·洛奇设计的美国短期学生保险公司大楼复制了九座完全相同的类似玛雅神庙的玻璃塔楼，以及伦佐·皮亚诺设计的特吉巴奥文化中心依据空间需要组合了十个类似当地棚屋的钢木结构展厅……（表5-2）

单元组群式空间原型　　　　　　　　　　　　　表5-2

建筑名称	空间原型概括图示	图例	说明
儿童之家（阿尔多·凡·艾克）			采用大量类穹顶单元进行正交网格复制

---

① （澳）詹妮弗·泰勒. 槙文彦的建筑——空间·城市·秩序和建造 [M]. 马琴，译. 北京：中国建筑工业出版社，2007：22-23.
② （澳）詹妮弗·泰勒. 槙文彦的建筑——空间·城市·秩序和建造 [M]. 马琴，译. 北京：中国建筑工业出版社，2007：22.

建筑名称	空间原型概括图示	图例	说明
那霸市立小学 （原广司）	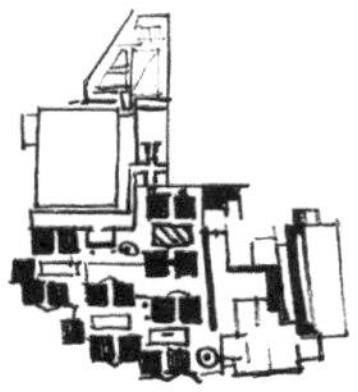		采用大量四坡顶单元结合院落不断重复
理查德医学研究中心（路易斯·康）			以七个立方体单元依据风车型结构持续衍生
美国短期学生保险公司大楼（凯文·洛奇）	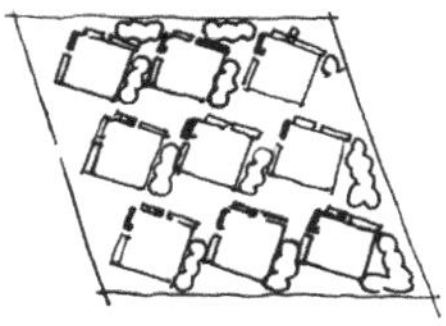		复制了九座完全相同的类似玛雅神庙的玻璃塔楼
特吉巴奥文化中心（伦佐·皮亚诺）	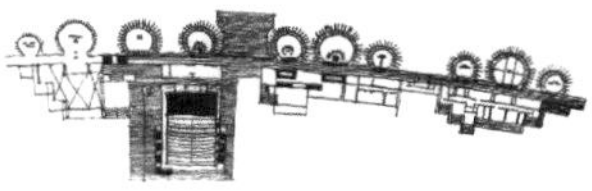		依据空间需要组合了十个类似当地棚屋的钢木结构展厅

3. 风习场景

建筑师的工程实践往往更多地关注物质层面的空间与形式，而较少关注地域文脉中风俗仪式、乡土技艺、民间艺术、大众生活等软传统的活态传承。我们必须看到这些风习场景的存续与再现是激发场空间活力，活化场所精神，展现地域魅力不可或缺的一个部分。在金泽古镇的生活形态策划中，建筑师常青将包括节庆、作坊、艺术等的民间习俗，均纳入了核心区保护与再生的策划选项①。由此可见，在涉及建筑地域文化的设计创作过程中，特别需要有活态传承的意识，注重烟火气的营造和特色民俗的展示。

---

① 常青. 历史环境的再生之道——历史意识与设计探索 [M]. 北京：中国建筑工业出版社，2009：169.

加入风习场景后，即使是完全现代、简易的工业建筑依然具有浓浓的乡土味道，建筑师未必需要加入地方材料、传统样式等营造建筑地域性的"传统佐料"，也可以将地方味道精心熬制得有滋有味。建筑师徐甜甜在丽水松阳的一系列乡村振兴实践在设计之初均非常关注活态展示功能的植入。兴村的红糖工坊原本的功能是一座文化礼堂，在加入了展示红糖熬制的传统工艺展示后，建筑空间的仪式感和劳作场景的戏剧性使得建筑建成后备受关注①。之后设计的蔡村豆腐工坊，将土法制作豆腐的工艺分为原料准备区、磨浆区、煮浆区、炸制区、摊晾区以及品尝区六个功能区域②，依据流程的先后顺序依山就势层层跌落，同时设置了一个半室外的参观通廊以实现体验与观景的有机结合。

营造风习场景的策略可以事件或情绪的再现为线索进行建筑场所精神的表达，可以有一点抽象，可以有对事件、空间与文化的凝练与升华，但重要的是运用传统文化中的意境概念。③建筑师卢济威完成的静安寺地区整体城市设计（图5-41）中以静安寺与静安公园为核心，将二者作为城市公共空间予以整合，既考虑了静安公园破墙开放后与静安寺的视觉联系，保留了原有的百年参天大树，又通过下沉广场周边商业建筑屋顶的覆土堆坡、种植大树，以此在城市繁华闹市中营造出"深山藏古寺"的古典意境。在南京大屠杀纪念馆（图5-42）的设计中，建筑师齐康运用留白的手法在参观动线上设置了传达惊恐、哀伤、绝望情绪的肃杀场景——大片的卵石和草地交织，雕塑母亲和枯树在其中显得那样突出和孤寂，仿佛亡灵在哭泣，尸骨未寒，此时的环境一下子把接受者带到了沉痛而低沉的意蕴之中。④

图5-41　静安寺下沉广场　　　　　　　　　　图5-42　南京大屠杀纪念馆一期

① 罗德胤，孙娜．村落保护和乡村振兴的松阳路径 [J]．建筑学报，2021（1）：6．
② 徐甜甜．松阳故事：建筑针灸 [J]．建筑学报，2021（1）：13．
③ 中华人民共和国住房和城乡建设部．中国传统建筑解析与传承·江苏卷 [M]．北京：中国建筑工业出版社，2016：182．
④ 鲍英华．意境文化传承下的建筑空白研究 [D]．哈尔滨：哈尔滨工业大学，2009：72．

5.4 传承地域文化的建筑创作实践

5.4.1 根植自然：阿尔瓦·阿尔托的实践

芬兰建筑师阿尔瓦·阿尔托是第一代现代主义建筑大师中相当独特的一位。在他职业生涯的早期深受源自 1895 年的民族浪漫主义和 1910 年前后出现在斯堪的纳维亚的多利克理性主义的影响①：一方面接受现代主义的理性精神，使形式与功能趋于统一；一方面又将具有浪漫主义的有机表现手法与强调自然淳朴的北欧地域习俗相结合，开创了一条具有人文主义色彩的现代建筑之路。而北欧传统木构建筑对阿尔托的影响有目共睹，他在《卡累利建筑》一文中对北欧的建筑传统如此描述："卡累利建筑首要的、有意义的特征是其统一性……无论作为材料还是作为连接方式，几乎百分之百使用木材。从笨重的梁架系统组成的屋盖到可移动的建筑部件都是木制的，且绝大部分是裸露的表面。不以使之失去质感的油漆粉饰……卡累利建筑的另一个显著特征是由其历史进程和建造方法所形成的样本。②"

阿尔托早期作品多以现代主义风格适当结合芬兰的地域风格为主要特点，建筑外墙多以白色涂料与天然木饰面相结合，形成造型简洁、白色洗练的特征，因此被称为"第一白色时期"。建于 1937 年的巴黎国际博览会芬兰馆"仿佛是一首木材的诗，它的柱子都是以几根圆木用藤条绑扎而成，外墙也是用几款木板拼接……为使展厅取得良好的天然采光，展厅围绕庭院布置……外墙与内庭院的墙都是采用曲折的有机形态③"，以取得视觉上的兴奋活跃并象征政治上的开放自由。正是由于斯堪的纳维亚的环境特点，他的建筑往往内外有别。外部形象常常朴实无华，而内部却异常明亮开阔，在冰天雪地之中创造出舒适的人工环境。

呈"U"形布局的玛利亚别墅建于山顶的松林之中，具有鲜明的民族浪漫主义色彩：作为主要空间的餐厅、起居室和一个有顶盖的花园设置在一层，是一个大空间，通过可移动的隔断，可以根据需要将大空间分割成许多小空间；为了消除室内钢筋混凝土柱子给人触觉上的冰冷感，特意在柱身人容易触摸到的部位缠上藤条，使之在感觉上温暖柔和些④；二层是卧室和一个大的起居室，以及视为"船头"的夫人画室；作为"船尾"的桑拿池设置在内部庭院中，与"船头"首尾相望，与远处的森林围合成一个幽静的整体。整栋建筑公共部分采用清水砖墙和木壁板，私密区域采用白色抹灰墙和石材饰面，二者形成强烈的对比。而桑拿池的设置则代表了芬兰的民族文化——它通过一片向外延伸的毛石墙，与主要的建筑相连，这是一个传统的

---

① （美）肯尼思·弗兰姆普敦. 现代建筑：一部批判的历史 [M]. 张钦楠，译. 北京：生活·读书·新知三联书店，2004：211.
② （美）肯尼思·弗兰姆普敦. 现代建筑：一部批判的历史 [M]. 张钦楠，译. 北京：生活·读书·新知三联书店，2004：211.
③ 汪丽君. 建筑类型学 [M]. 天津：天津大学出版社，2005：124.
④ 罗小未. 外国近现代建筑史 [M]. 北京：中国建筑工业出版社，2004：100.

用草皮覆盖的木板结构，并按照芬兰乡土木结构的传统建造——既不傲气凌人，也不自谦自卑，而是在人与自然之间架起了一座桥梁①。它反映了阿尔托一以贯之的尊重自然、尊重材料、尊重传统的建筑思想。

阿尔托中期创作的特点是建筑外立面通常采用红砖砌筑，追求自然材料和精细的人工构件的对比，因而被称为红色时期。在这段时期内，他开始对于机械的、盲目的国际式方盒子进行批判，"在过去的一个阶段中，现代建筑的错误不在于理性化本身，而在于理性化的不够深入……现代建筑的最新课题是理性化的方法突破技术范畴而进入人情和心理领域。②"他在麻省理工学院的贝克楼采用波浪的有机形态和大面积的红砖墙，标志着他彻底摆脱了国际主义的束缚，而走向具有反叛精神的人文表现主义；他在赫尔辛基文化宫中采用凹凸起伏的特殊红砖墙面，使得整个建筑犹如一件起伏的雕塑；他在珊纳特赛罗市政中心的设计中采用"U"形合院，结合红砖、木材等传统天然材料，巧妙创造了一个高于道路的内庭院，使之不能一目了然。红色时期的阿尔托大量采用自然材料，特别是热衷于使用木材和红砖，因为他认为木材和红砖本身具有与人相通的地方——自然的、温情的，并且利用各种材料质地上的差异，有机地对比和协调，使建筑中的矛盾得以统一③。

阿尔托创作的第三阶段又回归到白色纯净的外墙，抽象而自由的形体，以及更加富有动感的内部空间，我们称之为"第二白色时期"。这一时期都是一些大体量的文化建筑和城市开发，为了与自然环境相和谐，他往往采用化整为零的策略和具有发散性的有机平面。在沃尔夫斯堡文化中心设计中，他把会堂与几个讲堂一个一个直截了当地暴露出来，具有很强的韵律节奏感；而内部的中心则设有一个大的庭院以取得良好的通风采光效果。他在沃尔夫斯堡的吉斯特教堂和圣斯蒂芬教堂均采用了白色的石材立面和放射形有机形态，而建筑室内都采用红砖地面、白墙、曲线吊顶和木质装饰相搭配。此时的阿尔托已经把北欧的人文精神、场地特征和个人情感充分相融，"我自己对于传统的理解主要是关于气候、物质资料的情况和那些触动我们的喜剧和悲剧的本性。我不建造表面上的芬兰建筑，而且我也没有看见过芬兰本土的和国际的建筑元素之间的任何对立与矛盾"④。

阿尔瓦·阿尔托在以现代的建造方式和建筑材料来塑造建筑形象的同时，也遵循地方性、民族性的观点（表5-3），广泛采用传统自然材料和传统工艺，结合当地的政治经济及气候环境，积极挖掘传统建筑形式的价值和意义，形成了地方化、人情化的独特风格⑤。

---

① 汪丽君. 建筑类型学 [M]. 天津：天津大学出版社，2005：131.
② 罗小未. 外国近现代建筑史 [M]. 北京：中国建筑工业出版社，2004：284.
③ 汪丽君. 建筑类型学 [M]. 天津：天津大学出版社，2005：128.
④ 秦凯臻，王建国. 阿尔瓦罗·西扎 [M]. 北京：中国建筑工业出版社，2005：13.
⑤ 秦凯臻，王建国. 阿尔瓦罗·西扎 [M]. 北京：中国建筑工业出版社，2005：15.

时期	特点	案例
阿尔托前期作品"第一白色时期"	现代主义风格结合芬兰的地域多用木材的特点	巴黎国际博览会芬兰馆　　玛利亚别墅
阿尔托中期作品"红色时期"	建筑外立面通常采用红砖砌筑，追求自然材料和精细的人工构件的对比	麻省理工学院的贝克楼　　赫尔辛基文化宫 珊纳特赛罗市政中心
阿尔托后期作品"第二白色时期"	白色纯净的外墙，抽象而自由的形体，以及更加富有动感的内部空间	沃尔夫斯堡文化中心

5.4.2 形式模拟：丹下健三的实践

日本本土文化自古以来就表现出对强势的异质文化高度融合的特征。明治维新以后，西方的现代建筑原理和先进的工业化建造技术的引进使得在日本建筑界也存在一个长达80多年的对传统与现代的表达探索：从早期强调民族传统形式而提出"和魂洋材"的第一次传统复兴，到1930年代在军国主义逆流下的"帝冠式"建筑，再到二战以后用混凝土、钢、玻璃等工业文明对日本进行表现的第二次传统复兴，实际上都是在探索用钢筋混凝土的塑性来表达日本传统形式的可能性，这种探索以丹下健三在日本东京奥运会的代代木体育馆的设计中空前成功而达到顶峰。

如果说第二次世界大战前及战争期间丹下健三是在日本的传统之中注视着现代建筑的话，那么战后则可以说他已把传统融合在现代建筑之中了[①]。他采取了一种用钢筋混凝土材料和框架结构巧妙地"模拟"日本传统木构建筑的比例和梁柱穿插组合的表现方式，受到了当时社会和民众的普遍赞许和支持[②]。

丹下健三在他的《桂——日本建筑的传统与创造》中提出，绳文文化是竖穴式的，它是日本古时平民的建筑形式；弥生文化是高台式的，是日本古时贵族的建筑形式；弥生时代建筑构造的特点是平静的平面性、平面的空间性、形态的均衡性等；而绳文时代构造的特点是奔放的流动性、未形成的形态感、调和突破均衡等[③]。他在广岛和平纪念馆设计（图 5-43）中表现弥生时期"高台式"建筑的祖型特征——建筑底层架空再现萨伏伊别墅的现代特征，二层主体外墙采用竖向的混凝土格栅来模仿正仓院建筑外墙横向木板的构造特征，而外走廊的护栏、托梁端头的结构形式也使人联想起日本传统的构架式木结构。

香川县厅舍（图 5-44）的建筑主体部分采用筒中筒的结构形式，采用了清水混凝土与日本传统的五重塔意象相结合的做法：每层外部设置敞开挑廊的阳台栏板的形式与比例等都散发着日本传统建筑的气息[④]；结构柱上的挑梁处理成双梁形式，断面尺寸为 30cm×60cm，挑出 154.3cm，每一开间中又有混凝土小梁分成 5 间，小梁断面为 11.4cm×60cm，这种表现方式在此后一段时间内为许多日本建筑师所仿效[⑤]。

如果说广岛和平纪念馆和东京都新厅舍（图 5-45）是用铁来表现日本弥生传统的话，香川县厅舍和仓吉县厅舍则是通过混凝土表现由弥生传统向绳文传统的过渡，到仓敷市厅舍（图 5-46）则可以说是绳文的表现[⑥]。"这种传统是在日本古代，在和大自然进行艰苦斗争之中

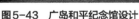

图5-43　广岛和平纪念馆设计

图5-44　香川县厅舍

① 武云霞.日本建筑之道——民族性与时代性共生 [M]. 哈尔滨：黑龙江美术出版社，2003：31.
② 汪丽君.建筑类型学 [M]. 天津：天津大学出版社，2005：306.
③ 单琳琳.民族根生性视域下的日本当代建筑创作研究 [D]. 哈尔滨：哈尔滨工业大学博士论文，2014：197.
④ 罗小未.外国近现代建筑史 [M]. 北京：中国建筑工业出版社，2004：289.
⑤ 马国馨.丹下健三 [M]. 北京：中国建筑工业出版社，1989：289.
⑥ 武云霞.日本建筑之道——民族性与时代性共生 [M]. 哈尔滨：黑龙江美术出版社，2003：31.

图5-45　东京都新厅舍

图5-46　仓敷市厅舍

所产生的充满了质量感的强韧抑郁和自由敏感的表现[1]"，丹下健三认为这是一种存在于下层民众之中的传统，因此较以往上流传统更具有生命力。同时，要看到虽然仓敷市厅舍与广岛和平纪念馆的祖型都是正仓院，但是仓敷市厅舍对于传统的表现开始脱离传统样式的束缚，以粗野主义的手法把一个三层体量的方盒子通过立面构成手法的处理做出了五层的感觉来强调正仓院立面的横向肌理所具有的宁静、朴实的构造之美，同时建筑内部处理也更加强调自由奔放之美。

以离桂宫（图5-47）和禅寺神社为代表的日本传统建筑本身具有的现代建筑特征——几何化、标准化、模数化，灵活性、轻盈性，网格控制、材料本真和建构意识——帮助丹下健三把传统与战后的工业化大生产紧密联系起来。从山梨文化会馆（图5-48）设计开始，他主张把建筑体现工业技术的时代特征作为表现方向。这座建筑的基本结构是16个垂直的圆形交通塔，内设各类服务性设施，各种功能性房间像是填充到抽屉中的物品架在圆筒结构之间的

图5-47　离桂宫

图5-48　山梨文化会馆

---

① 马国馨. 丹下健三 [M]. 北京：中国建筑工业出版社，1989：20.

混凝土格构梁上，播音室位于顶层，下方是报社和印刷厂。建筑立面强调水平的横向构图，采用粗糙的清水混凝土。建筑外走廊和阳台的扶手栏板以及梁柱等构件仍然具有鲜明的日本传统特色，而在楼板与圆筒交接处刻意强调了梁头的存在，以此暗示这个不断生长变化的结构体系。该建筑的构思明显受到彼得·库克的插入式城市和当时日本国内兴起的新陈代谢思想的影响，意图是使这个建筑后期可以根据使用的需要而不断地自由生长。

由于新技术的不断发展，丹下健三开始通过运用新技术来实现建筑对传统表达的可能性，他越来越注重对于形式的纪念性和空间的精神性表达。"传统本身并不能成为创造文化的动力，为了把传统引向创造，就必须否定传统"，丹下健三的这种转变源自于传统的"型"很难适应现代文明的需要，因此必须从质的阶段更加深入地进行发掘和追求。代代木体育馆（图5-49）就是把技术、功能与造型完美结合的典范，常常被认为具有日本传统建筑特征而广受好评。第一体育馆为两个相对错位的新月形，第二体育馆为一个螺旋形，两馆南北呼应形成中心广场，其主轴线与用地北面的明治神宫的轴线一致[1]。建筑的悬索拉杆和极具肌理的金属屋面与钢筋混凝土看台的悬挑形式一气呵成，具有东方木构建筑"如跂斯翼，如矢斯棘，如鸟斯革，如翚斯飞"的灵动神韵。特别是体育馆内部，由于成功地引入了天光，不但具有良好的采光得以观看比赛，而且具有一种东方传统建筑室内特有的深邃感。丹下健三正是通过这个建筑找回了在现代主义中早已失去的"象征性"——不是特异的结构，也不是夸张的造型，而是内部空间的质量。

图5-49　代代木体育馆

5.4.3　符号引用：罗伯特·文丘里的实践

从古典主义时期开始，西方就有把建筑类比成语言的倾向，而这种倾向在19世纪随着语言学研究的兴盛而声势日隆。塞扎·戴利在1860年宣称："建筑是一种语言，它经历的革命与根本改造，与历史所呈现的不同的风格一样多。因而，一位只研究过一种风格的建筑师，就像一个不懂拉丁文的法国人。这就是说，就他所从事的单一风格而言，他的理解，也只能是非常不完全的。[2]"布鲁诺·塞维以一个广义的语言类比视角提出新建筑语言体系——《现

---

① 马国馨.丹下健三 [M].北京：中国建筑工业出版社，1989：123.

② （英）彼得·柯林斯.现代建筑设计思想的演变：1750—1950[M].英若聪，译.北京：中国建筑工业出版社，1987：203–204.

代建筑语言》——对墨守成规的古典主义建筑语言进行了针锋相对的批判。他提倡一种统一的、纯粹的、净化的建筑语言。这种一元化的建筑语言逻辑把语言的形式和语言的意义截然分开，忽略了建筑作为一种真实的存在必须面对复杂而多样的现实矛盾。

因此，罗伯特·文丘里在1968年率先提出"少就是烦"的口号与密斯·凡·德·罗的经典名言"少就是多"针锋相对。他在《建筑的复杂性与矛盾性》一书中提倡一种复杂而有活力的建筑，他甚至直接表明："我喜欢基本要素混杂而不要纯粹，折中而不要干净，扭曲而不要直率，含糊而不要分明……宁可迁就也不要排斥，宁可过多也不要简单，既要旧的也要创新"[1]。继而他受到波普艺术和反中心主义的影响，在向《拉斯韦加斯学习》一书中又指出，与以往提倡高雅文化相反，我们应该注意到通俗文化的价值，建筑中存在的多样性可以通过波普主题、鲜艳色彩和拼贴的艺术手段来实现，"向通俗文化学习，并没有使建筑失去高层文化的地位。但它可以改变高雅文化，使其更容易与当前的需求与问题产生共鸣[2]"。

罗伯特·文丘里一方面以建筑的暧昧不清来对抗现代主义稳定的功能至上原则，另一方面以包容的态度，让即将消逝的传统建筑元素以讽喻的方式回归到自己的作品中。他在宾州栗子山母亲住宅（图5-50）的设计中，采用既对称又不对称的平面表达一种似是而非的模棱两可，而建筑正立面断裂的山花、不对称的开窗和刻意放大的入口门洞——在小建筑上用大尺度能产生对立平衡而不会摇摆不定——对立对这种建筑来说是恰当的[3]。而老人友好住宅的设计出于经济的原则采用传统而并非先进的建筑要素——深褐色的砖墙加上双层悬挂使人想起了传统费城联排住宅的背面；沿街立面中央的磨光黑色花岗岩石柱很好地适应并强调了底层特殊的入口门洞；顶层中央的窗户既反映内部房间的空间形体又加大了街道上和入口处的建筑尺度；建筑中央最高处的电视天线表现了一种与阿内（Anet）入口相似的纪念性[4]。他在

图5-50　宾州栗子山母亲住宅

① 罗小未.外国近现代建筑史[M].北京：中国建筑工业出版社，2004：336.
② （美）查尔斯·詹克斯.当代建筑的理论和宣言[M].周玉鹏，雄一，张鹏，译.北京：中国建筑工业出版社，2005：47-48.
③ （美）罗伯特·文丘里.建筑的复杂性与矛盾性[M].周卜颐，译.南京：江苏凤凰科学技术出版社，2018：222.
④ （美）罗伯特·文丘里.建筑的复杂性与矛盾性[M].周卜颐，译.南京：江苏凤凰科学技术出版社，2018：214-215.

图 5-51　富兰克林纪念馆

富兰克林纪念馆（图 5-51）的设计中，将纪念馆的主体部分转入地下，以此获得一片向附近居民敞开的绿地来改善社区的居住品质。而为了勾起人们对富兰克林故居的记忆，他用一个白色不锈钢的构架勾勒出故居的轮廓；同时又在铺地中将原建筑的平面布局及部分原有基础予以显露，以此显示这里曾经存在着的富兰克林故居。无论是母亲住宅的断裂山花，还是老人友好住宅的入口石柱，抑或是富兰克林纪念馆的"幽灵构架"，都是通过把传统建筑元素变异而进行隐喻式表达，以此唤起建筑的象征意义，昭示着符号作为一种建筑语言在表达纪念性中的价值。

建筑形式成为语言符号意味着它要成为"所指"与"能指"的统一体，形式作为"能指"它要指向某个被广泛认可的意义。这意味着建筑形式的代码化——建筑的形式应是可以联想，而体现多价值取向的后现代建筑的要点"就是它本身的两重性"——这是一种有职业根基同时又是大众化的建筑艺术，它以新技术与老样式为基础[1]。罗伯特·文丘里以一种激进的折中主义设计思想，倡导通过引用古典建筑元素回归历史，追求隐喻的设计手法使各种语言符号强调传统的象征含义，通过戏谑地拼贴古典建筑元素让建筑从高雅走向大众，让传统从历史回到现代。

5.4.4　类型重现：阿尔多·罗西的实践

1926 年意大利理性主义七人组提出了新理性主义运动的宣言，"新建筑，真正的建筑应该是理性和逻辑的紧密结合……我们并不刻意去创造一种新的风格……我们不想和传统决裂，传统本身也是在演化，并且总是表现出新的东西。[2]"新理性主义正是意大利建筑师对于本国这一传统的再次继承和发展，他们以历史为基础，通过类型学的方法探讨超越历史的可能性。"类型"这一概念在古希腊语中即已存在，德·昆西在他的《建筑词典》中就已指出："类型"并不意味着事物形象的抄袭和完美模仿，更多的是指某种元素观念，这种观念本身要为"模型"建立规则。"模型"在艺术的操作上就是一种可以重复操作的物体，而"类型"的基础是人们在互不相似的事物中认识它们。在"模型"中一切都是精确的、棱角分明的，而在"类型"

① （美）查尔斯·詹克斯. 什么是后现代主义 [M]. 李大夏，译. 天津：天津科学技术出版社，1988：11.
② （美）肯尼思·弗兰姆普敦. 现代建筑：一部批判的历史 [M]. 张钦楠，译. 北京：中国建筑工业出版社，2004：225.

中或多或少含混着情感和精神所认可的事物①。新理性主义的代表阿尔多·罗西正是看到了现代主义的症结在于剥离了形式与其背后情感的关联，才将"类型"与传统背后所蕴含的心理、情感和记忆联系在一起，让建筑回归到城市的历史文脉中，以此抵抗功能主义和技术至上的现代城市和建筑。

阿尔多·罗西深受荣格有关"原型"理论的影响，将传统类型学上升为一种"模型—类型—模型"的操作手法，选取最简洁的历史形式来表达最具典型性的人类"集体记忆"。因此，他将类型学的概念扩大到风格和形式要素、城市的组织与结构要素、城市的历史与文化要素，甚至涉及人的生活方式，赋予类型学与人文的内涵②。在《城市建筑学》一书中，罗西参照阿尔伯蒂"建筑即城市"的观点提出了类似性城市理论：城市中有两种重要的基本要素——代表纪念性的公共建筑和代表生活性的住宅街区。前者作为具有象征功能和场所性质的形式具有超越时间适应不同功能的能力；后者属于民俗传统，能直接而不自觉地把文化——它的需求和价值，人民的欲望、梦想和情感——转化为实质的形式③。这也就意味着建筑具有超越客观的物质因素而存在的能力，并能与精神因素相统一，具有集体的性质。而这些复杂的集体性质往往以它的结构而决定，即类型和规则。因此他认为，"自古以来类型并不变，但这不是说实在的生活也不便，也不是说新的生活方式不可能。④"这里的类型具有时间的恒常性，因此阿尔多·罗西的"类型"来自于历史和传统，它主张关注历史形式可以通过"类推"的方式再现。

他在1980年威尼斯双年展设计的水上剧场（图5-52），在一艘可移动的船体上设置了两部呈长方体的楼梯夹带着一个呈立方体的中心剧场，把纯粹几何形体的寂静，与水城纪念建筑的欢快结合起来⑤。这个剧场的屋顶采用一个八角形的平面，使人联想起中世纪的洗礼堂，最上面以一个金属锥顶收头作为对附近帕拉迪奥设计的圣玛利亚教堂的大穹顶隔空作出的呼应。由于这座剧场是可移动的，因此它与沿途所经过的威尼斯城市景观交相辉映，在不同的地点可以看到相同的"类型"，这极大地激发起潜藏在人们心智地图中的深层记忆。他在圣·塔多公墓地的设计中，在中轴线上依次布置着一个以高耸烟囱代表死亡的公共墓冢、呈等边三角形一样层层排列的墓室、和一个以鲜艳的无顶立方体象征"亡者的住宅"的灵堂。墓冢、墓室和灵堂以古典三部曲的方式呈现一具死者的骨架，这是由于在罗西的类型学视域中把供逝者安息的墓地看作与供生者居住的住宅是有类似性的。

阿尔多·罗西在他设计的米兰格拉拉公寓（图5-53）采用柱廊这一根植欧洲城市生活的

① 陈伯冲.建筑形式论——迈向图像思维 [M].北京：中国建筑工业出版社，1996：222.
② （意）阿尔多·罗西.城市建筑学 [M].黄士钧，译.北京：中国建筑工业出版社，2006：42.
③ 汪丽君.建筑类型学 [M].天津：天津大学出版社，2005：43.
④ 陈伯冲.建筑形式论——迈向图像思维 [M].北京：中国建筑工业出版社，1996：249.
⑤ 罗小未.外国近现代建筑史 [M].北京：中国建筑工业出版社，2004：351.

图5-52　威尼斯双年展设计的水上剧场　　　　　　　　　　图5-53　米兰格拉公寓

建筑"类型"。罗西解释为"更喜欢借助熟悉的对象，虽然其形式和状态已经是固定化了的，但其意义可以变化……我为米兰格拉西区设计的公寓群中存在着一种与走廊类型工作之间的相互关系，这与我在米兰传统出租住房的建筑艺术中经常体验到的一种相关感觉有关。这些走廊象征了一种沉浸于日常生活琐事、家庭内部亲密以及多种多样个人关系的生活方式。[①]"而在柏林弗雷德里希大街住宅（图5-54）和柏林拉赫大街公寓楼（图5-55）中他十分注重于城市街道的协调性，尖尖的塔楼采用铜质屋顶，勾勒出柏林传统住宅的特点，而在大街转角处采用硕大的柱子或者高耸的楼梯间，使它们成为城市的象征。

　　"类型"是建筑形式生成的逻辑基础，它优于形式而永远存在。阿尔多·罗西运用抽取和选择的方法，对已存在的建筑类型进行重新确认归类，从而形成一种新的类型。他认为用这

图5-54　柏林弗雷德里希大街住宅　　　　　　　　　　图5-55　柏林拉赫大街公寓楼

---

① 汪丽君. 建筑类型学 [M]. 天津：天津大学出版社，2005：274.

样的方法，城市的建筑就可以简化为有限的几种"类型"，而每种"类型"又可以还原成一种理想主义 [①]。

5.5 本章小结

本章关注以传承地域文化为目标导向的现代建筑创作原则。

首先，我们认为传承建筑地域文化需要从影响建筑形态的地域要素和彰显风貌特色的地域特征出发，结合当代人日常生活的基本需求，以一种兼容并蓄的开放态度来调适普世的全球主义与狭义的乡愁情节之间的矛盾。

其次，每一次具体的建筑创作都需要因地制宜，因此建筑师必须对场地的气候因素和地形因素十分敏感，将这些约束条件转化为启发建筑形式生成的催化剂，恰恰能够有效避免千篇一律、毫无特色的机械复制。

再次，地域特征往往成为我们理解和表达地方文化最直接有效的手段。在创作实践的过程中，通过对习以为常的地方建筑形式和细部特征加以直接或间的模拟，对典型的传统文化原型加以抽象或夸张的形式转换，对经典的历史符号加以引用或重组，都是通过形式层面操作来表达地方特色。在建筑空间层面着重考虑人在空间中对场所特征的具体感受，关注传统建筑空间的组织原型，认识到具体的场景对地方特色的活化与强化有不可估量的作用。

最后，作者通过对阿尔瓦·阿尔托、丹下健三、罗伯特·文丘里和阿尔多·罗西四位著名建筑师在地域文化传承中所作出的独特努力加以分析，旨在帮助广大建筑师以海纳百川的心态博采百家之长，从而多元化地表达精彩纷呈的地域文化传统。

---

① 汪丽君.建筑类型学 [M].天津：天津大学出版社，2005：41.

第 6 章

文化传承观下的
现代中国建筑创作

6.1 现代中国建筑创作的文化传承态度

自维特鲁威在《建筑十书》第二章中把"坚固、实用、美观"作为建筑应遵循的三个准则以来，就奠定了建筑作为一种文化所涉及的核心范畴：建造、使用和审美。时至今日，尽管已经发展成一种门类繁多、涉及多个领域的人类亚文化系统，建筑所关注的焦点依然离不开以上三个基本维度，只是在人类历史的不同时期所关注的侧重点有所不同。人类每一次具体的建筑行为总是建立在对其过往经验、理论和文化的"模仿"之上的，这在德昆西看来"从根本意义上说，人类并不能真正进行创造，而只能对现有要素进行重新组合[1]"。这也就是说，建筑作为一种传统文化与时代文化交织而成的产物，它离不开我们过往的成功经验——传统——在时代文化环境下形成的一种具有普遍意义的永恒价值。在这个文化日趋多元的时代，每一次设计总是呈现出事件的具体性，反映出建筑师处理传统与现代之间关系的不同态度，大致可以归纳为对传统的仰视、平视和俯视。

6.1.1 仰视传统的建筑创作

所谓的仰视传统，可以理解为建筑师以高度的文化自觉把表达文化传统视为建筑创作的主旋律，通过强调传统的不同方面来保持文化的连续性。虽然采用的形式、审美和方法不尽相同，但都把传统视为一种建筑生成的思想源泉。或者说通过寻找传统与现代的结合来实现建筑师本人对地方文化及历史背景的自觉强调，是这一类建筑师区别于其他建筑师的根本特征。

法国建筑师奥古斯特·佩雷贯穿其执业生涯一生，执着于将现代工程技术与法国古典理性主义建筑法则相融合，他认为"我们时代的大型建筑都必须以框架作为基本的结构形式……建筑的框架结构也必须井然有序，富有节奏、均衡和对称。它必须能够包含和支持功能完全不同和处于不同位置的建筑器官，满足功能和习俗的要求。"[2] 印度建筑师查尔斯·柯里亚一生的创作成果都是基于对本土文化、生活习俗和气候适应等建筑传统的研究，他在《形式追随气候》一书中论证了建筑形式与场地气候之间相互因应的关系，提出了"管式住宅""露天空间"等地域性建筑理论，并设计了一大批如干城章嘉公寓、斋普尔艺术中心等充分融合印度地方传统和现代抽象元素的作品。

中国建筑师张锦秋的建筑创作就是以传统文化为基础的，在陕西历史博物馆、三唐工程和大唐芙蓉园等一系列设计中均致力于传统美学和文化的传承和创新。她认为："在现代化与

---

① 陈伯冲.建筑形式论——迈向图像思维 [M].北京：中国建筑工业出版社，1996：39.

② （美）肯尼思·弗兰姆普敦.建构文化研究——论 19 世纪和 20 世纪建筑中的建造诗学 [M].王骏阳，译.北京：中国建筑工业出版社，2007：154.

传统的关系上，我力求寻找其结合点，不仅着手于传统
艺术形式与现代功能、技术相结合，更着眼于对传统建
筑逻辑与现代建筑逻辑的结合，传统审美意识与现代审
美意识的结合。在反映传统建筑文化上，我主张对古典
建筑的艺术特征采用高度概括的手法，可省略、可夸张、
可改造、亦可虚构。但绝不作违反建筑逻辑的变形[①]"。
建筑师程泰宁指出，中国传统建筑文化包含"形、意、理"
三个层次，除了要在形式上借鉴和吸收传统文化的精髓，

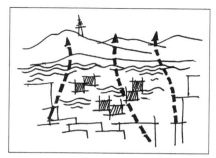

图6-1　黄龙饭店设计草图

更应该注重对意境、空间和哲理的探索[②]。他在设计黄龙饭店时从"天人合一"的中国传统哲
学思想出发，吸取传统艺术的飞白原理，把建筑、城市与自然融为一体，不但恰当地保留了
城市与自然山体之间的视线通廊（图6-1），而且完美地营造了"气韵生动"的传统美学意境。

　　在年轻一辈的中国建筑师中，王澍对传统的热情最为浓厚，对中国传统文化的深入理
解和强烈的兴趣使他具有一种传统文人的气质，并坚持着用传统文化中的意境作为自己建
筑创作的参照[③]。他通常以倪瓒的山水画、传统的苏州园林以及内向的院落来诠释自己的作
品与传统文化之间的联系，并且执着地在建筑中运用青砖、木材、瓦片、夯土等传统技艺，
特别是从拆迁工地回收的旧砖瓦使建筑天然具有历史的年轮，以此加强现代建筑的历史厚
重感。

　　仰视传统的实质是对本国、本民族历史文化中有益的部分所作的价值认同，一种对主流
时代文化和外来文化中不足之处的自觉抵抗，通过回归传统来求索理想的人生理念和生活方
式。这种求索有时候是自上而下的，如民国时期尝试的"中国固有形式"和中华人民共和国
成立初期提倡的"民族形式，社会主义内容"均属此列；有时候是自下而上的，如改革开放
初期对民族风格、新乡土风格的探索等。此外我们看到，中国建筑师往往认为外形对于表现
建筑文化十分重要，而外国建筑师更加看重建筑对场地和环境的考虑[④]，这固然是中西方文化
的思维差异，但更要看到在他们的建筑作品中执着表现历史与现在的关系是共同的。

6.1.2　平视传统的建筑创作

　　在平视传统的视角下，不同的建筑师眼中对传统的关注点是不一样的。一言以概之，使
用现代，各取所需。有的建筑师把传统视为一种价值观，如建筑师崔愷指出他的"本土设计"

①　张锦秋. 城市文化孕育着建筑文化 [J]. 建筑学报，1988（9）：12.
②　当代中国建筑设计现状与发展课题研究组. 当代中国建筑设计现状与发展 [M]. 南京：东南大学出版社，2014：245.
③　李翔宁. 当代中国建筑读本 [M]. 北京：中国建筑工业出版社，2017：41.
④　当代中国建筑设计现状与发展课题研究组. 当代中国建筑设计现状与发展 [M]. 南京：东南大学出版社，2014：140.

是一种文化的价值观，主张立足本土的文化创新。有的建筑师把传统视为一种方法论，如建筑师柳亦春认为中国传统建筑具有天然的简朴性，一种直指空间本质的简朴性，因此自龙美术馆开始一种非常规意义的地域型建筑的诞生，标志着他此后的创作直面建筑与场所的直接关系，尽可能激发历史记忆的最大价值。有的建筑师把传统视为一种审美理想，如建筑师贝聿铭在中国大陆设计的香山饭店和苏州博物馆虽间隔了 20 多年，但均保持着一种强烈而连续的中国传统美学倾向。

而多数中国建筑师的创作则是立足现实中的设计条件本身，关注在满足项目基本需求的前提之下如何实现富有品质和趣味的好建筑。他们并不太在意自己的思想和形式是"传统"或者"现代"，是"中国"或者"西方"，往往更关注空间、材料、建构等建筑本体问题，注重比例、尺度、细节、构造、路径以及光线、地形等自然要素的现实利用。也许他们会在某个设计中依据情况而强调建筑文化的传统属性，但这仅仅是作为解决某一实际问题的策略或者手段。例如，建筑师张雷的早期作品明显受到瑞士德语区文化影响而呈现出形式的抽象、单纯的早期现代主义特征，而近年来，他在江苏南京和浙江桐庐、松阳等地的乡村建筑实践（图 6-2）中对木材、石材和夯土的精心实验具有明显的地域乡土特征。

图6-2　张雷不同时期建筑作品的传统观

平视传统是多数建筑师对传统所持有的一种客观、理性和自发的态度。他们把传统与现代平等对待，视传统为获取创作给养的来源之一，有策略性地选择传统的某些特质，融入现代设计之中，去解决当下的某种现实需求。

6.1.3　俯视传统的建筑创作

俯视传统与仰视传统正好相对，是一种拒绝与传统呼应、坚持自我意识的创作倾向。如保罗·安德鲁在设计国家大剧院的时候，提出"切断历史"的论断，继而用"水波蛋"的建筑形态与周边古城文脉彻底决裂就是一个典型案例。而雷姆·库哈斯则彻底拒绝把传统视为金科玉律，他在《通用城市》一文中挑战了在 1980 年代和 1990 年代占主流的关于认同、特征和地域主义的观点，并鼓励重视在全世界到处都可以找到的现代城市，一种一直被西方批评但被亚洲所积极拥抱的城市模式①。应该说，这一类建筑师的创作立场是立足现在，用现代的手段，解决现实的问题，"传统与现代"的命题不是他们的兴趣所在。

从中国范围来看，这一类的建筑师并不多见。建筑师在一定时期内会有这样的创作倾向，但是纵观完整的创作历程则少之又少。建筑师马岩松的实践一直坚持用参数化设计方法探索非线性建筑的潜力。他在加拿大的梦露大厦（图6-3）、日本的四叶草之家（图6-4）、洛杉矶的比佛利山庄花园（图6-5）和卢卡斯叙事博物馆等境外实践中对于当地的风土习俗、地域文化等传统因素无意作出过多的回应。而反观他在国内的诸多实践，如哈尔滨大剧院（图6-6）、义乌大剧院（图6-7）、北京胡同泡泡幼儿园（图6-8）等项目中均对中国传统文化有一定的回应，甚至还吸收了钱学森院士所提出的"山水城市"的环境理念。南京正大喜马拉雅中心（图6-9）和北京朝阳公园广场（图6-10）这两个实践则充分体现了他企图与当下的社会问题和所处时代的文化精神发生碰撞和互动。

俯视传统在西方建筑界较为普遍，因为西方建筑师更注重以面向未来的姿态进行建筑创作，在他们看来，传统不过是今天以后的时间量变把"现在时"转化成为"过去时"。而中国

图6-3　梦露大厦

图6-4　四叶草之家

图6-5　洛杉矶的比佛利山庄花园

图6-6　哈尔滨大剧院

① 李翔宁.当代中国建筑读本 [M].北京：中国建筑工业出版社，2017：100.

图6-7　义乌大剧院　　　　　　　　　　　图6-8　北京胡同泡泡幼儿园

图6-9　南京正大喜马拉雅中心　　　　　　图6-10　北京朝阳公园广场

建筑师们或由于深厚的传统文化积淀，或由于强调民族特征的时代文化影响，对于传统的求索一直没有找到一种普遍的共识。一方面确实是我们的传统过于丰富让我们无从下手，另一方面也是我们的探索尚未从量变积累为质变，终有一天会像日本建筑师那样不刻意强调传统，而是融入血脉之中，以一种更加智慧、更加平和的心态面对传统进行创作。

6.1.4　当代中国建筑师的传承态度

本书试图借助李翔宁在哈佛大学举办的"迈向批判的实用主义"展览中所展示的60个当代中国建筑师的60个作品来分析这些活跃于中国建筑主流舞台上的中青年建筑师对待传统的态度（表6-1）。

这些建筑师没有鲜明的共同纲领和革命性的口号，他们服务于政府、私人开发商和个体小业主等形形色色的甲方，也发展出更灵活和具有适应性的策略[1]。因此，这些样本的选取固

---

① 李翔宁.走向批判的实用主义——当代中国建筑 [M].桂林：广西师范大学出版社，2018：435.

表6-1

建筑作品	创作人员	创作理念	文化路径	传承态度
上海诺华制药园区实验楼	张永和	建筑与景观相结合，融入文化持续理念，强调公共空间营造	生态庭院的立体化路径，功能复合的日常化路径	平视传统
玉树康巴艺术中心	崔愷	融入街区的聚落，让密度及尺度与传统城市肌理相吻合	适应环境的消隐化路径，建构技艺的改良化路径	平视传统
树美术馆	戴璞	以最轻的建筑姿态融入抽象的自然环境，回应传统庭院	数字科技的参数化路径，步移景异的漫游化路径	平视传统
三联海边图书馆	董功	探索空间的界限、身体的活动、光氛围的变化、空气的流通	功能复合的日常化路径，场地价值的最大化路径	俯视传统
青岛世界博览会梦幻科技馆	傅筱	顺应自然，既显露山林以吸引游客，又融入环境以达宁静	适应环境的消隐化路径，步移景异的漫游化路径	平视传统
中国油画院	Than-Lab工作室	工厂与聚落的同时回归是面向后福特主义生产方式的建筑学类型	新旧一体的再生化路径	俯视传统
三里屯将将甜品店	华黎	保留场地树木，利用建筑在不同标高实现建筑与树木对话	场地价值的最大化路径，生态庭院的立体化路径，空间叙事的主题化路径	平视传统
洛阳博物馆	李立	借鉴园林手法在流线转折处设置庭院和天井，实现非对称空间的均衡流动	生态庭院的立体化路径，步移景异的漫游化路径	平视传统
南开大学津南校区活动中心	李麟学	和而不同的方式应对自然环境，六栋建筑呈海棠花状布置	适应环境的消隐化路径，生态庭院的立体化路径，场地价值的最大化路径	俯视传统
元上都遗址工作站	李兴钢	以叙事手段营造形式的戏剧性；以几何单元实现自然性与精神性的空间诗意	适应环境的消隐化路径，空间叙事的主题化路径	平视传统
中国科举博物馆	刘克成	在保护文化遗产的基础上，将博物馆深埋地下，通过镜面水景改善环境、振兴文化	空间叙事的主题化路径，适应环境的消隐化路径，新旧一体的再生化路径	仰视传统
龙美术馆（西岸馆）	柳亦春	从留存的煤料斗提取"伞拱"这一形式"源隐喻"，并超越文化与民族性语境	新旧一体的再生化路径，空间叙事的主题化路径，建构技艺的改良化路径	俯视传统
2015米兰世博会中国馆	陆轶辰	以希望田野上的云创造遮蔽的公共广场，寓意自然与城市和谐的希望之国	空间叙事的主题化路径，数字科技的参数化路径，建构技艺的改良化路径	俯视传统
2015米兰世博会中国企业联合馆	任力之	以中国种子的概念回应大会主题，以多种互相反转的建筑关系传递中国传统处理矛盾的智慧	数字科技的参数化路径，生态庭院的立体化路径	俯视传统
天台县赤城街道第二小学	阮昊	在高密度复杂环境中，将200m的跑道放置于屋顶，从而多了3000m³公共空间	功能复合的日常化路径，生态庭院的立体化路径	俯视传统
西岸工作室	童明	以织造的策略重新梳理关系，以结构叙事方式将片段组合成富有意义的整体	建构技艺的改良化路径	俯视传统

建筑作品	创作人员	创作理念	文化路径	传承态度
茅坪村 浙商希望小学	王璐	形体、剖面、材料、色彩与当地民居一致以获得最低造价	适应环境的消隐化路径,建构技艺的改良化路径	平视传统
西溪湿地艺术村 N 地块	王维仁	以还原电影的方式,探讨时间、扩建与风景之间的有机关系	适应环境的消隐化路径,步移景异的漫游化路径	平视传统
西溪学社	王昀	以白、浮、散的现代艺术主题,采用离散式聚落布局解决业主既分又合的要求	适应环境的消隐化路径	俯视传统
张家界 博物馆	魏春雨	以当地吊脚楼的原型结合地景肌理,并在建筑与地形之间找到一种内在关联	建构技艺的改良化路径,适应环境的消隐化路径,空间叙事的主题化路径	平视传统
北京 龙山教堂	WSP	简单的几何形式,强调模数化建构、光线的品质和材料温度	建构技艺的改良化路径,生态庭院的立体化路径	俯视传统
同济大学浙江学院 图书馆	致正 工作室	结合独特的位置以单纯的形体塑造了象征性,内部丰富的公共空间加强了看与被看的空间叙事	空间叙事的主题化路径,生态庭院的立体化路径	俯视传统
嘉那玛尼 游客到访中心	张利	集多种服务功能,兼顾游客和社区活动,以现代庭院整合地方工艺,从时间与空间两方面来阐释当地文化	空间叙事的主题化路径,建构技艺的改良化路径,场地价值的最大化路径,生态庭院的立体化路径,适应环境的消隐化路径	平视传统
范增 艺术馆	原作 工作室	以传统四合院为原型,呈现关系之院、观想之院、意境之院,以期达到"得古意而写今心"的意境	空间叙事的主题化路径,适应环境的消隐化路径,步移景异的漫游化路径,生态庭院的立体化路径	平视传统
肯尼亚 MCEDO 贫民学校扩建	朱竞翔	通过轻型钢结构的基本单元预制实现在当地的快速建造	单元模数的预制化路径	俯视传统
景德镇御窑遗址 博物馆	朱培	以分散的拱形元素融入城市肌理,用具有手工感的本土材料传承当地陶瓷文化	空间叙事的主题化路径,适应环境的消隐化路径,生态庭院的立体化路径,建构技艺的改良化路径	平视传统
华鑫中心	祝晓峰	建筑以围合聚落的形态,架空底层,插入保留的树木之中	适应环境的消隐化路径,场地价值的最大化路径,生态庭院的立体化路径	俯视传统
退台方院	开放建筑	以当地的土楼为原型创造集体公社,以空中连廊尽最大可能地促进人与人的交流	功能复合的日常化路径,生态庭院的立体化路径	俯视传统
西村·贝森大院	刘家琨	融合多种功能以促进本土生活,多尺度、多标高竹林延续传统生活方式,对地方技艺多样化继承	功能复合的日常化路径,生态庭院的立体化路径,建构技艺的改良化路径,步移景异的漫游化路径	平视传统
土楼公舍	孟岩	借鉴客家土楼营造集合住宅,以内核的配套功能为纽带积极建构社区精神	功能复合的日常化路径,生态庭院的立体化路径	平视传统
父亲的宅	马清运	以均质网格决定院墙和柱网,外墙填充鹅卵石,内墙填充竹节板,表达地域特征	生态庭院的立体化路径,单元模数的预制化路径	平视传统

建筑作品	创作人员	创作理念	文化路径	传承态度
凹宅	陶磊	屋顶内凹，与三个室内庭院成为一体，通过砖墙工艺的变化构成漏窗的通感	生态庭院的立体化路径，建构技艺的改良化路径	平视传统
砖宅农舍	王灏	带内向采光天井的红砖合院住宅，保留材料原始朴素的美	生态庭院的立体化路径，建构技艺的改良化路径	平视传统
杨柳村灾后重建	谢英俊	以工业预制的轻钢结构住宅关注弱势群体，不关注地域性	单元模数的预制化路径	俯视传统
微园	葛明	在老建筑内建立"空"以强化空间，参照"园林六则"作出新的园林尝试	新旧一体的再生化路径，生态庭院的立体化路径，步移景异的漫游化路径	平视传统
胡同茶舍曲廊院	韩文强	修复并保留历史信息，用玻璃曲廊连接各建筑，植入庭院和新文化休闲业态	新旧一体的再生化路径，步移景异的漫游化路径，功能复合的日常化路径，生态庭院的立体化路径	平视传统
内盒院	众建筑	以预制模块系统在旧四合院中实现微更新的产品化建筑	新旧一体的再生化路径，单元模数的预制化路径	仰视传统
2013深圳双年展浮法玻璃厂主入口改造	刘珩	将新建筑漂浮于保留老建筑之上，二者之间脱开的缝隙成为公共空间与城市相连，新旧独立	新旧一体的再生化路径，生态庭院的立体化路径	平视传统
水舍	如恩设计	保留历史记忆，在修复的旧建筑顶部覆盖耐候钢板以回应周边的工业氛围，充分利用屋顶的景观资源设置屋顶花园	新旧一体的再生化路径，生态庭院的立体化路径，场地价值的最大化路径	平视传统
上海南外滩仓库办公改造	直造工作室	利用空间场景与设备管线自身之美对旧建筑作最小干预	新旧一体的再生化路径	仰视传统
山西运城五龙庙环境整治设计	王辉	围绕保护建筑进行修景般整治，提升环境品质服务村民，再造地方的日常生活	新旧一体的再生化路径，功能复合的日常化路径	平视传统
水塔展廊	王硕	改造水塔为城市景观，内部是服务社区的展廊和公共空间	新旧一体的再生化路径，功能复合的日常化路径	平视传统
上海油画雕塑院美术馆	王彦	通过体块切割和新材料的使用使新建筑弥补了场地的缺陷	新旧一体的再生化路径，生态庭院的立体化路径	俯视传统
巴士一汽四平路停车楼改造	曾群	保留原停车库的空间特征，并在顶上加建钢结构方盒子，实现新旧体系的并置	新旧一体的再生化路径，生态庭院的立体化路径	平视传统
微胡同	张轲	五个盒子小尺度介入四合院，采用墨汁混凝土与传统灰砖更好地融入胡同环境	新旧一体的再生化路径，生态庭院的立体化路径，建构技艺的改良化路径	平视传统
衡山坊8号	庄慎	采用透光砖墙，白天融入环境，夜晚产生戏剧性变化	新旧一体的再生化路径，场地价值的最大化路径	平视传统

建筑作品	创作人员	创作理念	文化路径	传承态度
临安太阳公社	陈浩如	就地取材，快速施工，满足乡村新需求	场地价值的最大化路径	平视传统
平田村爷爷家青年旅社	何崴	谨慎地加入新的材料，实现新旧的趣味性对话	新旧一体的再生化路径	平视传统
齐云山树袋屋	亘建筑	融入山林的可复制装置物	适应环境的消隐化路径，建构技艺的改良化路径	俯视传统
篱苑书屋	李晓东	就地取材柴火棍于钢与玻璃盒子外，融入环境，四季变化	建构技艺的改良化路径	俯视传统
喜岳·云庐酒店餐厅建筑	刘宇扬	谨慎地保留与扩建，让建筑与环境和村民共生，新的材料及构造与原有的夯土墙进行低调的对比	新旧一体的再生化路径，适应环境的消隐化路径，建构技艺的改良化路径	平视传统
杭州洞桥镇文村美丽宜居示范村	王澍	以宅院的类型和泥瓦的新构造方式探讨农居房在当下延续传统生活方式的可能性	适应环境的消隐化路径，建构技艺的改良化路径，生态庭院的立体化路径	仰视传统
松阳红糖工坊	徐甜甜	采用地方常见的材料及构造的低技建造，展现红糖生产的生活场景	建构技艺的改良化路径，功能复合的日常化路径，场地价值的最大化路径	平视传统
云夕深澳书局一期工程	张雷	简单的形体，改良的地方技艺，以融入乡村环境，实现传统生活与地方文脉延续	建构技艺的改良化路径，新旧一体的再生化路径	平视传统
尼洋河游客中心	赵扬	对不规则形体切割开口以适应景观与流线，就地取材并结合传统技艺的发展	建构技艺的改良化路径，场地价值的最大化路径	平视传统
哈尔滨大剧院	马岩松	以大地景观策略结合参数化技术手段，结合不同标高观景平台创造城市地标	数字科技的参数化路径，适应环境的消隐化路径，生态庭院的立体化路径，场地价值的最大化路径	俯视传统
凤凰国际传媒中心	邵韦平	强调开放与环境友好，以数字化手段实现莫比乌斯环的精准化实施	数字科技的参数化路径，生态庭院的立体化路径，步移景异的漫步化路径	俯视传统
佛山艺术村建筑及景观设计	竖梁社	十个分散的方盒子围绕河道两侧，采用各不相同的参数化表皮和模数化施工	数字科技的参数化路径，适应环境的消隐化路径	俯视传统
2014青岛世界博览会天水、地池综合服务中心	王正飞	融入环境，集约功能，高技术设计不规则造型融入自然环境中，低技术施工降低造价、施工难度	数字科技的参数化路径，适应环境的消隐化路径，场地价值的最大化路径	俯视传统
上海西岸Fab-Union Space	袁峰	在简单形体中插入非线性的复杂化竖向交通核心，充分发挥数字化设计及施工的潜力	数字科技的参数化路径	俯视传统

然存在一定的片面性，也不能完整地反映当代中国建筑师对待传统的整体态度，但对他们的研究从某种意义上来说符合研究文化传承的最终目的是面向未来的建筑创作这一宗旨的。因为今天中国个体实践的独立建筑师们围绕着几座重要的城市形成了各自的群落和圈子，他们多是四五十岁的中坚力量。[①] 从表 6-1 的统计中可以得出如下数据：俯视传统的创作有 22 例，占比 36.6%；仰视传统的创作有 4 例，占比 6.7%；平视传统的创作有 34 例，占比 56.7%。而仰视传统的案例中除去创作文村农居的建筑师王澍是一以贯之地以仰视传统的态度执着探讨传统在现代建筑中的延续，其余 3 例则是出于文化历史保护视角而仰视传统，换言之这三位建筑师是将保留的历史文化信息视为不可动摇的地形条件加以尊重和利用。我们从这批当代中国建筑师的创作实践中所看到的大多是典型西方现代主义建筑的变形[②]，往往涉及对空间、尺度、结构、材料以及光线、气候和地形地貌的研究。

由此我们可以得出这样一个结论，今天甚至未来的大多数中国建筑师不再将传统视为金科玉律，而是以平等的视角将传统视为一种激发设计灵感的文化给养。在复杂的设计条件下，有策略性地选择一些合适的传统经验帮助我们进行顺势而为的设计，不失为一种有效的权宜之计。

6.2　现代中国建筑创作的文化传承路径

"自 20 世纪 80 年代起，中国建筑师已经打破了纯粹建筑传统设定的限制，试图从古典艺术中吸收和汲取东方建筑的精华。20 世纪 90 年代的实验建筑证明了青年建筑师在更全面、更深刻地了解传统精神方面所作的努力。他们不再满足于吸取传统建筑的细节，而是尝试在当前时代的文化交流条件下建立一个新评估系统，以寻找和诠释一种能够抗衡西方文化的东方文化"[③]，在这个传统对现代的适应过程中更多的是建筑师主观意识所起的作用，而从建成作品的表达倾向出发来反向审视文化传承的结果，则能更为客观地解读时代文化对传统文化的反作用。如果说从中华人民共和国成立后到改革开放之前的中国建筑作品对传统的回应更偏重于政治化阐释和集体性叙事的话，那么自 20 世纪 80 年代开始到 20 世纪末的最后 20 年间，中国建筑师对传统的关注则受西方文化和建筑理论的影响而趋向于个人化、艺术化的创作表达和对建筑本体性的研究。

21 世纪以来，随着国力的强盛和文化复兴的到来，中国现代建筑在满足史无前例的多样需求的同时呈现出坚定不移的文化自信。正如崔愷院士在论及我国两次奥运场馆建设理念的

---

① 李翔宁. 走向批判的实用主义——当代中国建筑 [M]. 桂林：广西师范大学出版社，2018：435.
② 李翔宁. 走向批判的实用主义——当代中国建筑 [M]. 桂林：广西师范大学出版社，2018：11.
③ 王明贤. 九十年代中国实验性建筑 [J]. 文艺研究，1988（1）：121.

重大转变时所指出的，"如果说 2008 年夏奥还是以文化表达优先，之后再讨论技术怎么做，也因此出现了一些并不理性的技术做法；那么这次冬奥会建筑基本上是反过来，在保证技术理性的基础上适度地呈现文化表达。"①

我们将（表 6-1）中总结的十项文化传承的实施路径加以数据分析可以得出如下的结论："生态庭院的立体化路径"在所有 60 个项目中出现了 28 次，占比为 46%；"建构技艺的改良化路径""适应环境的消隐化路径"和"新旧一体的再生化路径"分别出现了 20 次、19 次和 18 次，为第二梯队；"场地价值的最大化路径""空间叙事的主题化路径""功能复合的日常化路径"和"步移景异的漫游化路径"分别出现了 12 次、11 次、10 次和 10 次，为第三梯队；"数字科技的参数化路径"和"单元模数的预制化路径"出现次数最少，分别为 8 次和 4 次。

我们通过数据分析发现，"院落"已经成为了当下建筑创作中传承中华文化最有效的着眼点，也成为代表中国建筑传统的一个标志，这和"天人合一"的环境观和多院落的传统空间组织模式被认为是中国传统建筑的精髓所在密不可分。第二梯队的三种路径是分别通过建造技术的陌生化、建筑形体的分散化和新旧材料的拼贴化来实现的，多是从建筑本体的形态、构造和材料出发寻找传统的结合点。第三梯队的三种路径则是从场地特征、空间主题、功能布置和动线组织出发探寻现代语境下表达传统的可能性。第四梯队的两种路径则是从当下先进的方法和技术的角度探讨传统的价值。

由此可见，在全球化和地方化的挑战中，21 世纪的中国建筑师正自觉或不自觉地在纷繁复杂的关系网中寻找恰当的文化定位、理性的创作观念和务实的设计方法，那么他们的作品则必然以不同的方式、在不同的维度上，对源远流长的建筑传统作出不同路径的探索与回应。

6.2.1 空间叙事的主题化路径

果戈里认为建筑的空间叙事与其他门类的艺术化创作过程存在着很大的差异，但对于情节性的追求与设计相同，设计空间的过程也需要艺术创作的思维②。建筑师往往借助于建筑空间在空间和时间序列上有效地组合与编排，从而对使用者清晰地表达某种特定的文化主题。21 世纪以来，空间叙事作为中国建筑创作的永恒主题呈现出主题化的倾向。特别是伴随着奥运会、世博会和各类国际峰会等世界级盛会在中国召开的"事件性"，"中国化"的文化表达往往是这些主场馆设计中当仁不让的主题。

① 崔愷. 时代与地理决定性：北京 2022 冬奥会建设研讨 [J]. 建筑学报，2021（7，8）：25.
② 来嘉隆. 建筑通感研究——一种建筑创造性思维的提出与建构 [D]. 南京：东南大学博士学位论文，2017：141.

形似斗栱的 2010 中国上海世博会中国馆其创作主题是"东方之冠，鼎盛中华，天下粮仓，富庶百姓"，展馆以"寻觅"为主线，涵盖了"东方足迹""寻觅之旅"和"低碳行动"三大主题，让观众在特定的体验过程中不断感悟"中华智慧"。雁栖湖国际会都的两座主体建筑由象征"汉唐飞扬"的国际会议中心和象征"天圆地方"的日出东方凯宾斯基大酒店组成（图 6-11），在成功举办了亚太经合组织第 22 次领导人非正式会议和"一带一路"国际高峰会议等国际盛会的同时不断地说好中国故事，传递中国文化，彰显中国自信。

而由建筑师崔愷主持设计的 2019 中国北京世界园艺博览会中国馆仿佛一柄如意坐落在山水田园之中（图 6-12），结合了本土的园艺智慧，展现了悠久的中华农耕文明，讲述了人与自然的美丽故事，并采用符合本土理念的材料及适用技术，最终成为一座有生命、会呼吸的绿色建筑。[①] 同时，这座建筑的顶部主展厅选用了金色铝板结合光伏玻璃和 ETFE 膜建造高低起伏的巨大玻璃暖房，在北京湛蓝的天空下具有极其强烈的故宫金色大屋顶意象，故而再一次抽象表达了中国馆特定的这一"中国"主题。

图 6-11　日出东方凯宾斯基大酒店

图 6-12　中国北京世界园艺博览会中国馆

同时，这种主题化创作的趋势也常常呈现出"地域化"的特征，往往通过象征、比喻或通感等文化表达方式出现在当地重要的公共建筑之中。福州海峡文化艺术中心以"茉莉花"这一福州市花为创作主题（图 6-13），结合中国传统民歌《茉莉花》在世界范围内广泛的知名度和影响力，向全世界诠释很多西方人心中最初的"中国印象"[②]。

而由建筑师程泰宁主持设计的温岭博物馆是在城市特殊的三角用地上采用非线性语言创造的"山石"意象的雕塑化建筑形态，实现了对当地采石文化和传统赏石文化的关联性、主题化的有效表达（图 6-14）。建筑以明确而强烈的形态特征，对其与这个城市及其周边环境关系进行了区分与重新定义，即这个建筑并不从属于它所在的那片尚未形成的城市肌理，与这

① 筑龙学社 .2019 中国北京世界园艺博览会中国馆 [EB/OL]，（2019–10–24）[2022–3–22].https：//bbs.zhulong.com/101010_group_201808/detail42094481/.
② 徐宗武，顾工 . 基于文化自觉的建筑设计——福州海峡文化艺术中心创作与实践 [J]. 建筑学报，2019（10）：71.

图 6-13　福州海峡文化艺术中心

图 6-14　温岭博物馆

个建筑更为亲近的，是这个城市更抽象、也更深层次的文化基因^①，最终使得这座建筑、这片场地与温岭这座城市发生了真实意义上的联系。

6.2.2　功能复合的日常化路径

相较于 20 世纪 70、80 年代的建筑学把设计视为一种精英的知性游戏，或者是一种独立的艺术创作^②，21 世纪的建筑学具有了一个鲜明的转变，即设计的目标是复合化的、生活化的、人文化的、动态化的。近十年来，中国建筑师的职业理想也已经从过去对完美图式的追求逐渐转变为对人的日常生活的关注，对人的终极需求的研究。日常化是纪念性、文化性和公共性建筑的重要发展趋势，特别是位于城市中心区的纪念性建筑，在城市日常生活中扮演着日益重要的角色，为市民提供了高品质的空间环境^③。

在敦煌市公共文化服务中心的设计中，建筑师崔愷以小尺度的体块，在统一模数的控制下将不同功能整合在一起，形成一组掩映于绿树之中的聚落形态^④。同时，在这座建筑的底层提供了一个横贯东西方向的室内玻璃门厅，作为服务于整个建筑的"城市客厅"全天候对市民开放。由此这座新的"文化聚落"为敦煌城市的活力注入了蓬勃的文化力量（图 6-15）。

开放建筑事务所的主持建筑师李虎就认为当前多数的公共建筑是缺乏"公共性"的，因此他在设计深圳坪山大剧院时为了应对这一尴尬的状态，就用大量公众可以充分进入的城市功能来包裹处于核心地位的演出功能（图 6-16）。这里的城市功能其实包括：室内的内容；室外的内容；没有功能的内容——花园；有功能的内容，就是让公众可以介入的音乐培训和体

---

① 黄卿云，刘鹤群，程泰宁.言外之意——温岭博物馆建筑创作后记 [J].建筑学报，2019（10）：60.
② 崔愷.时代与地理决定性：北京 2022 冬奥会建设研讨 [J].建筑学报，2021（7，8）：25.
③ 何镜堂，倪阳，等.胜利纪念与城市生活交融——南京大屠杀遇难同胞纪念馆三期设计思考 [J].建筑学报，2016（5）：53.
④ 吴斌.文化·聚落——敦煌市公共文化综合服务中心设计 [J].建筑学报，2020（5）：80.

图6-15　敦煌市公共文化服务中心

图6-16　深圳坪山大剧院

验、吃饭、喝酒、喝咖啡、商店的功能等^①。

与此相似的是建筑师何镜堂创作的南京大屠杀遇难同胞纪念馆三期工程的整体形态与江东门纪念馆融为一体，以更加开放包容的姿态、亲切自然的方式融入城市生活^②。半围合的集会广场日夜开放，其四周配置了轨道换乘、社会停车、商业和办公等配套生活设施，在平日里，这就是一处静谧的活动场地，为市民提供休憩、慢跑等日常性交往活动空间（图6-17）。

建筑师张永和设计的吉首美术馆则将美术馆的日常化使用视为创作的核心目标，因此放弃了原本由市政府提供的城外开发区用地，特意选择在人口稠密的市中心利用一座跨河而建的步行桥兼作美术馆（图6-18）。因此，建筑师并不希望市民们专程去美术馆参观，而是在日常生活中利用上班、上学或者购物的途中与艺术邂逅^③。因此，这座桥形建筑在保持中国传统廊桥的交通和休憩功能的同时引入了现代艺术观赏功能，并在两侧桥头分别设置了门厅、茶室、商业、办公等日常性功能。这座桥形美术馆由此也成为近期中国建筑创作中以功能复合的日常化倾向作为实现文化传承中介体的典范。

图6-17　南京大屠杀遇难同胞纪念馆三期工程

图6-18　吉首美术馆

---

① 周榕，李虎，黄文菁．营造"微观湿件系统"的社会生态实验——有关深圳坪山大剧院的对话体评论 [J]．建筑学报，2020（10）：73.

② 何镜堂，倪阳，等．胜利纪念与城市生活交融——南京大屠杀遇难同胞纪念馆三期设计思考 [J]．建筑学报，2016（5）：53.

③ 张永和，鲁力佳．吉首美术馆 [J]．建筑学报，2019（11）：39.

建筑师在面对此类建筑的时候，除了要满足特定的使用需求之外，尚需结合城市、区域和场地周边的诸多潜在需求，通过开放或半开放公共空间和高频度的触媒功能的复合设置以激发民众的参与度，进而增加该场所的使用黏度，最终得以将文化传承的终极理想融入大众生活的日常现实之中。

6.2.3　适应环境的消隐化路径

观赏中国传统山水画往往有这样一种感受，房子从来都是小小的，并没有多少分量感，如范宽的《溪山行旅图》中几间不起眼的寺庙偏安于画面一隅。而黄公望的《富春山居图》中几组茅草屋隐逸于山水林壑之间。由此我们似乎可以得出一个结论，建筑在中国传统文化观中从来都不是环境的主角，或者说，建筑不宜过高过大而抢占了原本属于自然的主体地位。

于是不少中国建筑师思考建筑创作的方式是从遵循人与自然、建筑与环境对话的态度出发，以传统东方哲学和美学为指导，追求中国山水画之中"行、望、居、游"的理想状态[①]。因此，建筑融于环境成为现代建筑中国化的一个重要的衡量标准——或消散建筑体量以簇群的方式嵌入环境肌理之中，或隐没建筑体量以地景的方式再造宛自天开的意趣。

面对景德镇历史街区丰富、多元的城市肌理，建筑师朱锫设计的御窑博物馆由八个大小不一、体量各异的线状砖拱体结构组成，沿南北向布置，它们若即若离、有实有虚，以谦逊的态度和恰当的尺度植入复杂的地段之中（图6-19）。[②]建筑师对于当地特定的自然、地理、气候条件，以及独特的文化生活方式的根源性思考，帮助他面对如此复杂多变的历史地段从一开始就采用了化整为零的适宜性策略，既顾及与历史地段的风貌协调，又保证了漫长工期中应对意外考古发现的灵活应变性。

建筑师张鹏举设计的罕山生态馆和游客中心，从现场踏勘开始就认定了建筑成为地形地貌的一部分是必须遵循的设计策略。从远处看，建筑作为人工物不突兀地伫立于自然之中而具有清晰的辨识度；走近看，整体埋入山体的建筑由于外墙采用了"网笼石"的工艺而消除了突兀感，故而从大到小，从整到零，呈现出层层递进的地景特征[③]——建筑即山（图6-20）。

化整为零是中国传统建筑融入自然的营建智慧，既能帮助建筑师应对复杂的人工环境，又可以直面近似白板的自然环境，其本质是将建筑对场地的违和度降到最低。建筑通过小体量的不断重复，既能创造鲜明而宏大的整体印象成为风景，又能以"大象无形，大音希声"的隐没方式成就风景。

---

① 冯正功. 延续建筑 [M]. 北京：中国建筑工业出版社，2019：19.
② 朱锫. 根源性与当代性——景德镇御窑博物馆的创作思考 [J]. 建筑学报，2020（11）：51.
③ 张鹏举. 生成：罕山生态馆和游客中心设计 [J]. 建筑学报，2016（9）：81-83.

图 6-19　景德镇御窑博物馆　　　　　　　　　　　　图 6-20　牟山生态馆和游客中心

6.2.4　生态庭院的立体化路径

21 世纪的中国建筑不断强调城市环境发展的一体化与生命力，追求与自然的紧密贴合以及复合化的多样发展，创造因地制宜、有机生长的立体化生态绿色体系[①]，其本质与中国传统文化中"天人合一"的思想是一脉相承的。在建筑内部引入多样的庭院恰恰是基于环境友好的目标，有助于实现绿色生态的可持续发展和人与自然和谐共存的终极理想，因此在创作中，延续庭院这一传统建筑形态的价值已经被大多数中国建筑师所承认。由于当前我国建筑开发普遍具有大规模、高容量、垂直化的特点，因此在建筑创作中引入多样化生态庭院的探索呈现出向水平维度和垂直维度双向发展的趋势。

中国建筑师面对水平维度的大规模开发往往在单体建筑中引入各种形式、各种尺度、各种标高的生态庭院以满足顺应地形地貌、适应步行尺度、回应地域气候的生态原则，如浙江音乐学院的总体设计就采用化整为零的尺度策略，将近 40 万 m² 的巨大体量打散为 15 栋或封闭、或开放的庭院化单体建筑，散布于狭长的山谷状场地之中，更有部分建筑基于创造地景的需要将起伏的绿化屋顶完全融入于山林景观（图 6-21）。这既是对传统江浙地域文化的重构解读，也是对于望江山这一不高不大的山麓及其周边现状建筑群体的谦逊回应[②]。

无独有偶，面对距此不远的转塘象山，建筑师王澍设计中国美术学院象山校区的总体策略也是组团化地融入自然——具有围合或半围合庭院的建筑群敏感地随山水扭转偏斜，场地原有的农地、溪流和鱼塘被小心保持，中国传统园林的精致诗意与空间语言被探索性地转化为大尺度的淳朴田园（图 6-22）。[③]

垂直维度的生态庭院设计必然因循高层及超高层建筑技术瓶颈的突破而不断发展。除了建筑之间、街区之间的互相连通，室内环境与室外空间的自然过渡，步行交通与车行交通及

① 崔愷，刘恒. 绿色建筑设计导则 [M]. 北京：中国建筑工业出版社，2020：6.
② 朱培栋. 从"音院山居"到"流动地景"——浙江音乐学院的场所营造 [J]. 建筑学报，2016（10）：57.
③ 业余建筑工作室. 省略的世界——中国美术学院象山校园记述 [J]. 世界建筑，2012（5）：40.

图6-21　浙江音乐学院

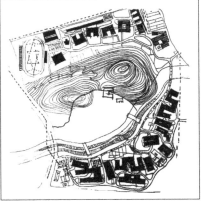

图6-22　中国美术学院象山校区

城市交通的关系[①]等议题日渐成为在高层建筑设计中需要着力解决的关键点外，结合休闲交流空间和文化艺术空间在建筑内部设置立体绿化的生态庭院是实现建筑在垂直维度上可持续发展的重中之重。如为实现文化要素在超高层综合体内极具时代特征的都市建筑空间的延续与再生，上海中心采用竖向分段延续的多层空中庭院——以公共性交往空间整合各功能性空间单元，同时在双层表皮间实现建筑内外界面间有层次的渗透。[②]

　　而坐落在深圳南山区的腾讯总部大楼立志将这座滨海大厦发展成为腾讯总部的"垂直校园"（图6-23），利用连接两座塔楼的三个空中连接体设置了服务于整座建筑的共享与交往功能区——位于3~5层的文化连接层，位于22~26层的健康连接层和位于35~37层的知识连接层[③]——以此彰显腾讯的企业精神和核心价值观。

　　由OPEN建筑事务所的主持建筑师李虎设计的清华大学海洋中心在每两层研究中心之间插

图6-23　腾讯总部大楼

入一个水平的园林式共享空间，包括岛屿状的会议室、头脑风暴室、展厅、科普中心、交流中心、咖啡厅等（图6-24）。另外，每个中心的实验室部分和办公服务区又被水平拉开，形成垂直贯通的缝隙，穿梭其间的室外楼梯将这些水平及垂直的共享空间蜿蜒地联系起来。[④]正是由于建筑师坚持开放的生态创作观，才得以创造面向自然的十字形立体生态庭院，最终使得这座不高的高层建筑呈现出与众不同的性格特征。

① 邵伟平，等.高层建筑的现状与未来[J].建筑学报，2019（3）：5.
② 任力之，等.上海中心大厦的城市性实践[J].建筑学报，2019（3）：36.
③ 高泉，顾峰.互联网世界的大门——深圳·腾讯滨海大厦[J].建筑学报，2019（3）：82.
④ 李虎，黄文菁.清华大学海洋楼[J].建筑学报，2017（3）：37.

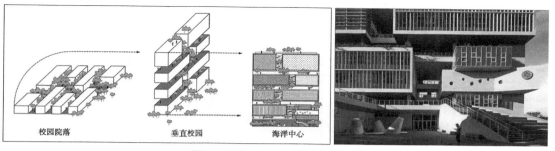

图6-24　清华大学海洋中心设计理念

6.2.5　步移景异的漫游化路径

　　园林一直是中国建筑师表达中国文化的符号化手段之一。陈从周教授将其最大的特点归纳为"上下错综，境界多变"，即步移景异的多样化体验发生于园主人对空间体验趣味性的诉求，并在游园中不断叠加、深化、丰富着空间层次 ①。而这种通过沉浸式感知建筑、空间、环境的方式与勒·柯布西耶在拉罗歇·让纳雷别墅（图6-25）和哈佛大学卡朋特视觉艺术中心（图6-26）等从空间运动的角度所提倡的"漫步建筑"有异曲同工之妙。通过"漫步"的方式，当代中国建筑师得以在传统优秀文化与现代大师作品之间找到了一座似乎可以彼此顺畅连接的桥梁，以至于21世纪头十年里，诸如王澍、童明、董豫赣、刘家琨、柳亦春、庄慎等一批被视为先锋派建筑师或实验型建筑师都热衷于通过自己的作品来诠释传统园林移步换景、层叠渗透的丰富趣味。

　　建筑师王澍就认为中国传统园林就是一个世界：在这个世界里，我所说的整体性、多样性、差异性都有，用现代术语叫"生态多样性"，形成一个独立的小世界 ②。他在中国美术学院象山校区多座教学楼的外立面挂上了连续的坡道或室外踏步，有些甚至直通屋顶。这确有影响使

图6-25　拉罗歇·让纳雷别墅室内坡道

图6-26　哈佛大学卡朋特视觉艺术中心鸟瞰

①　冯正功. 延续建筑 [M]. 北京：中国建筑工业出版社，2019：11.
②　史建，冯恪如. 王澍访谈——恢复想象的中国建筑教育传统 [J]. 世界建筑，2012（5）：27.

图6-27 中国美术学院象山校区教学楼的室外漫步系统

用功能的形式主义之嫌，但的的确确为体验者提供了多种视角和多种层次观察校园和观察世界的可能性（图6-27）。这些漫步式建筑从不同角度观看的感受非常不同，迂回的路径和起伏的形体所产生的运动感主导了整个校园。[①] 而在宁波美术馆和宁波博物馆的设计中，这种体验建筑的方式又分别以贯穿建筑室内空间的坡道和踏步主导着观者感受差异化的迷宫世界。

连续的步道作为体验建筑而预先设定的路径同样是建筑师刘家琨的常用方式。在其早期设计的野鹿苑石刻博物馆中以一条石板铺砌而成的天桥凌空贯穿整个建筑，事实上这是一条颇具"文学"意味的路径，目的是制造一些反常的体验，让参观路线中的人有一种向下进入地宫般的感受。在这个参观过程中，借此幽深的空间氛围来突出所陈列的佛教展品的神秘性。而他近期在丽水松阳完成的文里·松阳三庙文化中心项目中，面对极其复杂的街区环境以一个蜿蜒连续的深红色耐候钢廊道为预设的路径，对场地内的树木和遗存进行谨慎退让，窄处为廊，串联保留老建筑；宽处为房，容纳新增的业态——本质上是从整体上营造了一个既公共开放又赋予传统精致的当代园林[②]。这条漫步的廊道既是观赏穿行的步行通道，又是新旧界面缝合的胶粘剂（图6-28）。

建筑师在创作中如能利用好漫游，不仅能增强建筑的体验感和丰富性，还能激发形式感的获得。建筑师任力之在创作遵义市娄山关红军战斗遗迹陈列馆的时候受千回百折的路径启发，以铜墙铁壁象征坚如磐石的雄伟关隘，以迂回曲折的漫道将场地入口至上山步道的整个路径串联起来，象征行军之路的艰难险阻。[③] 同样，这种"漫游"的传统被建筑师章明证明在大尺度的景观营造中也是极具生命力的。他在杨浦滨江"绿之丘"设计中特别希望鼓励人们自由穿行于城市之中（图6-29），让这座建筑就成为相互勾连的穿越性场所形成弥漫式的立体漫游路径，以此提供偶发的趣味与自由行走的愉悦体验。

① 李凯生. 形式书写与织体城市——作为方法和观念的象山校园 [J]. 世界建筑，2012（5）：36.
② 刘家琨. 文里·松阳三庙文化交流中心 [J]. 建筑学报，2021（1）：57.
③ 丁洁民. 遵义市娄山关红军战斗遗迹陈列馆，TJAD2012–2017作品选 [M]. 桂林：广西师范大学出版社，2017：87.

图 6-28 文里·松阳三庙文化中心

图 6-29 杨浦滨江"绿之丘"

6.2.6 数字科技的参数化路径

随着计算机技术的日新月异，数字化设计经过近半个世纪的不断发展已经深刻地影响着建筑业方方面面的发展。也正是由于飞速发展的数字技术，我们得以拥有处理复杂三维曲面形态的计算机辅助技术和指导高精度施工的放样技术，以至于广大中国建筑师们将数字技术运用于文化传承领域的探索结果呈现出一定数量的非线性建筑，特别是通过连续、柔曲、圆融的形态特征对传统文化中以朦胧、模糊、散逸为特征的混沌思想和传统美学中以阴柔、静虚、空灵为特征的意境美学加以深度阐释。

北京凤凰国际传媒中心是"后奥运时代"在北京诞生的新地标，并在国内外同行中引起了广泛的关注（图 6-30）。由于"莫比乌斯环"是一个经典的数学模型，其正反相接、上下相承、内外相连的形态，恰好体现了凤凰传媒中心所推崇的阴阳相生及中西、古今文化融合的理念[1]，建筑师邵韦平就选择将"莫比乌斯环"作为原始形态概念贯穿于设计始终，并试图在平衡各种复杂的设计矛盾的同时展现凤凰传媒特有的亲和、开放的企业精神。这种复杂的非线性建筑形态要求建筑师从一开始就采用参数化设计参与建筑的整体控制。建筑师利用该技术为媒介与机构工程师紧密配合设计出独特的交叉状曲面网壳结构体系，既是建筑的受力体系又是建筑的外围护体系，并在每两根外肋中间采用鳞片状的平面化单元幕墙体系[2]，既解决了弧形玻璃的加工难题，又恰到好处地以"凤凰羽翼"的概念深化了原始的设计概念。

正如帕特里克·舒马赫在《参数化主义：参数化的范式和新风格的形成》一文中将"参数化"定义为一种"主义"，那么建筑师马岩松无疑是众多中国建筑师中最信仰这种"主义"的建筑师。他对于传统的尊重是带有批判意味的——建筑师不加怀疑地重复过去都是值得被怀疑的，证明你没有创造力——而恰是自我独特的认知，以及对自己的历史文化的兼容，才能催生多

---

① 邵韦平."数字"铸就建筑之美：北京凤凰国际传媒中心 [J]. 时代建筑，2012（5）：91.

② 邵韦平."数字"铸就建筑之美：北京凤凰国际传媒中心 [J]. 时代建筑，2012（5）：95.

图6-30　北京凤凰国际传媒中心

图6-31　北京朝阳公园广场

元文化的景象。因此，即使是对于关恰中国传统人文精神的山水城市理念的阐释，他也毫不犹豫地采用其招牌式的非线性语言作出个人化的回应——北京朝阳公园广场（图6-31）以"墨色山水"的概念伫立于朝阳公园的大水系之前，建筑以流线型的自然造型结合园林景观，再现了"峰、涧、溪、石、谷、林"等自然元素在城市空间中勾勒山水画卷的完美意境。或许我们可以把参数化设计视作一种沟通方法，一种帮助马岩松沟通传统的精神世界与现实的物质世界之间的不二法门。

　　当前中国建筑师已经从最初盲目推崇逐渐转为理性对待数字技术。数字不是目的，是手段，它可能出现在设计的各个阶段并为设计提供服务，从设计的合理性、生产的高效性以及施工的便捷可行性等多个方面提供支持，最终实现设计自由度的大幅提升。[①] 换言之，建筑师应将数字技术视为实现文化传承的手段之一，一种通过系统性、适应性来创造文化的多样化和连续差异化的创作手段，在所有建筑设计任务中贯穿了所有功能领域和所有尺度——从城市尺度到建构细节。[②]

6.2.7　建构技艺的改良化路径

　　中国各地区留存着大量的地方建构经验，这些经验固然从属于一个大的东方土木营造体系之下，但毕竟因为我国疆域辽阔，地形复杂，气候多变的现实原因而呈现出极其丰富多样的面貌。这些活着的地方技艺往往可以在材料、工艺与构造做法上给予建筑师大量的启示和生动的经验。因此，在类似的创作过程中，建筑师与其说是在设计，不如说是在发现当地成熟的材料和工艺，并发掘其塑造空间的潜力和美学潜力，即保留一种当代的视角，而非将视线局限在所谓的"地域"和"传统"；同时以建筑师的视角对工艺进行改良，赋予它们新意，

① 郭馨，等. 数技智造——天颐湖儿童体验馆设计与数字技术运用 [J]. 建筑学报，2017（5）：30.
② 帕特里克·舒马赫. 参数化主义：参数化的范式和新风格的形成 [J]. 时代建筑，2012（5）：29.

使它们为新的空间服务，在"有差异的重复"中创造"熟悉的陌生感"。[①]

　　建筑师袁峰近几年的实践呈现出对数字技术表现潜力的浓厚兴趣，因此即便是在四川道明竹艺村这样一个从地理位置和技术支撑的角度来看都相对闭塞的乡村，他依然选择将乡土重建的核心目标设定为考察智能制造产业化与传统营造文化融合的可能性。由于当地竹木资源丰富，因而在设计之初便确定了沿用乡村传统建筑材料的设计导则，探索钢木结构建筑在乡村肌理中运用的创新方式。[②] 同时，他与当地竹编匠人多次沟通实验，将当地传统的竹编工艺与数字化生成技术相结合，研发出适合于建筑外围护体系的编织肌理，形成了既能唤起对乡村的印象，又与以往的乡村完全不同的空间体验[③]。

　　尼洋河游客中心地处西藏林芝的尼洋河畔，是为景区配套的小型服务建筑（图6-32）。建筑师赵扬受西藏传统民居的建造经验启发，整体采用600mm宽的毛石承重墙结构体系，屋面采用简支梁和檩条体系的木结构，局部跨度较大的木梁采用200mm×300mm的木材拼合而成[④]，并在常规的防水卷材之上参照当地的习俗加盖阿嘎土以增加防水性能。建筑师还借鉴了当地民居习惯鲜艳色彩的习俗，将当地的矿物颜料直接涂刷于建筑的各公共空间的毛石墙面之上，让这座现代建筑充满了藏民族独特的文化魅力。

　　事实上，这种传统建构技艺的改良在国内大型公共建筑中的应用也屡见不鲜。由建筑师李立设计的偃师二里头夏都遗址博物馆，对如何化解建筑巨大的体量给场地带来突兀感的问题上着实费了一些功夫。最终从考古现场的启示中，建筑师选择了铜与土这两种与二里头文化最密切的材料来化解建筑巨大体量给周围环境带来的困扰（图6-33）。经过多次实验并不断调整材料的配比，夏都遗址博物馆内外夯土墙仅厚400mm，针对高厚比的矛盾，完善夯土墙构造柱及自身支撑系统，再加上增设钢结构侧向支撑系统，实现了12m超高夯土墙。[⑤]

图6-32　尼洋河游客中心

① 李兴钢，侯新觉.万峰林中的石头房子：贵州兴义楼纳建筑师公社露营服务中心[J].时代建筑，2020（3）：84.
② 袁峰.智能制造产业化与传统营造文化的融合创新与实践：道明竹艺村[J].时代建筑，2019（1）：49.
③ 袁峰.智能制造产业化与传统营造文化的融合创新与实践：道明竹艺村[J].时代建筑，2019（1）：51.
④ 李翔宁.走向批判的实用主义——当代中国建筑[M].桂林：广西师范大学出版社，2018：392.
⑤ 李立.大都无城，大象无形——二里头夏都遗址博物馆的创作思考[J].建筑学报，2021（1）：79.

图6-33　偃师二里头夏都遗址博物馆

6.2.8　新旧一体的再生化路径

建筑遗产"再生"不仅指肌体上的康复处理，更是指通过各种手段，使建筑遗产重获因各种原因丧失的、或不再适应新需要下的重返社会的能力，是在社会维度上使"实在于世"的建筑遗产"进入世界"的一种能力建设。[①] 这种能力不仅仅是在物质层面的更替和艺术层面的维续，更是"新"与"旧"在时间上的顺延和空间上的交叉 [②]——"旧"的生机依托于"新"的注入而枯木逢春，"新"的价值在于"旧"反射而童颜永驻，故而只有"新旧一体"方能让建筑实现生命般的进化。

比较公认的做法是让"新"与"旧"彼此成就更好的对方。建筑师马岩松新近完成的乐成四合院幼儿园的总体布局围绕着"一老一小"的"代际融合"主题展开（图6-34），保留了

图6-34　乐成四合院幼儿园

场地中有300多年历史的老四合院和若干棵较大树木，取代周边仿古建筑的是一座色彩鲜艳、平缓流动的现代建筑围绕着处于核心地位的老四合院。在这个建筑中，几种看似互不相干，甚至从不同历史时期而来看似矛盾的建筑元素，不但可以在保持各自真实性的前提下和谐共存，还互为作用地

① 陆地.走向"生活世界"的建构：建筑遗产价值观的转变与建筑遗产再生 [J].时代建筑，2013（3）：29.
② 唐克扬.历史保护的是现在：一种建筑时间在纽约的最近 10 分钟 [J].时代建筑，2013（3）：17.

图6-35　阿丽拉阳朔糖舍酒店

产生了一种新的开放性和丰富性，这可使孩子们对他们所处的环境有一个客观真实的认知。[①]

在阿丽拉阳朔糖舍酒店的设计中（图6-35），建筑师董功面对处于场地中心地位的老糖厂和工业桁架，选择了在"新"与"旧"之间建立一种含蓄的连续性来彰显历史的纪念性。建筑师采用了混凝土"回"字形砌块与当地石块的混砌方式，这种复合立面材料在材质肌理和垒砌逻辑上与老建筑的青砖保持一致。[②] 由此，形体简洁的新建筑在当代的构造技术下，相较于被保留的老建筑呈现出更为灵动、通透的现代气质。这是一种类似用白颜料在白纸上作画的方式，通过肌理的微差以含蓄地表达"新"与"旧"之间的和而不同。

随着有机更新理念的深入人心，过去那种疾风骤雨式的拆旧建新逐渐失去了谈论的价值。而单纯地展示旧建筑的考古价值终究少之又少，于是"新"与"旧"之间的议题关键在于原真性与使用性之间"清晰"与"模糊"的界限弥合。

6.2.9　场地价值的最大化路径

场地的基本特征对建筑师而言往往具有特殊含义，如地形地貌、气候条件、自然要素、景观资源，甚至包括在场地上留存的历史记忆和风习场景，既为建筑创作提供了限制性条件，又能启发建筑师寻求恰当的形式生成逻辑。将这些场地特征以建筑学特有的方式具体化，是延续历史记忆、传承地域文化的有效途径之一。

建筑师王辉在山西运城西侯度遗址圣火采集点的改造中，用"一线天"形式的钢结构洞穴把不能拆除的原取火台包围起来（图6-36），并充分引入"一字形"天光以营造远古的意境。同时用几个自然形式的台阶把点火台包裹起来，以呼应黄土高原的地形地貌特征。这个保护设计充分利用场地的基本特征让文物"活"了起来：化腐朽为神奇地把原来平庸

---

① 马岩松. 乐成四合院幼儿园 [J]. 建筑学报，2021（11）：51.
② 董功. 阿丽拉阳朔糖舍酒店 [J]. 建筑学报，2018（1）：26.

图6-36 山西运城西侯度遗址圣火采集点　　　　图6-37 习习山庄的长尾巴檐下空间

的"圣火广场"转化为一个有灵性的场所，并为未来的发展预留了开放性的端口；山洞将成为山顶陈列室、考古人员野外休息处；"火的驯服"将成为露天剧场；山脚的西侯度村将成为民宿区。[①]

　　建筑师葛如亮设计的习习山庄正是场地价值最大化的代表性作品（图6-37）。一方面，建筑顺应地形轻巧地架于山体之上，两组功能性建筑沿上下两个不同的标高平行布置，两者之间垂直相连的联系空间正是令人印象深刻的长尾巴檐下空间——三组天然而美丽的山石自地面破土而出，自由生长于这个伴随着游人上山的路径灰空间之中，增添了意想不到的游览趣味。另一方面，建筑师还创造性地将清风洞内的自然风通过预设的地沟引入室内[②]，使建筑获得了夏日里难得的习习凉风，建筑也由此得名"习习山庄"。

6.2.10　单元模数的预制化路径

　　中国传统木构建筑有着悠久的预制传统，相较于以钢筋混凝土结构为主要建造体系的现代建筑，更能适应工业化大生产的模数化装配式体系。特别是面对大规模、快节奏、高效率的应急需求时，这种传统模式依然具有极大的应用价值。

　　2020年，为了应对来势汹汹的新冠肺炎疫情，武汉参照小汤山模式紧急修建了集模块化、工业化、装配化于一体的"明星抗疫建筑"——火神山、雷神山医院（图6-38）。由于规格统一，可在工厂生产后实现现场快速组装，因此在施工效率、模块标准化以及定制灵活性等方面都更为先进，它们的高效建造也引发国际社会的广泛关注，向世界展示了"中国速度"。[③]

　　这种模块化、工业化、装配化建筑也越来越多地出现在各类公共建筑之中。建筑师王建

① 王辉. 2019第二届全国青年运动会西侯度遗址圣火采集点 [J]. 建筑学报，2020（11）：63.
② 彭怒，等. 中国现代建筑的一个经典读本——习习山庄解析 [J]. 时代建筑，2007（5）：57.
③ 肖伟，宋奕. 以快应变：新冠肺炎疫情下的"抗议设计"思考 [J]. 建筑学报，2020（3，4）：56.

图6-38 雷神山医院鸟瞰

图6-39 扬州江苏省园艺博览会主展馆

国设计的扬州江苏省园艺博览会主展馆（图6-39）为了集中示范木结构建筑在可持续领域的优势，充分发挥了现代木结构的性能优势和装配式工业化流程的优势[①]，整体采用钢木混合结构。建筑师继承了《营造法式》中以"材分制"划分大小木料、优化材料配置的思想[②]，对钢木混合部分设定模度以提升材料自身性能。结果大大缩短了深化定制的周期，最终仅用一个月时间就完成了现场安装。

随着我国工业化生产水平的不断提高，预制化的建造模式在未来的开发建设中必将发挥更加巨大的作用，其关键在于建筑师在设计之初，对柱网的布置、材料的研究和结构体系的选择需要具有模数的意识，同时要注意工艺的简单易行和对人工的控制。

6.3　现代中国建筑创作的文化传承策略

6.3.1　综合平衡的创作策略

随着国力的强盛，国家软实力的发展，我国政府与民众的文化自信日益增长。近年来，建筑领域的文化失语现象日趋减少，但前文所罗列的诸多不良现象依然司空见惯。特别是应对业主层出不穷的设计要求，中国建筑师常常应接不暇而忽视了基本的创作规律。回归传统、弘扬文化、彰显自信既是中华民族今后在民族复兴的道路上的一项长期国策和基本需求，也应视为中国建筑师在国际舞台上崭露头角的一种内心自觉。文化传承既是建筑创作的一种指导思想，也是设计实践中的一种实用技法，更是引领广大建筑师创造高品质建筑的有效途径之一。

---

① 王建国.别开林壑、随物赋形、构筑一体——扬州江苏省园艺博览会主展馆建筑设计 [J]. 建筑学报，2019（11）：36.
② 王建国.别开林壑、随物赋形、构筑一体——扬州江苏省园艺博览会主展馆建筑设计 [J]. 建筑学报，2019（11）：36.

从文化角度看，建筑作为一种文化载体，它是人类文化大体系中的一个重要组成部分。[①] 而从建筑角度看，文化应视为一个完整的子系统，它是建筑体系的一个有机组成部分。既然建筑被视为一个有机的整体，那就必然要求建筑师在构思之初就从观念上树立"好建筑"的正确评价标准，即回归建筑"被使用"的基本属性——适用、经济、美观、对环境友好——也就是国际建协《北京宣言》所说的"回归基本原理"[②]。我们要看到这些"基本原理"固然缺少对历史与文化层面的深入思考，但必须承认它秉承实用理性的价值观与追求可持续发展的环境观是正确的，也是作为一种建筑文化能够被全世界普遍接受的根本所在。我们从事具有综合特性的建筑创作除了需要继承这些"基本原理"的理性优点之外，还需要透过那些物质与非物质的遗存去理解传统的内在精神、价值判断与认知模式等，将其中仍有生命力的东西融入到今天的价值、思想体系中[③]。既不能过分注重建筑文化的价值而陷入文化中心论，又不能忽视建筑文化的作用，片面追求经济价值的最大化，从而丧失文化内涵，降低建筑品位。这种注重平衡的整体性思维能有效地帮助我们突破工具理性失当所造成的理性至上式思维，强调综合、追求平衡有助于我们回归中华传统文化的价值根本，并且规避过度功利造成的以偏概全。具体而言，建筑师需要在创作实践中把建筑文化、历史记忆与功能使用、材料构造、交通组织、环境营造、资源利用、经济效益等各项需求综合考量和整体平衡。

我们还要注意到"建筑文化是由多层次构成的综合整体，每个时期的不同时空的建筑文化又构成了连续的整体[④]"。卡西尔认为，虽然人类文化形式的符号极其丰富而且多变，但只要我们坚守整体观就能对诸文化形式进行整体的把握，它能使我们洞见这些人类活动各自的基本结构，同时又能够使我们把这些活动理解为一个有机整体[⑤]。从文化整体性的角度来审视我们的建筑传统，并不代表不假思索地全盘接受，反而必须坚持以理性的批判精神对建筑传统所涉及的物质文化、精神文化和地域文化等诸文化子系统进行总体把握。每个项目背后所蕴含的传统精神和文化内涵的构成内容往往都不是单一的、纯粹的、明确的。我们在进行创作时所关注的文化传统自然不会面面俱到，但也不宜过分武断地谋求唯一标准答案。依据每个项目的具体情况，对各传统文化要素有选择性地进行提炼和取舍是在创作构思阶段对传统进行整体把握的过程中必不可少的环节，而在表现层面，不能如研究西方传统建筑那样偏重于形制和柱式等外在的硬传统，更多的是以"意和"而非"形似"的方式把精神属性的软传统作为创作中的文化基石，从价值观、审美观、方法论和营造技法来探索传统与现代的呼应关系是更加务实且有效的立足点。

---

① 何镜堂.基于"两观三性"的建筑创作理论与实践 [J].华南理工大学学报（自然科学版），2012（10）：15.

② 程泰宁，费移山.语言·意境·境界——程泰宁院士建筑思想访谈录 [J].建筑学报，2018（10）：1.

③ 程泰宁，费移山.语言·意境·境界——程泰宁院士建筑思想访谈录 [J].建筑学报，2018（10）：4.

④ 高介华.关于建筑文化学研究 [J].重庆建筑大学学报（社科版），2000（3）：67.

⑤ 王志德.苏珊·朗格美学思想与卡西尔文化哲学整体观之理论渊源 [J].艺术百家，2013（6）：170–172.

6.3.2 多元共生的创作策略

任何时期的建筑传统都是一个由历时性的文化轴与共时性的文化场交织而成的复合产物，因为建筑文化具有多元生发和多维衍变的特点。所谓"多元"是同一时代、同一社会内多种建筑文化形态并存的状态①，也是某一种建筑文化在历史不同时期的不同形态变迁的叠加。正如简·雅各布斯所说的："足够的多样性，就可以支撑城市的文明②"，建筑传统的连续性是建立在多元性支撑的基础之上的。罗伯特·文丘里在《建筑的复杂性与矛盾性》中针对建筑文化提出了"既要旧的也要创新，宁可不一致和不肯定，也不要直接的和明确的，杂乱有活力胜过明显的统一"，它的真谛必须体现在整体性或其相关含义中，体现出复杂的兼容性的统一，而非简单的排他性的统一③。

面对本国悠久的历史和璀璨的文化，中国建筑师同样需要承认的是建筑传统具有鲜明的复杂性、多样性和不确定性。对于精神文化范畴的建筑传统，我们要认清其真正的价值所在，去芜存菁、正本清源，逐步建立符合中国自身特点的价值体系、理论体系和评价体系。对于物质文化范畴的建筑传统，我们要秉持辩证的态度判断文化价值，审慎的态度辨别历史真伪，发展的态度合理更新利用，开放的态度包容新旧差异。最终因地制宜、因势利导地彰显历史的独特魅力。对于地域文化范畴的建筑传统我们不能只看显性的建筑形式和地域风貌，而忽略背后的隐性因素。在每一次具体的创作实践中，当地的地形气候、人居模式、风俗习惯和工艺水平等约束条件应被充分尊重、合理利用，最终变约束条件为推导设计生成的逻辑因素。我们还可以预见，在全球化的时代语境下，西方先进的建筑技术和陌生的新兴建筑语言将长期存在，并将持续施加影响来"同化"我们的观念世界与现实世界。21世纪的中国建筑师需要秉持开放的视野、包容的态度来接纳"中西并存"这一阶段性现象，既不偏执本民族和本地域文化的传统，也不片面追随国外潮流，人云亦云，而是立足全人类建筑文化资源上的继承与创新④。

建筑传统因地域文化、物质文化和精神文化历经岁月缓慢积累而成，因此即使面对同一类型的建筑其表达传统的内容侧重和方式呈现也是多元化的，甚至在同一工程实践中不同建筑师的创作成果也会因为不同的价值思想、审美观念、地域环境、技术水平等影响因素的不同而呈现出多元化的形态特征和文化特质。在具体的建筑创作中，对建筑形态的表达上有具象和抽象之分，"具象"的方式注重直觉感受，"抽象"的方式注重逻辑推演。二者并无高低之分，在创作过程中应注重二者交替结合，兼顾使用与体验的双重需求。对建筑空间的营造

---

① 高介华.关于建筑文化学研究[J].重庆建筑大学学报（社科版），2000（3）：69.
② （美）简·雅各布斯.美国大城市的死与生[M].金衡山，译.南京：译林出版社，2005：158.
③ （美）罗伯特·文丘里.建筑的复杂性与矛盾性[M].周卜颐，译.南京：江苏凤凰科学技术出版社，2017：20-21.
④ 刘晓平.跨文化建筑语境中的建筑思维[M].北京：中国建筑工业出版社，2011：144.

上有纪念性与日常性之分，纪念性空间注重宏大尺度的差异感所激发的情感体验，日常性空间注重细微尺度的亲近感所形成的人文关怀。建筑师需要在空间营造中对双重尺度进行综合考量，满足现代人不同情感的要求。在建筑技术的选择上有高技与低技之分，"低技"是解决建筑建造、使用、维护过程中的基础技术，"高技"则是解决问题最优的、极致的、完美的先进技术。这二者同样没有优劣之分，在设计选择的过程中需注意对实现度和经济性之间的权衡分析，唯有性价比最优的技术才是应被采纳的适宜性技术。

最终我们应对以下的文化共生现象表示乐见其成：人与时空的共生、人与自然的共生、人与科技的共生、人与他人的共生……

6.3.3　整合延续的创作策略

在文化传承的具体创作过程中，我们首先应对长期蕴涵在建筑传统中优秀的思想、观念、审美、方法、技法等隐性的软传统加以延续和整合。因为建筑师今天的创作毕竟要立足当下的语境并满足具体的需求，这些软传统能够从创作的源头为我们指明正确的方向，无论应对何种具体问题都能游刃有余，即使面对历史积淀深厚的环境也能够摆脱肤浅的唯形式论，从根本上实现建筑、人文与自然的整体和谐。从历史上看，这些软传统的连续性和稳定性较形式、材料、装饰等显性的硬传统更为持久，或者说其变化速度极为缓慢，类似"天人合一""坚固、适用、美观"这样经典的建筑思想就算已经过去了几千年，依然被我们这些子孙后代所欣然接受。只不过在不同的历史时期，我们需要对这些"经典"与具体的时代文化进行整合，并且通过再解释、再发展的方式让它们永葆生机。

一百年前的工业化大生产时代，人类需要适应机械化批量生产的需求，由此诞生了以标准化、预制化、统一化为明确主张的现代主义建筑思想。一百年后的今天，我们需要在以高速化、碎片化、模糊化为特征的后信息化时代应对由以资本化、娱乐化、个性化为特征的新一轮现代化造成的文化趋同。随着一带一路战略的拓展，中国建筑师必定面临跨出国门、全球执业的历史机遇。那时候从世界范围来看待"塑造中国形象、彰显中国魅力、传递中国声音"，则必定不再拘泥于本国历史上某种特定的风格和样式。

我们需要将"天人合一"的传统建筑环境观与西方盛行的机体主义哲学和生态文化理论相整合，以"人、自然、社会"的和谐有序为基础建构可持续的发展模式和健康的生活方式。我们需要将"实用理性"的传统建筑价值观与西方的功能主义思想、建构主义思想和极简主义思想相整合，以"因需而生，因地而变，因时而化"的理性思考为起点使我们的创作遵循建筑学的基本属性和基本规律。我们需要将"以人为本"的传统建筑伦理观与西方的场所精神理论、日常生活理论和新都市主义理论相整合，以"满足人民群众对美好生活的需要"为宗旨在社区营造的过程中融入现代科技的高智能与市井生活的烟火气。

当今中国城市化进程已然过半，我们从过去对高速度发展的重视逐渐转向对高品质发展的追求。在城市化下半场的进程中，我们会更加珍视在之前"大拆大建"的发展模式中幸存下来的建筑物质文化对城市品质内涵塑造的根本价值。从文化自身的跃变程度来看，以建筑、街巷、区域、标志物等为代表的中微观尺度的建筑物质文化往往随着岁月的更替，因使用的变化而不断变化，但宏观尺度构成上因应环境的隐性地脉，如意象要素、空间轴线、域面网格、生态斑块和山水格局等城市文化生态要素则变化缓慢。我们在建筑创作中常常通过视觉要素整合、空间过渡整合、新旧肌理整合、人工自然整合等方式，谨慎延续并逐渐加强环境自身特色的形成。这种以整合为主导的渐变模式是一种积极的延续方法，旨在打破僵化的为保护而保护的静态思维，在发展的基础上动态地调整城市文化生态要素，最终实现将历史记忆融入现代生活的美好愿景。

我们在每一次具体的建筑创作中也应以整合延续的方式对待场地中隐含的地形因素和气候因素的约束，把地方传统的气候应对经验与当今先进的主动调节技术相结合将实现建筑内环境的舒适度最优。传统经验优先考虑的是建筑师从根源上找到绿色解决方案的前提，它为主动技术介入后的微气候优化奠定了基础。场地因素也并非只是对建筑创作的一种约束，也可以成为调动建筑师以环境和自然为出发点实现建筑形态有机化、逻辑化的主导因素。建筑师通过阅读充分理解并创造性利用场地的原始特征，寻求建筑、城市与环境的一体化、复合化，最终保障了创作成果和地域风貌的丰富多样。我们还要注意到地区语境下的风习场景往往是一道不可多得的独特风景，它作为一种活态的文化传承方式延续着日常生活的生动性与差异性。建筑师在进行物理空间的维续、更新和创造的同时，需要充分考虑以建筑为舞台展示该地方独有的生活场景、风土仪式、地方技艺，其根本目的是延续人们记忆中的真实生活——不仅保住命，还要恢复活力，不仅消解负能量，还要注入正能量，不仅借助外力支撑，更要有自我修复和持续生长的内在力量。①

6.3.4　转化适应的创作策略

相对于隐性软传统以延续为特征的渐进式传承，建筑传统中物化的、显性的硬传统的传承方式可以归纳为转化适应。"转化"的宗旨是求新求变，以陌生性来实现"变则通，通则久"的传承效用，以达到建筑传统在时代语境下的"与时俱进"。如 20 世纪 50 年代到 60 年代以传统建筑的形式特征来体现民族形式和民族风格，就是因为在当时国内外政治氛围的需求下把增强民族凝聚力、自信心，适应人民"喜闻乐见"，作为建筑艺术的政治目标和审美目标的

---

① 青峰 . 吃火锅的人 [J]. 建筑师，2016（4）：99.

结果①。我们可以大致地将这些建筑传统的影响因素归纳为时代旋律、异质文化、社会制度、科学技术和生活方式五个方面，这其中的时代旋律与异质文化往往对精神层面的软传统影响较大，而后三者更多地对显性的硬传统起作用。因此，所谓的"适应"其核心目标是我们通过灵活变通的方式使建筑的硬传统在具体的时代语境和城乡环境中与制约它的各项影响因素相融合，最终获得相对合理的综合效益②。

作为硬传统重要组成部分的建筑历史遗产，其再生的首要前提是适应现行制度的约束，即在合乎现行相关法律、法规等制度的前提下动态地考虑如何保护、维续，进而使其功能适应新的使用需求。我们首先要看到这种适应是建立在理性判断这些历史遗产在有价值的历史信息留存上能否契合保护的原真性要求，物理结构上是否满足基本的荷载及抗震的稳定性要求，在内部设施上经过改造是否能符合现行消防疏散的安全性要求。其次要看到在流行的消费文化、时尚文化和科技文化等当代异质文化影响下借助建筑历史遗产再生为大众生活提供社交场景的巨大潜力。对于历史建筑的物质性维续可以为文化个性塑造奠定差异化的基础：通过高技化改造的转化使历史建筑的使用功能适应二次利用的灵活性需求；通过人性化设施的注入使历史建筑的空间设施适应现代商业购物的舒适性需求；通过数字化技术的植入使历史建筑的环境氛围适应休闲娱乐活动的新奇性需求……最终，我们通过一系列新旧并置、异质植入、整合协调、空间织补等再生性措施从机能维度、形态维度、空间维度、文化维度全方位地来实现人民大众对历史建筑需要长期进行物质价值与精神价值的双重维续要求的可持续性适应。

地域文化中的显性部分往往比较容易为我们所认识和掌握，因此狭义的建筑文化传承常常被等同为传统地方形式和做法的继承。这种从过去的形式操作经验和地方的建造智慧中汲取灵感的传承方式我国在20世纪80年代曾经盛极一时，但建筑师贝聿铭通过北京香山饭店和苏州博物馆两件间隔近20年的作品启发了我们充分发挥现代技术优势，用新的建筑空间形式通过尺度、空间、色彩、符号以及部分细部的材料来体现新的发展和传承③，无疑是一条极具前景的探索之路。在地方建筑形式的现代化表达探索中，我们要善于使用尺度形变、几何形变、抽象形变和符号形变等手法以实现传统形式的差异性适应。在地方空间特征的现代化表达探索中，我们要充分运用要素置换、类型重组和多原型组合等方法以实现传统空间的陌生性适应。在地方建构手法的现代化表达探索中，我们要充分研究在新材料、新结构、新技术影响下建筑形式背后的生成逻辑，着重关注材质替换、同色置换、等效构造、交接强化和节点变异等技法以实现传统建构的进化性适应。

我们要注意到，随着科学技术的不断发展，传统的地方建造技术和地方建筑材料正面临

① 侯幼彬 . 中国建筑美学 [M]. 北京：中国建筑工业出版社，2018：329.
② 夏桂平 . 基于现代性理念的岭南建筑适应性研究 [D]. 广州：华南理工大学博士论文，2010：143.
③ 中华人民共和国住房和城乡建设部 . 中国传统建筑解析与传承·江苏卷 [M]. 北京：中国建筑工业出版社，2016：169.

新的适应要求。先进的数字化技术能够帮助建筑师处理各种复杂造型的空间表达和施工放样问题，因此在今后的建筑创作中应用这些数字化、非线性的三维仿真技术，不但能够恰当地表达地域文化的特质，还能使建筑作品呈现曲线异面化、造型流线化、高度复杂化，兼具科技感和未来感的审美特征。而随着生态环保意识的加强，原本在地域性建筑表达中常用的天然材料受资源稀缺、有限、不可再生的制约日渐突出（如天然石材原本就地取材的经济性是以大面积矿山开采为代价的），因此建筑师在材料选择的时候需要着重考虑人工材料、复合材料、高性能材料来取代传统天然材料的可能性。

当今中国社会发展日趋公平、公正和开放，人民群众往往追求个性、活力和自由，这就要求我们要在建筑创作中适时地引入全时性理念和"建筑针灸"模式以促进地方活力营造。今天的建筑空间组织模式不再为某种单一功能服务，也不再是在特定时间段才能被使用，而应通过模式创新来适应未来人群的多样化需求。因此，建筑师在进行功能组织的时候，往往需要超出任务书的范畴创造一些开放的中介性空间，将不同时间段内、不同性质的功能活动有序地组织成连续的、全天候的日常生活环境。

同时，我们的建筑创作从追求宏大的纪念性转向关注平凡的日常性。我们过往常用的一些易于营造纪念性的空间原型和组织模式依然会长期存在，但这并不意味着建筑师不需要考虑建筑边界的开放化倾向、空间使用的平等化倾向和动线组织的灵活化倾向。特别是边界的开放与模糊，很好地打破了传统建筑所具有的私密感和封闭感，这种通透、模糊倾向的转化适应能够帮助公共建筑更好地适应未来社会生活的需要，成为真正的公共化建筑。

6.4　本章小结

本章着眼于 21 世纪以来中国建筑师在文化自觉的时代背景下，在各自的创作实践中如何正确处理传统与现代的关系的分析。

首先，通过对当前国内一批具有独立意识的建筑师近年来完成的代表性作品进行比较分析，我们可以发现，当前的中青年建筑师多数采用平视传统的态度进行建筑创作。将传统与现代置于平等的地位，根据项目的具体需求酌情考虑是否使用传统。因为这些建筑师多受教于现代主义教学体系，根植地域和表达传统也并非是每一个具体项目的要求。

其次，作者将这些建筑作品中实现文化传承的路径方法加以归纳总结，列出十个具体的传承路径，并通过数据分析发现其中的"生态庭院的立体化路径"独占鳌头，位列第二梯队的三个实施路径分别为"建构技艺的改良化路径""适应环境的消隐化路径"和"新旧一体的再生化路径"。这一方面是由于中国建筑传统中"天人合一"的思想与"院落"的空间组织原则早已成为浸润在中国建筑师骨血中的条件反射；另一方面是绿色生态的可持续理念开始深入人心，建筑与环境的和谐早已深入人心；再一方面是由于新旧共生和建构理论在过去 20 年间被建筑界所广泛认可。

最后，回到开篇对建筑文化是具有活力的有机体的认识。作者从机体自身具有整体、包容、延续和适应的特性出发，结合倡导文化自觉、谋求文化自信的时代背景，以文化传承为目标导向的建筑创作需要以综合平衡、多元共生的策略对建筑文化进行整体性把握，并对连续稳定的软传统加以整合延续，对灵活变通的硬传统进行转化适应，最终在中国民族伟大复兴的进程中得以体现文化生机。

第 7 章

基于文化传承观
的建筑创作实践

7.1　中国（周宁）人鱼小镇会客厅

一溪穿村而过的鲤鱼溪是位于福建宁德的一个千年古村落，因溪中独特的鲤鱼奇观而闻名于世。它为世人构筑了一幅人鱼同乐的生机美景，体现着中华文化中"天人合一"的传统精神。中国（周宁）人鱼文化小镇会客厅在建筑师此前完成的规划蓝图中与鲤鱼溪古村落一山之隔，既作为鲤鱼溪景区未来的集散枢纽，又是古村落与新县城之间有机联系的重要空间节点（图7-1）。我们必须将时代特质与地域文化相结合，留住文化根脉，启迪未来生活。

7.1.1　和而不同：人鱼同乐的文化衍生

设计之初我们面临两大挑战：建筑选址于一片旷野之中，对建筑师而言几无有效的设计参照；作为文化表达主体的"人鱼文化"具有过度宽泛和过度抽象的特征，极易被简单地固化为某种具象的符号。几经斟酌，我们认识到鲤鱼溪的"人鱼同乐"承载着中华民族对"和"的执着追求（图7-2）。而"和"作为一种精神文化、一种世界认知、一种生活哲学已经渗入国人日常生活的方方面面：中和刚健、崇和尚中、雅正平和……它是宇宙万物生存发展的基本道理，其精义在于"和而不同"[①]。

我们的构思正是从"和而不同"的传统精神入手，对"人鱼文化"进行抽象的表达——小镇会客厅需要通过在自然之中注入恰如其分的差异性而获得建筑作为人工物所特有的秩序感——以一种积极的态度对环境进行重构、对生活进行再造、对文化进行新译。建筑师借鉴贝聿铭先生设计的位于美国落基山脉中的国家大气研究中心时的几何策略，选择象征"和谐"的完形几何建立起一种均衡的整体空间结构（图7-3），作为应对人工与自然反差的积极手段。

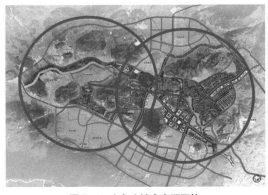

图7-1　人鱼小镇会客厅区位

图7-2　人鱼同乐的鲤鱼溪古村落

---

① 徐兴无. 龙凤呈祥：中国文化的特征、结构与精神 [M]. 北京：人民出版社，2017：136.

"一方一圆"的选择则是考虑到场地具有近似盆地的地形特征，建筑的第五立面就显得特别重要，建筑师希望当游人登顶四周的山峰俯瞰建筑之时，能感受到前人在命名的时候对"和"的美好期盼——周而复始，四方康宁，是为周宁。这种由方圆同构所建立的"崇和尚中"几何之美与场地四周的山水之美具有鲜明的"和而不同"，至于建成后很多使用者都评价这座建筑蕴含着强烈的中国意境则属于意外之喜。

7.1.2 地脉锚固：微型聚落与轴向原型

人鱼小镇会客厅是设计团队一年前完成的人鱼小镇总体规划中第一个被实施的项目，因此它的"经久性"在建筑师眼中承担着塑造地方文脉的使命。两座建筑在城市文脉中尚须实现在未来新城和历史村落之间的柔性衔接。因此，在建筑师的观念中邻近历史村落的旅游集散中心应呈现出聚落化的分散特征，而邻近新城的文化活动中心理应呈现城市化的集聚特征。旅游集散中心依据现代旅游集散的需求分散为六个不同功能的单体，屋顶均采用相同曲率的拱状圆弧反复组合、不断变化，以呼应远处连绵起伏的山形（图7-4）。这与阿尔多·凡·艾克在设计阿姆斯特丹孤儿院的簇群式穹顶时所采用的结构式单元策略类似——将城市与房屋类比，一座房屋就是一个城市，一个城市就像一座房屋[1]——取得了城市尺度的整体性和建筑尺度的多样性之间的辩证统一。而文化活动中心却采取了与之完全相反的策略，在稳定和坚决的外表下隐藏着一种截然相反的内部组织关系。统一的大屋顶下隐藏着若干体块之间的穿插组合（图7-5），如同约恩·伍重在科威特议会大厦中隐喻的微型城市[2]。这种集聚化的内向空间原型与未来城市的文脉相重合，起到了"维持建筑在物质上和精神上的连续性作用[3]"。

图7-3 自然之间的方圆辉映

图7-4 旅游集散中心的微聚落特征

① （荷）林·凡·杜茵.从贝尔拉赫到库哈斯——荷兰建筑百年1901-2000[M].吕品晶，何可人，刘斯雍，等，译.北京：中国建筑工业出版社，2009：248.
② （美）肯尼思·弗兰姆普敦.建构文化研究——论19世纪和20世纪建筑中的建造诗学[M].王骏阳，译.北京：中国建筑工业出版社，2007：296.
③ （澳）詹尼佛·泰勒.槙文彦的建筑——空间·城市·秩序和建造[M].马琴，译.北京：中国建筑工业出版社，2007：158.

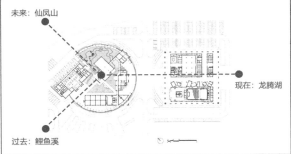

图 7-5　文化活动中心的微城市特征　　　　图 7-6　人鱼小镇会客厅的轴向空间原型

我们赞赏阿尔多·罗西提出的"经久性通过纪念物这种过去的实体标记展示出来，也通过城市基本布局的历时延续显现出来"[①]，而有意识地寻求这种经久性，在两座建筑的几何中心之间构建了一组转折相连的空间轴线：一侧正对鲤鱼溪古村落中的文昌阁，一侧直指新县城的龙腾湖，一侧遥望远处周宁最高的仙凤山（图 7-6）。建筑通过轴向引导形成的大量灰空间稳稳地"锚固"着小镇的文脉，悄悄地诉说着周宁的过去、现在和未来。使我们由衷高兴的是，正对着鲤鱼溪村落的这条空间轴线在项目施工期间由于景区入口牌坊的建设而被进一步加强，新的地方文脉将随着时间而逐渐显现出预想中的经久性。

7.1.3　回应生活：应对气候与边界开放

建筑作为文化，在全球化的影响下正逐步从抽象的纪念性鸿篇叙事回归具体的日常性生活建构。小镇会客厅的功能策划正是基于这样一种游憩兼顾、关注生活的日常性逻辑：旅游集散中心原本是单纯的集散功能，但是最终容纳了地方美食、特产展示和游园赏鱼等日常休闲功能；文化活动中心原本计划建造一座 1200 座的现代剧院来满足游客夜晚观演的需要，在我们的几经劝说之下缩减为 450 座，还加入了大量运动健身、文化展示等日常文化功能（图 7-7），来解决小镇居民日常生活的匮乏。

随之而来的是建筑师对尺度与边界等基本问题的回归。我们把两座建筑的几何外径严格控制在 100m 以内，以便游客在步行尺度内自由进出预设的空中花园（图 7-8）、有顶集市（图 7-9）、双鱼步廊（图 7-10）、金鳞水院（图 7-11、图 7-12）等多种与自然景观相互渗透的"日常性空间"。这些空间与两座建筑边界处设置的环形开放式回廊相连通，既是对周宁山区夏季辐射强烈、冬季湿冷多雨气候的回应，也是对小镇居民日常生活的关照，避免当下多数公共建筑在使用中被层级化管理而无法真正实现共享的遗憾。

---

① （意）阿尔多·罗西. 城市建筑学 [M]. 黄士钧，译. 北京：中国建筑工业出版社，2006：59.

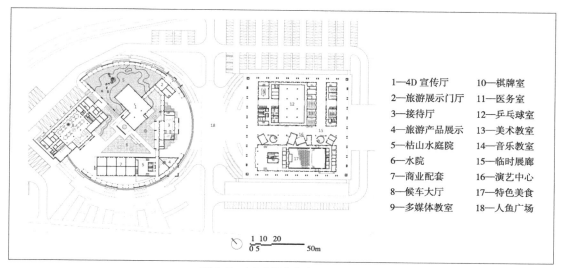

1—4D 宣传厅	10—棋牌室
2—旅游展示门厅	11—医务室
3—接待厅	12—乒乓球室
4—旅游产品展示	13—美术教室
5—枯山水庭院	14—音乐教室
6—水院	15—临时展廊
7—商业配套	16—演艺中心
8—候车大厅	17—特色美食
9—多媒体教室	18—人鱼广场

图7-7 人鱼小镇会客厅一层平面图

图7-8 文化活动中心二层的空中花园

图7-9 文化活动中心一层的有顶集市

图7-10 旅游集散中心外侧的双鱼步廊

图 7-11 旅游集散中心内部的金鳞水院 1　　　　　图 7-12 旅游集散中心内部的金鳞水院 2

7.1.4　创作感悟

我们看到建筑"作为人类最基本生活内容的'活的内核',几千年来并没有因岁月的流逝而消失。相反,它演进着、发展着,或强化,或以其他形式表现出来[①]"。这种本质的东西往往通过人性中的"不变之变"传承着某一特定人群所共有的自然观、社会观、人生观、价值观、历史观和时空观等。

文化传承的创作思维古已有之,它一方面能帮助我们保持悠久文化的连续性,另一方面却往往诱导我们陷入复古的泥沼之中。因此,我们在建筑创作中所谓的"文化传承",既不是全盘复制,也不是全盘否定——理性地审视传统,科学地分析传统,批判地继承传统,智慧地转化传统——是我们应该有的态度。

7.2　缙云电影院修缮改造

缙云电影院始建于 1986 年,由同济大学葛如亮教授主持设计,荣获了 1984 年全国影剧院设计竞赛创作奖。该建筑以全国罕见的不对称楼座和青、红、紫三色条石砌筑的具有新乡土风格的建筑外观而倍受赞誉。自建成以来已愈 30 年,该建筑经历了若干次野蛮的改造和扩建,致使其独特的外观被后加的店铺所遮蔽,原有内部的精致花园已经不复存在,而放映厅内的设施已老旧不堪,完全丧失了作为影剧院运营的基本条件。所幸虽有多处屋顶漏水和构件损坏的情况,但建筑结构的质量尚佳,整体风貌由于被扩建部分包围而保护得相对完整。建筑周边的历史街区建筑密度极高,新旧混杂,尺度混乱,存在消防隐患,且缺少必要的开放空间,致使这座独具特色的历史建筑如珍珠蒙尘,亟待通过一次彻底的整饬而焕发往日的风采(图 7-13)。

---

① 徐千里. 创造和评价的人文尺度 [M]. 北京:中国建筑工业出版社,2000:67.

图7-13 缙云电影院往日风采

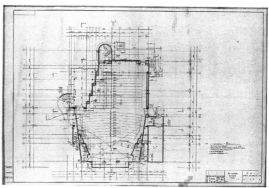

图7-14 缙云电影院原始竣工图

7.2.1 原真性的去留之思

经过全新改造后的缙云电影院将以何种姿态重现缙云人的眼中是设计之初必须回答的首要问题。在我们介入设计之前，缙云县政府已邀请多家设计机构提供了多种更新改造的思路：或对放映厅进行彻底的加层改造以作商业使用；或对电影院修旧如旧仍作电影院使用；或在保留楼座的前提下对一层放映厅重新划分作为非遗展厅使用……

经实地踏勘和阅览竣工图，建筑师发现缙云电影院主体放映厅的内外均保存完整，而原图纸中附属的公厕、水景花园和票房历经多次变动而不复存在。我们认为具有新乡土风格的三色条石外立面、放映厅内的不对称楼座和主体东侧原有的水景花园是构成该建筑独特性的三大要素，需要在本次改造中予以不同方式的保留（图7-14）。因此，对老电影院进行加层改造的方案必然彻底破坏了不对称楼座的整体性；而修旧如旧恢复单一放映厅的电影院修缮方案则未曾考虑到该种业态有违时下多个小厅循环放映的影院运营模式；而保留二层改造一层为非遗展厅的折中方案固然契合缙云老城的历史氛围，然静态的非遗展示在投入使用后无法避免门庭冷落车马稀的尴尬局面。

经多方调研设计团队发现缙云本地的传统婺剧演出极为活跃，故而提出对保留的老电影院主体进行内外修缮，以修旧如初的方式作为活态展示非物质文化遗产的场所。而遮挡主体风貌的增建商业建筑因风貌不佳且质量较差则应予以拆除，以此重新展露缙云电影院的优美身姿（图7-15）。

鉴于建筑的条石外立面质量尚可，因此秉承《威尼斯宪章》"以新补新"的精神仅对局部风化或破损的条石进行最小限度的替换。替换的石材尽可能与老电影院的色彩和质感接近，但依然能让人清晰地辨别出新旧差异（图7-16）。考虑到建筑西侧的部分浅黄色瓷砖虽多有脱落与残损，但尚反映了改革开放初期的时代记忆，故采用规格、颜色、质感均非常接近的产品予以整体更换而不至瓷砖新旧块面的对比过于鲜明。而外立面的钢、木门窗皆因年久失修

图 7-15　拆除外部违章建筑

图 7-16　新旧拼贴的石材檐口

图 7-17　改造后的缙云电影院外观

图 7-18　改造后的缙云电影院观众厅

而损毁严重，我们几经商榷采用隐框样式对门窗进行整体性更换，在满足现行节能要求的前提下做到尽可能的精致（图 7-17）。

　　而放映厅内部吊顶和墙面的木装修早已霉变，且完全不符合现行的消防规范，故采用符合防火要求的新工艺按照竣工图进行整体翻建，仅在一些必须迁就舞台和设备安装要求的地方进行"微整形"。放映厅内部两侧的条石音符墙体和过厅处的马赛克拼贴背景墙保存完整且极具特色，因此被完整地保留了下来（图 7-18）。

　　至于公共区域的踏步、扶手、墙面装饰等尚保存完好的建筑构件仅作了必要的打磨清洗，使之焕发青春又显露岁月的痕迹（图 7-19）。建筑师充分考虑了各种材料的特性和最终呈现的效果，尽力保留缙云电影院丰富的历史信息又不希望过强的拼贴感令建筑的整体性受损（图 7-20）。

7.2.2　适宜性的权宜之思

　　接踵而来的问题则是我们是否需要按照原图恢复主体放映厅、票房和公共厕所共同围绕中央水景花园的历史格局？考虑到缙云电影院周边的建筑密度极高，城市几无留白的现状，建筑师认为用一个位于街角的城市开放空间取代原有的票房是极其必要的。因为与其将整个

图7-19　修复后的楼梯与扶手　　　　　　　图7-20　修复后的墙面细节

缙云电影院作为一座纪念碑进行原样复建和静态展示，不如创造一处适应当代生活、围绕地方文化、适合民众休憩的城市广场来得更有价值（图7-21）。从空间上考虑需通过新建一座附属楼来限定这个广场边界，同时在原址上解决缺失的城市公共厕所、戏剧表演的临时候场和消防设施的配建需要，并且可以对广场北侧暴露出来的相邻建筑的斑驳立面进行遮挡。营造这样一处开放的城市广场虽然改变了原有建筑的历史格局，但我们相信还是恰当回应了葛先生当年在有限的条件下通过这个室外花园以实现建筑与自然共生的初衷。

这座新建筑经过多角度分析后采用下挖半层的方式将建筑高度限定在6.6m（局部女儿墙因造型与构造需要设定为7.5m），即电影院放映厅高度二分之一的位置（表7-1）。一方面保

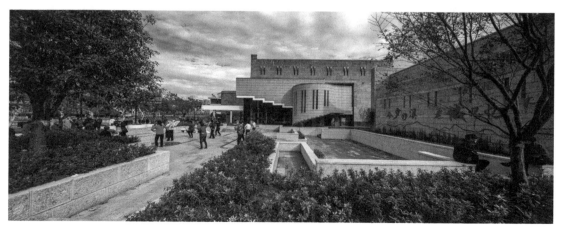

图7-21　建成后的电影广场

层数	沿河立面	沿街立面	
一层			体量过于单薄，立面散碎，整体性差
二层（下挖半层）			体量适中，立面与影院主体和谐，整体性好
二层（地上）			体量偏大，沿街立面遮挡了大部分视线
三层			体量过大，视觉上过于突兀

证了新建附属楼以谦逊的姿态衬托历史建筑经久的纪念性，另一方面令这新建的城市广场尺度更为亲切宜人，沿河视线更为开放通透。为减少对保留建筑的压迫感和违和感，建筑师采用化体为面和曲线外墙的设计手法与原有弧形楼梯间取得一种微妙的平衡（图 7-22）。材料选

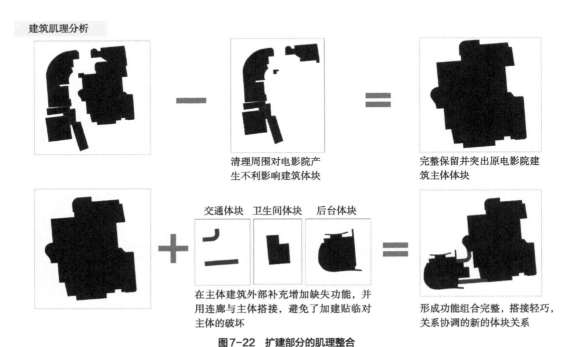

建筑肌理分析

清理周围对电影院产生不利影响建筑体块

完整保留并突出原电影院建筑主体体块

交通体块　卫生间体块　后台体块

在主体建筑外部补充增加缺失功能，并用连廊与主体搭接，避免了加建贴临对主体的破坏

形成功能组合完整，搭接轻巧，关系协调的新的体块关系

图7-22 扩建部分的肌理整合

图7-23　扩建部分的新旧对比

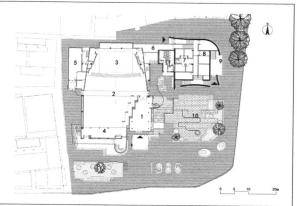

图7-24　建筑一层平面图

1—入口门厅；2—观赏大厅；3—舞台；4—保留马赛克壁画；
5—保留老设备；6—候场通道；7—化妆间；8—机房；
9—非遗展厅门厅；10—电影广场；11—城市公共厕所

则的初衷是建筑内部采用裸露的清水混凝土展现精致隽美的时代精神，外部则采用干挂工艺以青、红、紫三色条石对应不同位置的片墙来表达我们对葛如亮先生的敬意。由于施工队伍提出缙云条石质脆易裂不适宜干挂和清水混凝土墙的财审单价过低的实际原因，建筑师不得不作出相应的调整。在施工过程中我们受现场发现而在竣工图中未曾记录的条石切口砌筑于混凝土过梁上的构造启发，采用在现浇钢筋混凝土墙体每隔1600mm挑出200mm×150mm的梁上砌筑400mm×800mm条石砌块的做法以满足工艺和规范的双重要求。另一个被迫接受的调整是由于环保而禁止大面积采矿的原因，当地仅能找到青红二色质感令人满意的样品，但建筑师认为这不损建筑的整体和谐而欣然同意（图7-23）。

至于建筑的功能则又是一个经过多次调整的权宜结果。放映厅座位的升起需满足观看婺剧时相应的规范要求，那么必须对地坪标高作降板和抬升的处理，这对造价无疑又是一个巨大的挑战。建筑师结合原地坪是一个微倾斜面而非常规阶梯的现状，大胆提出取消一层的固定座位，仅在有演出时根据需要摆放临时座椅的建议。这一方面是受到乡村戏剧观看模式简易化的启发，另一方面是期望兼具容纳多种活动的灵活性（图7-24）。二层的不对称楼座通过轻微调整设置卡座，类似古戏楼的贵宾区，以满足接待旅行团的需求。整个放映厅在大量非演出时段对市民开放，特别是雨季和冬季可以为他们茶余饭后的休闲提供一处有顶的城市广场。而新建附属楼的门厅及二层原本是为了丰富当地居民匮乏的休闲生活而设置的高品质咖啡厅或茶馆，但在文化局介入后将其变更为固定的非遗静态展示厅（图7-25）。这两处变动固然都出乎意料，但所幸动静颠倒后的结果互补性较强，不失为一处以活态展为主的非物质文化展示馆。

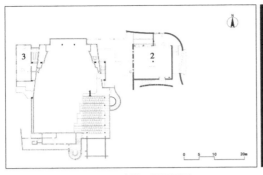

图 7-25　建筑二层平面图
1—楼座；2—非遗大厅；3—设备间

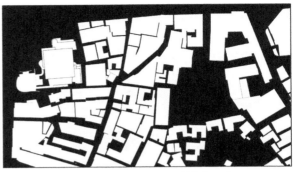

图 7-26　水南片区更新后的街巷肌理

7.2.3　场景性的显隐之思

　　缙云电影院的再生离不开对其所在的水南片区历史环境再生的思考。第一，水南片区特别是水南街的街巷肌理较完整，经局部疏理打通后可将距电影院东侧 50m 的既有空地改造为配套停车场（图 7-26）；第二，电影院东侧一墙之隔的民房中隐藏着该片区历史最悠久、体量最大、保存最完整的清末民居，建议拆除溪滨南路沿街遮挡的自建民房，改为平整通透的口袋公园以显露藏在深巷之中的历史建筑；第三，对口袋公园以西的沿街条石建筑进行整饬、梳理和亮化点缀，使得溪滨南路沿线的风貌与更新的缙云电影院相得益彰。

　　我们终究对未能完整保留缙云电影院的历史格局而深感遗憾，因此电影院西侧转角的新建广场则需传达世人这里的一段隐秘的历史记忆。我们在票房原址将原建筑平面图复现于广场铺装，并结合石砌矮墙、绿化植被和保留水景打造一处具有遗址场景感的纪念性城市广场（图 7-27）。并且通过广场地坪的局部下沉、休闲座椅的设置和高大乔木的点缀赋予它恰当的日常性：盛夏之夜，凉风徐来。街角广场，露天电影。大树之下，耄耋对弈。浅池之上，垂髫嬉水。石壁之前，靡靡之音。方寸之地，翩翩之姿（图 7-28）。石城故事，喜乐良多。浅斟低吟，人生几何？

图 7-27　改造后的广场鸟瞰

图 7-28　夜间广场的翩翩之姿

7.2.4 创作感悟

一座 1500m² 的建筑改造，历时四年，数易其稿。于中国的建设速度和体量而言绝对小题大做，于建筑师的成长而言却是心路曲折。它告诉我们面对传统的时候需要有一颗平常心、平等心，我们既不需要复古而回到过去，也不需要激进而彻底斩断过去。现代城市的快节奏更替，导致新旧事物之间的矛盾日显，传统物质文化要在现代城市空间中得以保留，必须以某种有价值的存在方式出现在今时的生活之中。保护历史遗产及其因应环境并非是一种消极的博物馆式静态保护，而是探寻让旧事物中有价值的部分能够在现代时空中再现生机的方法。换言之，就是要使新与旧之间唇齿相依、和谐共生、相得益彰。

7.3 宁德交投天行国际大厦

宁德交投天行国际大厦位于宁德市东侨新区的核心位置，场地背山面海，地势平坦，交通便捷，景观良好。东侧邻近宁德高铁站，北临城市主干道闽东东路，南侧为该企业一期总部大楼，西侧有一条直通入海口的内河。该项目既是在蓬勃发展的城市门户地段进行的一次商业开发，又是一家大型国有企业对总部基地的扩容建设（图 7-29）。由于宁德近年来经济发展迅猛，城市面貌日新月异，企业市值高速增长，从政府到建设方均对该高层建筑寄予厚望。单纯以满足建筑使用需求、创造最大商业价值的功能主义为出发点的开发思路显然是片面的。因此，在规划条件和场地要素的多重约束下，以理性的逻辑探索建筑恰当的形态，挖掘建筑高品位的文化内涵，成为建筑师创作的起点。

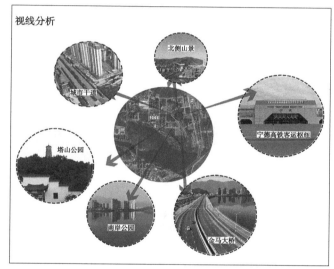

场地要素：
1. 场地平整。
2. 场地东侧和北侧视线拥堵，东南侧、西侧、西北侧视野开阔。
3. 场地西侧为闽东路，基地西侧为明月路，交通便利，可达性强。
4. 北侧为建发·天行涟著，东侧为福晟钱隆大第，均为住宅区，需考虑日照影响。

图 7-29　天行大厦的场地及视线分析

7.3.1　企业文化与城市精神的同构

宁德俗称闽东，是习近平总书记于改革开放初期在实践中形成"精准扶贫"理论的策源地。他在宁德工作期间，系统地提出了"以改革创新引领扶贫方向、以开放意识推动扶贫工作"的工作方法，大力倡导"弱鸟先飞，行动至上"的进取意识和"开放开拓，山海共赢"的创新意识，进而形成了以"滴水穿石，久久为功"为核心的闽东精神[①]。时至今日，闽东精神已经升华为宁德的城市精神和发展的力量之源，持续推动宁德这座城市驶入高速发展的快车道。

项目的建设方宁德交投集团以"天行"作为开发品牌，旨在以《周易》中蕴涵的中华传统精神"天行健，君子以自强不息""地势坤，君子以厚德载物"自勉，以期在风起云涌的新时代披荆斩棘、铸造辉煌。在建筑师看来闽东精神与这种浸入中华民族血脉中刚健有为、大度包容的传统精神异曲同工，都是开拓进取的积极型文化，共同支撑着民族复兴的时代精神。因此，这座新总部大楼的设计除了在硬件上满足5A级办公楼的品质要求外，也必须从整体形象和文化内涵上传承"天行文化"和"闽东精神"，展现社会主义新时代的特质，建筑造型从总体上应以简洁挺拔之姿展现天体强劲的刚健之美（图7-30）。为了适应闽东地区对风水冲撞的民俗禁忌，建筑在转角细部的处理上以温润和顺之态展现大地醇厚的圆融之美。考虑到并非是在一块白地上的随心所欲，新建筑与一期总部大楼之间应以和而不同之貌传递新旧一体的中和之美（图7-31）。

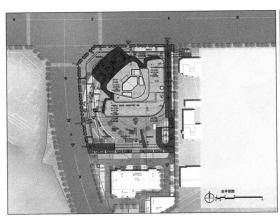 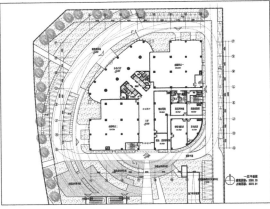

图7-30　天行大厦总平面图　　　　　　图7-31　一层平面在空间上与旧大楼呼应

7.3.2　场地要素与城市文脉的契合

如果没有那座70m高的一期大楼存在，根据规划条件推导出这栋100m的高层建筑其标准层面积应在1600m² 左右，比较经济、舒适的常规平面应选择64m×25m的长板楼形式

[①]　闽东精神：习近平总书记在《摆脱贫困》一书中将"滴水穿石""弱鸟先飞"等思想归纳为闽东精神。参见习近平.摆脱贫困[M].福州：福建人民出版社，2021：204.——作者注。

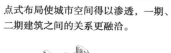

板式布局对一期形成了来自城市界面的严重遮挡。

图7-32 形态生成分析1

点式布局使城市空间得以渗透，一期、二期建筑之间的关系更融洽。

图7-33 形态生成分析2

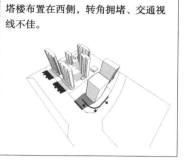

塔楼布置在西侧，转角拥堵、交通视线不佳。

图7-34 形态生成分析3

（图7-32）。而这样的长板楼建成后将基本遮挡从北侧闽东东路对一期建筑的观察视线，不利于两座建筑的完整性和均好性。因此，建筑主体宜为点式塔楼，选用近似40m×40m的标准层平面较为合适（图7-33）。

通过模型分析可以知道塔楼在总图东西向的定位应与一期主楼保持对中的关系，一来不会对西侧城市转角的交通视线产生障碍（见图7-33），二来不会与东侧既有住宅过分靠近而互相干扰（图7-34），三来能与一期大楼有机组合成一个端庄的整体，更符合国有企业对自身形象的要求。建筑师在东北侧的宁德高铁站前广场和西南侧的塔山公园的白塔之间建构了一条隐性的城市空间轴线，与两座塔楼的中轴线的交点就成为了新塔楼平面几何中心的位置。这样塔楼的总图定位就在场址地脉与城市文脉的交织中确定了下来（见图7-34）。

由于底层裙房定位于服务大型商业金融机构，因此无需最大长度地设计沿街及转角商铺（图7-35），塔楼临路两侧的界面得以完全释放而垂直落地，在与西侧地块沿街界面取得一致的同时，最大程度地在造型上获得挺拔向上的气势（图7-36）。对建筑塔楼作切分和旋转处理以获得一个顺应转角处的一个主立面，既可以从空间上回应城市转角空间的地形特征，又可以化解尖角冲撞的地方心理禁忌（图7-37）。塔楼顶部南侧进行退台处理（图7-38），底部主入口处结合雨棚的功能需要进行一体化处理，以此增强建筑的整体视觉效果（图7-39~图7-42）。

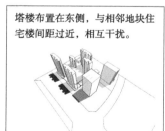

塔楼布置在东侧，与相邻地块住宅楼间距过近，相互干扰。

图7-35 形态生成分析4

塔楼布置在中部，与一期建筑和北侧山顶的轴线重合，具有天然的中和之美。

图7-36 形态生成分析5

城市界面过于严肃压抑，转角收头处需要缓冲和通透效果。

图7-37 形态生成分析6

裙房退让到主楼的东侧和南侧，留出临路的北侧和西侧，可使主楼直接落地、更加挺拔。

图7-38 形态生成分析7

裙房的东侧和南侧与周边建筑保留平行的关系，主楼在交叉口作弧形处理以顺应地形。

图7-39 形态生成分析8

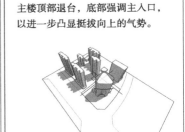

主楼顶部退台，底部强调主入口，以进一步凸显挺拔向上的气势。

图7-40 形态生成分析9

图7-41 实景合成鸟瞰图

图7-42 沿闽东东路透视图

7.3.3 细部构造与地方气候的适应

考虑到宁德地区热量丰沛，场地近海日照十分充足，常年东、西晒较多的特点，为了让室内空间尽可能凉爽舒适、节能环保，建筑外立面整体采用竖向金属构件的可开启玻璃幕墙系统，一方面起到了进一步增强建筑向上升腾的气势的作用，另一方面起到了竖向遮阳百叶的功能（图7-43、图7-44）。由于金属构件的水平间距为1100~1200mm之间，经过软件计算这些竖向构件的水平向宽度在600mm的时候，遮阳效果与观赏效果达到最优配置。然而，宁德地区夏季盛行的台风增加了确保该系统安全性的造价投入，必须通过减小遮阳杆件自重以取得最佳的性价比。最终确定的实施方案是在保证竖向构件突出玻璃600mm不变的前提下，突出的竖向金属构件尺寸为450mm，预留一个150mm的空隙以便安装一套与主龙骨相联的水平连接系统。这样就在大大减轻了竖向构件自重的同时又不影响建筑的遮阳效果与观赏效果（图7-45）。

图7-43 竖向百叶的升腾之感1

图7-44 竖向百叶的升腾之感2

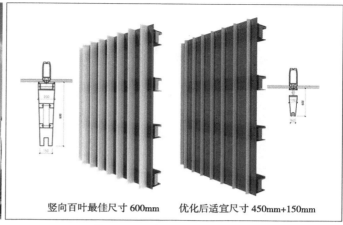

竖向百叶最佳尺寸600mm   优化后适宜尺寸450mm+150mm

图7-45 竖向遮阳百叶尺寸优化图

7.3.4 创作感悟

建筑师的创作必须与时代的需求相适应。我们当前的设计往往处在一个快速且缺少文脉的语境中，这就意味着我们无需刻意去寻找和表达某种具有传统特征的建筑形态，更多的是对传统精神文化的关注和传承。对传统中所蕴涵的精神进行细致的体会、深入的研究、抽象的表达是我们立足当下创作，丰富文化内涵，提高建筑品位的首要途径。

7.4 浙江景宁千年山哈宫

畲族本为百越民族之一，是以"刀耕火种"的方式生活于潮州凤凰山的土著居民。他们认为自己是客家的一支，是外地迁往山里的客人，故自称为"山哈人"。景宁畲族自治县是全国唯一的畲族自治县，华东地区唯一的少数民族自治县，是浙江省内畲族主要的发祥地和聚居地。千年山哈宫是景宁当地打造中国第一畲族朝圣地的重要抓手，包括祭祖坛、忠勇王殿、宗族博物馆以及文化配套设施等。

7.4.1 轴向原型与场地特征相适应

场地背山面溪，渐次升高。建筑师受城市文脉中三条隐含的轴线启发，或用建筑、或用开放空间、或用路径、或用对景等不同手法建构了多维度的轴向空间原型。由于山地高差较大，机动车直接到达较为困难，将集散广场结合坡度设置成停车场，使多数人流考虑步行方式朝圣，以此体现山哈宫的神圣。

根据朝圣项目的特点，在不同起点和终点结合各个节点空间设置了四条轴向游览路径，分别为中轴直上的朝圣之路、大开大阖的寻根之路、蜿蜒曲折的迁徙之路和多向蔓延的发展之路（图7-46），象征着畲族发展的不同阶段和畲族人民的不同需要。

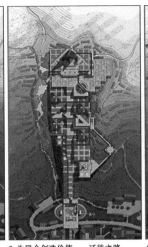

1. 为城市创造价值——朝圣之路　　2. 为人文创造价值——寻根之路　　3. 为民众创造价值——迁徙之路　　4. 为业主创造价值——发展之路

图7-46　四条轴向游览路径示意图

7.4.2　史料考据与场景复现相结合

图7-47　景区的五大乐章

图例：
凤凰阁
朝圣区
宗族博物馆
朝宗广场
畲家风貌区

我们借助畲族传统文献和图谱，研究畲族生活的整体情况及具体场景。除了关注具有固定特征的建筑、空间和物质形态外，更关注具有半固定特征的装饰、器物和摆设，以及具有非固定特征的风俗、仪式和交流方式，以此提炼出多种颇具民族感的场景：凤凰图腾、畲家三宝、吉祥手语、宗族祭祖、传统庆典、唱歌对舞、刀耕火种……景区总体规划，自南侧岸边的朝宗广场起，到忠勇王殿顶的凤舞九天止，共分五个乐章（图7-47），将不同的风习仪式纳入场景的复现之中，自南而北，自下而上分别是：

以"万畲朝宗，十方归一"为主题的朝宗广场区域，展示了畲族聚居图、吉祥手语、"山哈兄弟齐回家"主题雕塑群等内容。

以"祖杖龙兴，源远流长"为主题的畲家风貌区，汇集了梯云道、龙杖台、高皇坛、意符园、桃花源、望乡台等内容，展现"山哈梯云，畲茶飘香""高皇落英，三月放歌""望乡寻根，敕木归宗"等畲族生活场景。

以"祖谱相承，四丁兴旺"为主题的宗族博物馆区，以畲族四大家族为依据，通过自能堂、光辉阁、巨佑轩和志深亭的建筑族群形式，体现畲族的宗族姓氏文化，同时也是各家族今后修谱归宗的专用场所。

以"祖图流芳，畲火传家"和"忠勇千秋，日月同辉"为主体的朝圣区域。在同辉台的地面上以大幅石刻形式展示畲族祖图的内容，使祖图的内容展示常态化、公开化。而下沉的畲火剧场象征圣火薪传，平时可用于对游客展示畲族人民多才多艺的歌舞表演。而忠勇王殿这个巨大的无柱空间通过强烈反差体现空间的震撼力，以此让后人们感受到畲族祖先的伟大。

以"浴火涅槃，凤舞九天"为主题的凤凰阁和祭祀坛，是千年山哈宫项目的祭祀区域，凤凰阁顶部的金色凤凰在白天以凤舞九天的形象示人，当祭祀的人们立于铜鼎之前，背依凤凰图腾，举目远望，必将壮怀激烈，催生托体同山阿的巨大豪情。而夜间的凤凰在红色光束的渲染下，以凤凰浴火、涅槃重生的姿态诏告天下山哈人英勇顽强、不屈不挠的民族精神。

7.4.3 图腾符号与建筑类型相契合

建筑师对畲族传统居住形式进行研究和整理，提取出具有畲民"集体记忆"的建筑类型，并通过现代建筑语汇的转化和演变，上升到普遍建筑类型的高度，以此概括具有普遍认同的原始建筑类型，并在主题场景的设计中因地制宜地加以运用：梯田高台，山石相依（图7-48），木骨泥墙，黑瓦披檐（图7-49）。

以"万畲朝宗，十方归一"为主题的朝宗广场是参观游览的起点，结合吉祥手语雕塑、"山哈兄弟齐回家"雕塑和畲族聚居点地图，以"万畲朝宗"之意欢迎四方山哈人回家（图7-50）。在空间上是对连续登山道路的暗示，在情感上是对朝圣心情的再次整理，及由此进入千年山哈宫区域。借以表达景宁欢迎世界各地的畲族同胞常回家看看——每一个来自远方的山哈人！

梯云道是朝宗广场与高皇台之间的过渡性空间，但是不应仅仅是简单的楼梯踏步。采用高低台阶的形式，既可以和周边的梯田茶园相融，又隐喻具有层层梯田地貌的畲乡环境特征——"山哈梯云，畲茶飘香"——展现了畲族人民的生活离不开梯田，离不开畲茶。祖杖连同祖谱和祖图合称畲家三宝，由此可见"龙头杖"的重要性。龙杖台的中心为一根巨大的金色"龙头杖"，背后的石墙上题有"龙头主杖辉日月,忠勇山哈续春秋"的对联来突出主题——"祖杖龙兴，源远流长"（图7-51）。

望乡台以人物雕塑回首远望山顶的凤凰阁的方式寄托着山哈人远望凤凰山的浓浓乡愁。在千年山哈宫中，望乡台是寻根之路的重要节点，同时也是山顶的凤凰阁与景区入口的圆形

我们对于畲族各地传统居住形式的
研究和整理，提取出具有畲民"集
体记忆"的建筑类型。
类型演绎：梯田高台，山石相依

图7-48　梯田高台，山石相依

通过现代建筑语汇的转化和演变，
上升到普遍建筑类型的高度，以此
概括具有普遍认同的抽象原始类型
类型演绎：木骨泥墙、黑瓦披檐

图7-49　木骨泥墙，黑瓦披檐

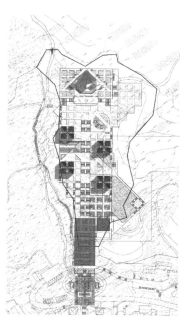

龙杖坛

龙杖坛： 祖杖连同祖谱和祖图，合称畲家三宝，可见"龙头杖"的重要性。龙杖台的中心为一根巨大的金色龙头杖，背后的石墙上题有"龙头主杖辉日月，忠勇山哈续春秋"的对联来突出主题——"祖杖龙兴，源远流长"。

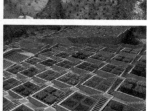

梯云道： 梯云道是朝宗广场与高皇台之间的过渡性空间，但是不应仅仅是简单的楼梯踏步。采用高低台阶的形式，既可以和周边的梯田茶园产生和谐，又隐喻具有层层梯田地貌的畲乡环境特征——"山哈梯云，畲茶飘香"，展现了畲族人民的生活离不开梯田，离不开畲茶。

梯云道

图 7-50 万畲朝宗，十方归一

朝宗广场： 以"万畲朝宗，十方归一"为主题的朝宗广场区域，展示了畲族聚居图、吉祥手语、"山哈兄弟齐回家"主题雕塑群等内容，集中表达了景宁畲族人民欢迎全国各地的同胞常回家看看，景宁畲族人民欢迎每一位来自远方的客人！

吉祥手语

图 7-51 龙杖台，梯云道

第7章 基于文化传承观的建筑创作实践 **203**

广场在视觉和空间上的联系点。在情感上是自龙杖台到宗族博物馆一路蜿蜒曲折而上的停顿之处，人们在这里转换心情，开始寻根——"望乡寻根，敕木归宗"。在游览途中还设置高皇台、桃花源等仪式性节点，是为了在游览过程中用畲歌对唱等民俗方式展现《封金山》《高皇歌》等畲族传统曲目。这是考虑到山歌是畲族文学的主要组成部分，多以畲语歌唱的形式展现畲族人民每逢佳节喜庆之日、在山间田野劳动之际、探亲访友迎宾之时，唱畲歌对畲舞的场景。以此充分展现畲族人能歌善舞的一面（图7-52）。

以"祖谱相承，四丁兴旺"为主题的宗族博物馆以畲族四姓起源的史料为蓝本，通过平台上方自能堂、光辉阁、巨佑轩和志深亭的建筑族群形式，体现畲族的宗族姓氏文化（图7-53）。建筑造型以畲族民居黄墙黑瓦、木骨泥墙的总体特征，同时结合三角锥形的凤凰髻造型而来（图7-54）。地下建筑则是以一条庭院式的博物馆主街串联起不同标高上的展示厅和会议厅，这也是各家族今后修谱归宗的专用场所（图7-55）。

同辉台结合畲火剧场，将畲族人祭祀时供奉的长篇史诗《祖图》以28幅6m×6m的巨型地面浮雕的形式永久展示出来，体现"祖图流芳，畲火传家"的美好寓意。并且与前区的忠勇王殿充分融合在一起，相得益彰，共同营造"忠勇千秋，日月同辉"的朝圣区域主题思想。忠勇王殿内部主体部分为9m通高无柱大殿，通过空间尺度与人体尺度的强烈反差，以绝对的空间震撼力，让后人们感受到忠勇王的伟大！大殿正中布置忠勇王坐像，两侧巨大的石壁刻

望乡台

望乡台：人物雕塑讲述了山哈人远望凤凰山的故事。在本项目中，望乡台是寻根之路的重要节点，同时也是山顶的凤凰阁与原有规划中山下的圆形广场在视觉和空间上的联系点，在情感上是自龙杖坛到宗族博物馆一路蜿蜒曲折而上的停顿之处，人们在这里酝酿心情，正式开始寻根——"望乡寻根，敕木归宗"。

桃花源：有连畲歌叫《封金山》，唱的是畲族的"桃花源"畲族人民在崇山峻岭中，经过艰辛的劳动和开发，开荒打猎，重建家园后代，休养生息，使这里成为茂林修竹、桃林遍地、风光旖旎、令人赏心悦目的远离闹市的一方乐土。

高皇坛：《高皇歌》又称《盘古歌》《龙皇歌》《盘瓠王歌》，以神话的形式，叙述了畲族始祖盘瓠立下奇功及其不畏艰难，繁衍出盘、蓝、雷、钟四姓子孙的传说，反映畲族的原始宗教信仰和图腾崇拜。高皇坛正是为了展示这部鸿篇巨作应运而生的，常用畲语歌颂《高皇歌》，可增进畲族同胞之情，激发爱我畲族的热情。

高皇落英

桃花源、高皇台

三月放歌

图7-52 望乡台，桃花源，高皇台

有畲族代代相传的"安邦定国功建前朝帝喾高辛亲敕赐,驸马金卿名传后裔皇子王孙免差徭"的族联。建筑照明以两侧和坐像背后的天光为主,辅以顶部的人工光源,营造一种光影纵横、深邃神秘的空间特征,提炼一种简洁宏大、洗练纯净的空间气氛,散发一种忠勇王与族人们永远同在的空间精神(图7-56)。

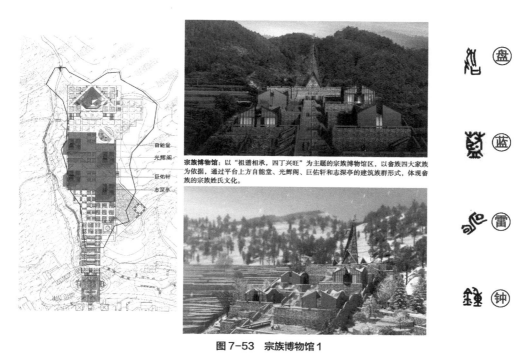

宗族博物馆:以"祖谱相承,四丁兴旺"为主题的宗族博物馆区,以畲族四大家族为依据,通过平台上方自能堂、光辉阁、巨佑轩和志深亭的建筑族群形式,体现畲族的宗族姓氏文化。

图7-53 宗族博物馆1

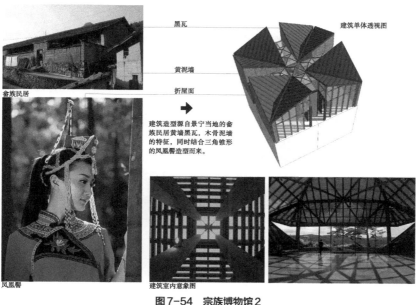

图7-54 宗族博物馆2

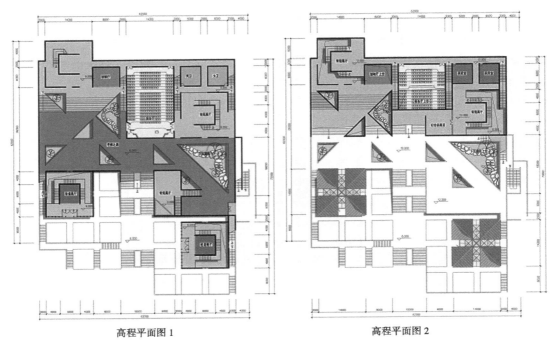

高程平面图 1 高程平面图 2

图7-55 宗族博物馆3

忠勇王殿：主殿忠勇王殿建筑面积 2612m²，内部主体部分为 9m 通高无柱大殿，通过空间尺度与人体尺度的强烈反差，以绝对的空间震撼力，让后人们感受到忠勇王的伟大！大殿正中布置忠勇王雕像，两侧巨大的石壁刻有畲族代代相传的"安邦定国功建前朝帝昚高辛亲敕赐，駙马金卿名传后裔皇子王孙免差徭"的族联。

建筑照明以两侧和坐像背后的天光为主，辅以顶部的 LED 灯人工光源，烘托一种光影纵横、深邃神秘、宏大、纯净的空间气氛，营造忠勇王与族人们永远同在的空间精神。

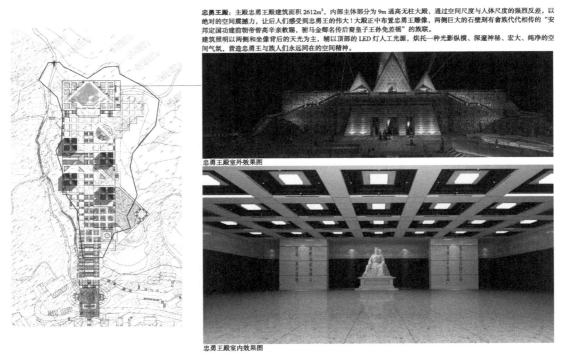

忠勇王殿室外效果图

忠勇王殿室内效果图

图7-56 忠勇王殿

凤凰阁：凤凰阁的造型以凤凰髻和畲族最原始的居住形式草寮为原型，引入建筑类型学中人、祖宗和图腾无差别原始居住类型的观念，经过现代建筑语言的抽象和提炼，把中国传统寺庙的模式调整为纪念碑模式。综合欧洲纪功柱顶部放置主题雕塑的手法和中国传统佛塔顶部塔刹的特征，在凤凰翼造型的顶部设置"金凤凰"，这是一种现代和传统并置的同构手法，以追求雅俗共赏的效果。

祭祖坛：用于再现古老的祭祖仪式文化。当人们立于铜鼎之前，背依凤凰图腾，举目远望，壮怀激烈，催生托体同山阿的巨大豪情。

图7-57　凤凰阁夜景

凤凰阁的造型以凤凰髻和畲族最原始的居住形式草寮为原型，引入建筑类型学中人、神（祖宗）和图腾无差别原始居住类型的观念（图7-57），再经过现代建筑语言的抽象和提炼作为纪念塔的主体。我们综合了欧洲纪功柱顶部放置主题雕塑的手法和中国传统佛塔顶部上置塔刹的传统，在其顶部设置"金凤凰"塔刹（图7-58）。这是一种现代和传统并置的和合手法，以期取得雅俗共赏的效果（图7-59）。

7.4.4　创作感悟

建筑师在设计之初进行了广泛的案例调研，发觉国内同类型建筑普遍存在形式趋同、文化苍白、无中生有、人迹罕至的现象。我们认定怀旧的传统样式不能适应今天多元化的审美口味，更不能触及深邃的文化核心，难与大众产生心灵共鸣。肆无忌惮地大搞仿古注定是一条不成功的形而下之路。

在创作实践中将建筑人类学、类型学、符号学等多种文化研究方式相结合，以考据的态度对文献史料、典故传说等历史资料加以研究和利用是我们在创作过程中审视传统、解读传统、表达传统的必由之路。我们推崇对地域文化进行重意不重形的抽象表达，同时要注重对地方风俗、仪式等非遗场景的活态传承。

凤凰髻　　　　　　　　　　　凤凰阁的造型以凤凰髻和畲族最原始的居住形式草寮为原型。　草寮

纪功柱　　　　　　　　　　　　　　　　　　　　　　　　　　　　　　　阁楼塔

图7-58　凤凰阁的类型学组合思考

图7-59　千年山哈宫总体鸟瞰图

7.5　本章小结

　　本章是以一个职业建筑师的立场对过往的创作实践加以回顾，旨在验证上文所提出的四个创作策略在现实环境下的有效性。中国（周宁）人鱼小镇会客厅是在历史文化名村边缘地带进行全方位文化传承的一次冒险探索，从而发现在同一个项目中可以多维度地思考和表达传统。缙云电影院修缮改造是秉持辩证的历史观对历史环境下的物质文化进行传承，并充分考虑在历史遗产的再生中如何结合居民的日常性需求营造城市活力。宁德交投天行国际大厦是在当下常见的地产类开发项目中立足现代商务办公的需求，将企业文化的提炼和精神文化的传承相结合，以高效简洁的现代建筑语言在城市新区营造切合地方文脉的标志性建筑。浙江景宁千年山哈宫是在蓬勃兴起的文旅类开发项目中，以人类学、类型学、符号学、民俗学等多种跨学科的方式，对地域文化进行的一次考据式的传承探索。

结 语

多数身处历史文化底蕴深厚地区的建筑师对于传统的态度是审慎而严肃的，甚至是发自内心的自豪与热爱。这一方面使得我们的设计有了传承的根源，保持了文化连续性，但另一方面也许会陷入复古的泥沼之中而不能自拔。因为传承不是全盘复制，也不是全盘否定——理性地审视传统，科学地分析传统，批判地继承传统，智慧地转化传统——是我们应该有的态度。

我们的建筑创作应该恰当地回应时代、延续传统、彰显文化。既然文化本身具有过度宽泛和过度抽象的特征，那么我们以文化传承为目标导向进行建筑创作的时候应该遵循哪些根本原则和基本理念？又有哪些行之有效的创作方法和设计手段？本书旨在面对中国由高速度发展向高品质发展转型的过程中，应对全球化、同质化的挑战，提出既符合现实国情、又具有中国特色的建筑评价体系和创作实践方法，使得我们悠久的建筑传统得以枝繁叶茂、永葆生机。

国内建筑界尽管此前多有文化传承的相关论述，但或集中于历史文化保护、建筑的地域性表达，或倾向于建筑历史、风格流派的演变研究。因此，本书的创新价值之一是直接以文化传承为导向对具体的建筑创作实践进行系统性研究的成果，对完善建筑创作的理论空白点有一定的借鉴意义。其二，从建筑师的角度对建筑文化传统作出了明确的界定，包含着建筑物质文化、精神文化和地域文化三种亚文化。其中，建筑物质文化涉及历史遗产及其因应环境，建筑精神文化涉及传统思想观、审美观和设计技法，建筑地域文化涉及地域要素和地域特征。并且，以国内外大量的建成案例和建筑师的创作思想为样本具体论述了在建筑创作中如何有效地实现三种子文化系统的继承与发展。其三，针对当前我国建筑创作领域普遍存在的文化失语现象，作者创造性地引入"文化生机"的哲学概念，并结合文化具有历时性和共时性的特征将建筑文化视为连绵不绝的有机生命体，进而提出了综合平衡、多元共生、整合延续和转化适应四种基于文化传承观的现代建筑创作策略。同时，结合作者近年来主持的四个以文化传承为导向的，在不同文化背景、场地环境、使用需求下的工程实践加以证明，我们确信这些建筑的创作策略可以帮助我们立足此时此地、此情此景来实现传统与现代的完美结合。

本书有待深入研究的问题有以下三点：其一，我们可以确定当代建筑师选择以传承建筑传统精神文化的方式面对当下语境进行具体创作实践是最有效的途径。但是我们尚需对传统文化，特别是传统美学与建筑形式的有效性传递和多种文化表现手段与文化传承之间的关联性表达进行深入的挖掘，从而为"形质合一"的高品质建筑创作打下坚实的基础。其二，本书已经设立将"生机"的概念引入文化传承与建筑创作领域的研究目标，但是如果从建筑整体性的视角来考察，未来是否能将"生机"的观念进一步植入建筑创作的全过程和全领域，从而得出"机能生机、环境生机、文化生机"三位一体的"生机建筑论"？其三，由于国内当下的建筑理论多建立在西方学者的研究成果之上，故作者并没有足够的理论支撑去建构一个属于中国的研究体系和实践方法论来研究属于中国的文化传承之道。当然，这必定任重而道远，也有待于今后的持续努力。

附 录

附录 1：图片来源

绪论

- 图 0-1：http：//mms1.baidu.com/it/u=170749552，416161248&fm=253&app=138&f=JPEG&fmt=auto&q=75?w=400&h=227
- 图 0-2：唐葆亨提供
- 图 0-3：唐葆亨提供
- 图 0-4：https：//www.sohu.com/a/356847409_100286686，https：//www.sohu.com/a/484322223_120108732
- 图 0-5：https：//baike.baidu.com/item/%E6%AD%A6%E5%A4%B7%E5%B1%B1%E5%BA%84
- 图 0-6：https：//www.sohu.com/a/128184823_618704
- 图 0-7：作者自绘

第 1 章

- 图 1-1：作者自绘
- 图 1-2：作者自绘
- 图 1-3：http：//www.sohu.com/a/73462807_392533，http：//k.sina.com.cn/article_6514518770_1844baaf200100cgih.html，https：//baijiahao.baidu.com/s?id=1682663028422243505&wfr=spider&for=pc，http：//k.sina.com.cn/article_6435190165_17f91359500100fzmv.html?wm=
- 图 1-4：https：//baijiahao.baidu.com/s?id=1658325120099919404&wfr=spider&for=pc
- 图 1-5：https：//baijiahao.baidu.com/s?id=1711024627702852470
- 图 1-6：https：//www.sohu.com/a/141129023_270449
- 图 1-7：https：//www.douban.com/photos/photo/1799081590/?cid=124818406
- 图 1-8：作者自绘

第 2 章

- 图 2-1：https：//www.sohu.com/a/396496316_149159

第 3 章

- 图 3-1：作者改绘
- 图 3-2：https：//www.world-architects.com/zh/architecture-news/found/making-the-louvres-glass-pyramid-disappear
- 图 3-3：https：//www.sohu.com/a/395543444_671118

◆ 图 3-4：https：//www.163.com/dy/article/F0PIJDHM0544785F.html

◆ 图 3-5：王海松提供

◆ 图 3-6：作者自摄

◆ 图 3-7：作者自摄

◆ 图 3-8：https：//zhidao.baidu.com/question/627745030316120364.html

◆ 图 3-9：作者自摄

◆ 图 3-10：https：//image.baidu.com/search/index?tn=baiduimage&ps=1&ct=201326592&lm=-1&cl=
2&nc=1&ie=utf-8&dyTabStr=MCwxLDMsNiw0LDUsMiw4LDcsOQ%3D%3D&word=%E6%9B%B2%E6%B1
%9F%E8%8A%99%E8%93%89%E5%9B%AD

◆ 图 3-11：https：//wenku.baidu.com/view/6f8636183968011ca30091e7.html

◆ 图 3-12：http：//www.bccicq.com/News/BusinessNews/2019-06-10/251.php

◆ 图 3-13：https：//www.sohu.com/a/367556502_281892

◆ 图 3-14：作者自绘

◆ 图 3-15：作者自绘

◆ 图 3-16：作者自摄、自绘

◆ 图 3-17：https：//www.ideabooom.com/9583，作者改绘

◆ 图 3-18：作者自摄、自绘

◆ 图 3-19：作者自摄、改绘

◆ 图 3-20：作者自绘

◆ 图 3-21：作者自摄

◆ 图 3-22：https：//ziliao.co188.com/p62557999.html

◆ 图 3-23：作者自绘

◆ 图 3-24：作者自绘

◆ 图 3-25：作者自绘

◆ 图 3-26：作者自绘

◆ 图 3-27：作者改绘

◆ 图 3-28：作者自摄

第 4 章

◆ 图 4-1：https：//www.sohu.com/a/217475639_100018657

◆ 图 4-2：https：//m.sohu.com/a/279843544_775247

◆ 图 4-3：http：//www.velux.com.cn/content/details17_30097.html

◆ 图 4-4：作者手绘

◆ 图 4-5：作者自摄

◆ 图 4-6：作者自摄

◆ 图 4-7：https：//zhuanlan.zhihu.com/p/64029489

◆ 图 4-8：https：//www.sohu.com/a/198797430_652964

◆ 图 4-9：作者自摄

◆ 图 4-10：作者自摄

◆ 图 4-11：http：//www.sohu.com/a/347589055_120123283

◆ 图 4-12：https：//www.archdaily.com/936959/taizhou-contemporary-art-museum-atelier-deshaus

◆ 图 4-13：https：//zhuanlan.zhihu.com/p/360992233

◆ 图 4-14：http：//xn--nfv12aw04b52z.com/items/20190218020508

◆ 图 4-15：https：//www.goooood.cn/prisoner-of-war-museum-of-jianchuan-museum-complex-china-by-cctn-design.htm

◆ 图 4-16：https：//cxcy.szcu.edu.cn/2019/1215/c922a35536/pagem.htm（作者改绘）

◆ 图 4-17：http：//www.jyzy.com/public/uploads/us/image/20200110/157863970310779

◆ 图 4-18：http：//www.sdzhibang.cn/zhibangwenwu/vip_doc/18027284.html

◆ 图 4-19：http：//www.360doc.com/content/20/0614/08/59736807_918363687.shtml

◆ 图 4-20：http：//www.ikuku.cn/project/yayun-xinxin-huisuo-weisiping

◆ 图 4-21：http：//www.ikuku.cn/project/yayun-xinxin-huisuo-weisiping

◆ 图 4-22：作者改绘

◆ 图 4-23：作者改绘

◆ 图 4-24：作者改绘

◆ 图 4-25：作者改绘

◆ 图 4-26：作者改绘

◆ 图 4-27：作者改绘

◆ 图 4-28：http：//www.360doc.com/content/17/1201/14/87990_708936304.shtml

◆ 图 4-29：作者改绘

◆ 图 4-30：https：//www.ivsky.com/tupian/zhongguo_guojiaguan_v54836/pic_857341.html

◆ 图 4-31：https：//wenku.baidu.com/view/761dd2331b2e453610661ed9ad51f01dc281571a.html

◆ 图 4-32：作者自摄

◆ 图 4-33：https：//www.sohu.com/a/309360651_696292

◆ 图 4-34：作者自摄

◆ 图 4-35：http：//www.360doc.com/content/16/0405/10/31887026_547772719.shtml

◆ 图 4-36：https：//www.dtxs.cn/index.php?ac=article&at=list&tid=66

- ◆ 图 4-37：作者自绘

- ◆ 图 4-38：作者自绘

- ◆ 图 4-39：https：//www.archdaily.cn/cn/799216/da-han-min-zu-gong-hua-nan-li-gong-da-xue-jian-zhu-she-ji-yan-jiu-yuan

- ◆ 图 4-40：https：//www.archdaily.cn/cn/893662/cheng-tai-zhu-yuan-shi-jing-dian-zuo-pin-nan-jing-bo-wu-yuan-zhu-jing-she-ji

- ◆ 图 4-41：作者改绘

- ◆ 图 4-42：https：//www.sohu.com/a/433424326_693803

- ◆ 图 4-43：https：//www.douban.com/note/554330256/

- ◆ 图 4-44：http：//k.sina.com.cn/article_6395826330_17d38909a01900jmds.html

- ◆ 图 4-45：https：//zhuanlan.zhihu.com/p/163013888

- ◆ 图 4-46：https：//zhuanlan.zhihu.com/p/163013888

- ◆ 图 4-47：https：//www.027art.com/design/gzh04/8717337.html

- ◆ 图 4-48：http：//www.ikuku.cn/project/dangdaiyishubowuguan

- ◆ 图 4-49：https：//www.docin.com/p-2117302584.html

- ◆ 图 4-50：https：//www.sohu.com/a/335025496_656460

- ◆ 图 4-51：https：//wenku.baidu.com/view/e1205a069e31433238689344.html

- ◆ 图 4-52：https：//wenku.baidu.com/view/29188017bcd126fff7050bc9.html

- ◆ 图 4-53：https：//baijiahao.baidu.com/s?id=1666708396371117785&wfr=spider&for=pc

- ◆ 图 4-54：http：//www.mafengwo.cn/poi/6522915.html

- ◆ 图 4-55：https：//m.zcool.com.cn/work/ZMzM1MDU5MjQ=.html

- ◆ 图 4-56：作者自摄

- ◆ 图 4-57：https：//www.sohu.com/a/224219522_185042

- ◆ 图 4-58：https：//www.jianzhuj.cn/news/1002150.html

- ◆ 图 4-59：https：//www.sohu.com/a/70120016_163533

- ◆ 图 4-60：https：//www.sohu.com/a/343064894_189054

- ◆ 图 4-61：https：//www.sohu.com/a/343064894_189054

- ◆ 图 4-62：https：//www.sohu.com/a/298124410_9990145

- ◆ 图 4-63：https：//www.51tietu.net/album/1725624/9341593.html

第5章

- ◆ 图 5-1：https：//wenku.baidu.com/view/b50333fb52e2524de518964bcf84b9d528ea2c6e.html

- ◆ 图 5-2：https：//www.archdaily.cn/cn/757938/adjing-dian-gan-cheng-zhang-jia-gong-yu-da-

lou/50380f9e28ba0d599b000bfc-ad-classics-kanchanjunga-apartments-charles-correa-image?next_
project=no

- 图 5-3：https：//www.douban.com/note/781244496/?type=rec

- 图 5-4：作者手绘

- 图 5-5：https：//zhuanlan.zhihu.com/p/137214921

- 图 5-6：https：//www.sohu.com/a/276238434_100012489

- 图 5-7：https：//wenku.baidu.com/view/5c364ae7f02d2af90242a8956bec0975f565a4e3.html

- 图 5-8：http：//www.ikuku.cn/project/yuhu-wanxiao-lixiaodong

- 图 5-9：http：//www.cnlandscaper.com/jingguancase/show-1459.html

- 图 5-10：作者自摄

- 图 5-11：http：//www.ideamass.com.cn/contents/157/30.html

- 图 5-12：http：//www.archina.com/index.php?g=works&m=index&a=show&id=806

- 图 5-13：https：//baijiahao.baidu.com/s?id=1631566066015665063&wfr=spider&for=pc

- 图 5-14：https：//www.sohu.com/a/138407883_481639

- 图 5-15：https：//www.sohu.com/a/307766901_538080

- 图 5-16：https：//www.sohu.com/a/238405171_374680

- 图 5-17：https：//www.sohu.com/a/116405894_505093

- 图 5-18：https：//www.sohu.com/a/41518336_200412

- 图 5-19：https：//baike.baidu.com/item/%E6%9D%AD%E5%B7%9E%E8%A5%BF%E6%B9%96%E5%9B
%BD%E5%AE%BE%E9%A6%86/6337486?fromtitle=%E6%9D%AD%E5%B7%9E%E5%9B%BD%E5%A
E%BE%E9%A6%86&fromid=15508713

- 图 5-20：https：//baijiahao.baidu.com/s?id=1663828573663659307&wfr=spider&for=pc

- 图 5-21：https：//wenku.baidu.com/view/17972200f78a6529647d5372.html

- 图 5-22：http：//www.ikuku.cn/post/13341

- 图 5-23：https：//image.baidu.com/search/index?tn=baiduimage&ct=201326592&lm=-1&cl=2&ie=gb18030
&word=%CC%D8%BC%AA%B0%CD%B0%C2%CE%C4%BB%AF%D6%D0%D0%C4&fr=ala&ala=1&alat
pl=normal&pos=0&dyTabStr=MCwzLDEsNiwyLDQsNSw3LDgsOQ%3D%3D

- 图 5-24：https：//baijiahao.baidu.com/s?id=1676623225730492794&wfr=spider&for=pc

- 图 5-25：https：//archt.xmu.edu.cn/info/1022/2659.htm

- 图 5-26：http：//www.dacyo.com/article-132-1.html

- 图 5-27：https：//www.archdaily.cn/cn/869754/adjing-dian-mei-guo-dian-hua-dian-bao-da-lou-at-and-
t-building-fei-li-pu-star-yue-han-xun-he-yue-han-star-bo-ji

- 图 5-28：http：//www.jssks.com/index.php?c=article&id=4672

◆ 图 5-29：https：//www.sohu.com/a/384731952_120445113

◆ 图 5-30：https：//www.sohu.com/a/413228451_100246286

◆ 图 5-31：作者自摄

◆ 图 5-32：https：//m.sohu.com/a/208023567_704201

◆ 图 5-33：http：//www.ikuku.cn/project/yangshuo-xiaojiefang-biaozhun-yingzao

◆ 图 5-34：http：//jz.jzsc.net/wenhuazhanlanjianzhu/13/36639

◆ 图 5-35：https：//www.sohu.com/a/116405894_505093

◆ 图 5-36：http：//www.ikuku.cn/project/liangshan-minzuwenhua-yishuzhongxin-cuikai

◆ 图 5-37：作者改绘

◆ 图 5-38：作者改绘

◆ 图 5-39：作者改绘

◆ 图 5-40：作者改绘

◆ 图 5-41：https：//baijiahao.baidu.com/s?id=1681608255757245216&wfr=spider&for=pc

◆ 图 5-42：https：//www.sohu.com/a/210420354_482010

◆ 图 5-43：https：//www.douban.com/note/682128053/

◆ 图 5-44：https：//travel.qunar.com/p-pl3890967

◆ 图 5-45：https：//wenku.baidu.com/view/5a1c0c0e27284b73f24250ad.html

◆ 图 5-46：http：//www.archcollege.com/archcollege/2018/10/42002.html

◆ 图 5-47：https：//c-ssl.duitang.com/uploads/item/201502/02/20150202182628_BV4Bt.thumb.1000_0.jpeg

◆ 图 5-48：http：//img03.o2oteam.com/wp-content/uploads/2018/01/201712301146235a470c0f8748a.jpg

◆ 图 5-49：https：//new.qq.com/omn/20210724/20210724A0CHFK00.html

◆ 图 5-50：https：//baijiahao.baidu.com/s?id=1612269932224477028&wfr=spider&for=pc

◆ 图 5-51：https：//image.baidu.com/search/detail?ct=503316480&z=0&ipn=d&word

◆ 图 5-52：https：//courses.gdut.edu.cn/mod/page/view.php?id=2059

◆ 图 5-53：https：//courses.gdut.edu.cn/mod/page/view.php?id=2059

◆ 图 5-54：作者自摄

◆ 图 5-55：作者自摄

第6章

◆ 图 6-1：作者改绘

◆ 图 6-2：https：//image.so.com/view?q=%E5%BC%A0%E9%9B%B7%E5%BB%BA%E7%AD%91%E5%B8%88&src=tab_www&correct=%E5%BC%A0%E9%9B%B7%E5%BB%BA%E7%AD%91%E5%B8%88&ancestor=list&cmsid=3cd3484c2c49d734d14832bb00bb5f69&cmras=0&cn=0&gn=0&kn=0&crn=0&bxn=20&fsn

=80&cuben=0&pornn=0&manun=0&adstar=0&clw=254#id=9e26cbf699a26790cfeb97fda59d795a&currsn=0&ps=72&pc=72

◆ 图 6-3：http：//spro.so.com/searchthrow/api/midpage/throw563255

◆ 图 6-4：https：//image.so.com/view?q=%E5%9B%9B%E5

◆ 图 6-5：https：//www.jiemian.com/article/309812.html

◆ 图 6-6：https：//www.sohu.com/a/168089582_163548

◆ 图 6-7：https：//www.biud.com.cn/news-view-id-751443.html

◆ 图 6-8：https：//www.thepaper.cn/newsDetail_forward_10035799

◆ 图 6-9：http：//blog.sina.com.cn/s/blog_72a9c1e10102e69v.html

◆ 图 6-10：http：//www.alwindoor.com/info/2017-2-23/42560-1.htm

◆ 图 6-11：http：//www.sohu.com/a/425010492_104714

◆ 图 6-12：https：//image.so.com/view?q=2019%E4%B8%AD%E5%9B%BD%E5%8C%97%E4%BA%AC%E4%B8%96%E7%95%8C%E5%9B%AD%E8%89%BA%E5%8D%9A%E8%A7%88%E4%BC%9A%E4%B8%AD%E5%9B%BD%E9%A6%86&src=srp&correct=2019%E4%B8%AD%E5%9B%BD%E5%8C%97%E4%BA%AC%E4%B8%96%E7%95%8C%E5%9B%AD%E8%89%BA%E5%8D%9A%E8%A7%88%E4%BC%9A%E4%B8%AD%E5%9B%BD%E9%A6%86&ancestor=list&cmsid=3217a16d098b3ba6ed6a5971dce8c6b2&cmras=6&cn=0&gn=0&kn=0&crn=0&bxn=0&fsn=60&cuben=0&pornn=0&manun=0&adstar=0&clw=254#id=37f10fbd1969453ce635a24974dc3b89&currsn=0&ps=56&pc=56

◆ 图 6-13：http：//www.thinksunkj.com/products_ny.php?classid=151&infoid=863

◆ 图 6-14：https：//www.sohu.com/a/458446383_791225

◆ 图 6-15：http：//www.yongchang.gov.cn/szyw/zwyw/bmdt/whtylyj/content_53671

◆ 图 6-16：http：//sz.bendibao.com/tour/2019109/ly822623.html

◆ 图 6-17：http：//nj.soufy.cn/news/article_94786.html

◆ 图 6-18：http：//nj.soufy.cn/news/article_94786.html

◆ 图 6-19：https：//www.sohu.com/a/461679699_120099297

◆ 图 6-20：https：//bbs.zhulong.com/101020_group_691/detail32626618/?louzhu=1

◆ 图 6-21：https：//huaban.com/pins/1548045252/

◆ 图 6-22：作者自绘

◆ 图 6-23：https：//www.geek-share.com/detail/2746684262.html

◆ 图 6-24：https：//www.tlaidesign.com/beijing-tsinghua-ocean-center-open.html

◆ 图 6-25：作者自摄

◆ 图 6-26：http：//www.youfangkongjian.cn/items/ab1e7331c7

◆ 图 6-27：http：//www.mafengwo.cn/sales/6934262.html

- 图 6-28：http：//m.thepaper.cn/rss_newsDetail_12803670

- 图 6-29：https：//www.zcool.com.cn/work/ZNDM0ODgwNjQ=.html

- 图 6-30：https：//www.sohu.com/a/456253826_120209831

- 图 6-31：https：//www.archdaily.cn/cn/885409/moma-xuan-bu-2019nian-du-qing-nian-jian-zhu-shi-ji-hua-da-jiang-ying-jia

- 图 6-32：https：//jz.docin.com/buildingwechat/index.do?buildwechatId=8490

- 图 6-33：https：//card.weibo.com/article/m/show/id/2309404564617195290659

- 图 6-34：https：//www.163.com/dy/article/F7L05B5T0515DTVT.html

- 图 6-35：http：//www.zshid.com/?c=building&a=view&id=3837

- 图 6-36：https：//www.sohu.com/a/447530033_99940497

- 图 6-37：https：//www.sohu.com/a/429572392_699107

- 图 6-38：http：//xhpfmapi.zhongguowangshi.com/vh512/share/9034648

- 图 6-39：https：//www.meipian.cn/1mvmwylv

第 7 章

- 图 7-1：作者自供

- 图 7-2：http：//www.sohu.com/a/120628539_480173

- 图 7-3~ 图 7-59：作者自供

附录 2：表格来源

第 1 章

- 表 1-1：作者自绘

- 表 1-2：

中国皇家建筑——北京故宫 https：//www.sohu.com/a/121770424_434623

欧洲哥特建筑——巴黎圣母院 https：//stock.tuchong.com/

文艺复兴建筑——佛罗伦萨大教堂 https：//www.vjshi.com/watch/4324661.html

现代主义建筑——巴黎萨伏伊别墅 http：//www.iarch.cn/thread-41471-1-1.html

第 4 章

- 表 4-1：作者自绘

第 5 章

◆ 表 5-1：作者自绘

◆ 表 5-2：

儿童之家：https：//www.sohu.com/a/479562132_121088816

那霸市立小学：作者自绘

理查德医学研究中心：https：//www.sohu.com/a/200824454_338813

美国短期学生保险公司大楼：https：//baijiahao.baidu.com/s?id=1725737188643144765

特吉巴奥文化中心：https：//www.163.com/dy/article/DR5QET2B05149MT6.html

◆ 表 5-3：

巴黎国际博览会芬兰馆：http：//blog.sina.com.cn/s/blog_673151390102vhs9.html

玛利亚别墅：https：//max.book118.com/html/2017/0521/108182200.shtm

麻省理工学院的贝克楼：https：//www.sohu.com/a/363054056_200550

赫尔辛基文化宫：https：//www.sohu.com/a/442941984_120052654

珊纳特赛罗市政中心：https：//www.sohu.com/a/234277840_440503

沃尔夫斯堡文化中心：https：//www.163.com/dy/article/DCKK9JO90516HD48.html

第 6 章

◆ 表 6-1：作者自绘

第 7 章

◆ 表 7-1：作者自绘

参考文献

[1] 王蒙．王蒙谈文化自信 [M]．北京：人民出版社，2017．

[2] 王京生．我们需要什么样的文化繁荣 [M]．北京：社会科学文献出版社，2014．

[3] 徐兴无．龙凤呈祥——中国文化的特征、结构与精神 [M]．北京：人民出版社，2017．

[4] （德）马克思·韦伯．学术与政治 [M]．钱永祥，等，译．上海：上海三联书店，1998．

[5] （美）肯尼思·弗兰姆普敦．现代建筑：一部批判的历史 [M]．张钦楠，译．北京：生活·读书·新知三联书店，2004．

[6] 卢洁锋．吕彦直与黄檀甫——广州中山纪念堂秘闻 [M]．广州：花城出版社，2007．

[7] 邓庆坦．中国近、现代建筑历史整合研究论纲 [M]．北京：中国建筑工业出版社，2008．

[8] （美）肯尼思·弗兰姆普敦．建构文化研究——论 19 世纪和 20 世纪建筑中的建造诗学 [M]．王骏阳，译．北京：中国建筑工业出版社，2007．

[9] 武云霞．日本建筑之道——民族性与时代性共生 [M]．哈尔滨：黑龙江美术出版社，1997．

[10] 汪永平，张敏燕．印度现代建筑——从传统向现代转型 [M]．南京：东南大学出版社，2017．

[11] 王受之．世界现代建筑史 [M]．北京：中国建筑工业出版社，1999．

[12] （荷）亚历山大·佐尼斯，利亚纳·勒费尔夫．批判性地域主义——全球化世界中的建筑及其特性 [M]．王丙晨，译．北京：中国建筑工业出版社，2007．

[13] 齐康．宜居环境整体建筑学架构研究 [M]．南京：东南大学出版社，2013．

[14] 崔愷．本土设计 [M]．北京：中国建筑工业出版社，2008．

[15] 李翔宁．当代中国建筑读本 [M]．北京：中国建筑工业出版社，2017．

[16] 当代中国建筑设计现状与发展课题研究组．当代中国建筑设计现状与发展 [M]．南京：东南大学出版社，2014．

[17] （美）阿摩斯·拉普卜特．文化特性与建筑设计 [M]．常青，译．北京：中国建筑工业出版社，2004．

[18] 刘晓平．跨文化建筑语境中的建筑思维 [M]．北京：中国建筑工业出版社，2011．

[19] （美）尼克斯·A·萨林加罗斯．反建筑与解构主义新论 [M]．李春青，译．北京：中国建筑工业出版社，2010．

[20] （美）哈里·弗朗斯西·马尔格雷夫．建筑理论导读——从 1968 年到现在 [M]．赵前，周卓艳，高颖，译．北京：中国建筑工业出版社，2017．

[21] 张岱年，方克立．中国文化概论 [M]．北京：北京师范大学出版社，1995．

[22] （英）爱德华·泰勒伯．原始文化 [M]．连树声，译．桂林：广西师范大学出版社，2005．

[23] （英）马林诺夫斯基．文化论 [M]．费孝通，译．香港：华夏出版社，2000．

[24] 陈华文．文化学概论新编 [M]．北京：首都经济贸易大学出版社，2009．

[25] 吕思勉．吕思勉文集 [M]．上海：华东师范大学出版社，1997．

[26] 钱穆．文化与教育 [M]．桂林：广西师范大学出版社，2004．

[27] 王前．生机的意蕴——中国文化背景的机体哲学 [M]．北京：人民出版社，2017．

[28] 蒋涤非 . 城市形态活力论 [M]. 南京：东南大学出版社，2007.

[29] （美）西奥多·罗斯福 . 赞奋斗不息 [M]. 上海：世纪公司出版社，1900.

[30] （德）恩格斯 . 自然辩证法 [M]. 中共中央马克思恩格斯列宁斯大林著作编译局，译 . 北京：人民出版社，1984.

[31] 北京大学哲学系外国哲学史教研室 . 西方哲学原著选读（上卷）[M]. 北京：商务印书馆，1983.

[32] 李晓东，杨茳善 . 中国空间 [M]. 北京：中国建筑工业出版社，2007.

[33] 陈廷佑 . 书法之美的本原与创新 [M]. 北京：人民美术出版社，1999.

[34] 薛富兴 . 东方神韵——意境论 [M]. 北京：人民文学出版社，2000.

[35] （法）弗雷德里克·马特尔 . 主流——谁将打赢全球文化战争 [M]. 刘成富，房美，胡园园，等，译 . 北京：商务印书馆，2012.

[36] 陈先达 . 文化自信中的传统与当代 [M]. 北京：北京师范大学出版社，2017.

[37] （英）彼得·伯克 . 文化杂交 [M]. 杨元，蔡玉辉，译 . 南京：译林出版社，2016.

[38] 汉宝德 . 建筑、历史、文化：汉宝德论传统建筑 [M]. 北京：清华大学出版社，2014.

[39] 常青 . 中华文化通志·建筑志 [M]. 北京：人民出版社，1998.

[40] 徐千里 . 创造与评价的人文尺度——中国当代建筑文化分析与批评[M].北京：中国建筑工业出版社，2000.

[41] 杨豪中 . 保护文化传承的新农村建设 [M]. 北京：中国建筑工业出版社，2015.

[42] 常青 . 历史环境的再生之道——历史意识与设计探索 [M]. 北京：中国建筑工业出版社，2009.

[43] 王建国 . 城市设计 [M]. 南京：东南大学出版社，2016.

[44] 刘捷 . 城市形态的整合 [M]. 南京：东南大学出版社，2004.

[45] 方可 . 当代北京旧城更新 [M]. 北京：中国建筑工业出版社，2000.

[46] （英）理查德·罗杰斯 . 建筑的梦想：公民、城市与未来 [M]. 张寒，译 . 海口：南海出版公司，2020.

[47] 时匡，（美）加里·赫克，林中杰 . 全球化时代的城市设计 [M]. 北京：中国建筑工业出版社，2006.

[48] （挪）克里斯蒂安·诺伯格 – 舒尔茨 . 西方建筑的意义 [M]. 李路珂，欧阳恬之，译 . 北京：中国建筑工业出版社，2005.

[49] （美）肯尼思·弗兰姆普敦 . 理查德·迈耶 [M]. 苏艳娇，译 . 大连：大连理工大学出版社，2004.

[50] 罗小未 . 外国近现代建筑史 [M]. 北京：中国建筑工业出版社，2004.

[51] （日）安藤忠雄 . 安藤忠雄连战连败 [M]. 张健，蔡军，译 . 北京：中国建筑工业出版社，2005.

[52] 王建国 . 现代城市设计理论和方法 [M]. 南京：东南大学出版社，2005.

[53] 唐纳德·沃特森 . 城市设计手册 [M]. 北京：中国建筑工业出版社，2006.

[54] 王受之 . 世界现代建筑史 [M]. 北京：中国建筑工业出版社，2006.

[55] （日）黑川纪章 . 黑川纪章城市设计的思想与手法 [M]. 覃力，译 . 北京：中国建筑工业出版社，2004 .

[56] （日）安藤忠雄 . 安藤忠雄论建筑 [M]. 白林，译 . 北京：中国建筑工业出版社，2005.

[57] 程泰宁 . 语言与境界 [M]. 北京：中国电力出版社，2016.

[58] 侯幼彬. 中国建筑美学 [M]. 北京：中国建筑工业出版社，2018.

[59] 李允鉌. 华夏意匠——中国古典建筑设计原理分析 [M]. 香港：广角镜出版社，1984.

[60] 崔愷. 本土设计 Ⅱ [M]. 北京：知识产权出版社，2016.

[61] （德）黑格尔. 美学·第一卷 [M]. 朱光潜，译. 北京：商务印书馆，1996.

[62] 侯幼彬. 中国建筑之道 [M]. 北京：中国建筑工业出版社，2013.

[63] 冯正功. 延续建筑 [M]. 北京：中国建筑工业出版社，2019.

[64] 刘加平. 绿色建筑概论 [M]. 北京：中国建筑工业出版社，2012.

[65] 李泽厚. 华夏美学 [M]. 天津：天津社会科学出版社，2002.

[66] （美）菲利普·朱迪狄欧. 贝聿铭全集 [M]. 黄萌，译. 北京：电子工业出版社，2017.

[67] 王辉. 意境空间：中国美学与建筑设计 [M]. 北京：中国建筑工业出版社，2018.

[68] 程泰宁. 无形·有形·无形：四川建川博物馆战俘馆建筑创作札记 [J]. 建筑创作，2006.

[69] 刘方. 中国美学的基本精神及其现代意义 [M]. 成都：巴蜀书社，2005.

[70] 胡飞. 中国传统设计思维方式探索 [M]. 北京：中国建筑工业出版社，2007.

[71] 陈伯冲. 建筑形式论——迈向图像思维 [M]. 北京：中国建筑工业出版社，1996.

[72] 何蓓洁，王其亨. 清代样式雷世家及其建筑图档研究史 [M]. 北京：中国建筑工业出版社，2019.

[73] （德）gmp 冯·格康，玛格及合作者建筑事务所. GMP[M]. 何崴，赵晓波，李华东，等，译. 北京：清华大学出版社，2004.

[74] 张钦楠. 建筑设计方法学 [M]. 西安：陕西科学技术出版社，1995.

[75] （荷）赫曼·赫兹伯格. 建筑学教程2：空间与建筑师 [M]. 刘大馨，古红缨，译. 天津：天津大学出版社，2003.

[76] （英）乔纳森·A·黑尔. 建筑理念——建筑理论导论 [M]. 方滨，王涛，译. 北京：中国建筑工业出版社，2015.

[77] 钱钟书. 旧文四篇 [M]. 上海：上海古籍出版社，1979.

[78] 朱光潜. 朱光潜文集·第一卷 [M]. 安徽：安徽教育出版社，1987.

[79] （美）Matthew Carmona. 城市设计的维度——公共空间·城市空间 [M]. 冯江，袁粤，傅娟，等，译. 南京：江苏科学技术出版社，2005.

[80] （美）约翰·罗贝尔. 静谧与光明：路易斯·康建筑中的精神 [M]. 成寒，译. 台北：詹氏书局，1989.

[81] 李大夏. 路易斯·康 [M]. 北京：中国建筑工业出版社，1999.

[82] （日）原口秀昭. 路易斯·康的空间构成 [M]. 徐苏宁，吕飞，译. 北京：中国建筑工业出版社，2007.

[83] （瑞）克劳斯 – 彼得·加斯特. 路易斯·康：秩序的理念 [M]. 马琴，译. 北京：中国建筑工业出版社，2007.

[84] （美）戴维·B·布朗宁. 戴维·G·德·龙，路易斯·康：在建筑的王国中 [M]. 马琴，译. 北京：中国建筑工业出版社，2004.

[85]（澳）詹妮弗·泰勒.槙文彦的建筑——空间·城市·秩序和建造 [M].马琴，译.北京：中国建筑工业出版社，2007.

[86]（德）汉诺 – 沃尔特·克鲁夫特.建筑理论史——从维特鲁威到现在 [M].王贵祥，译.北京：中国建筑工业出版社，2005.

[87] Le Corbusier.Towards a New Architecture [M]. Architectural Press，1946.

[88] 王冬梅.建筑文化学六艺 [M].合肥：合肥工业大学出版社，2013.

[89]（瑞）W·博奥席耶.勒·柯布西耶全集（第一卷）[M].牛燕芳，程超，译.北京：中国建筑工业出版社，2005.

[90]（丹）S·E·拉斯姆森.建筑体验 [M].刘亚芬，译.北京：知识产权出版社，2012.

[91]（英）理查德·帕多万.比例——科学·哲学·建筑 [M].周玉鹏，刘耀辉，译.北京：中国建筑工业出版社，2007.

[92] 大师系列丛书编辑部.路易斯·巴拉甘的作品与思想 [M].北京：中国电力出版社，2006.

[93] 崔愷，刘恒.绿色建筑设计导则 [M].北京：中国建筑工业出版社，2021.

[94] 李翔宁.走向批判的实用主义——当代中国建筑 [M].桂林：广西师范大学出版社，2018.

[95]（日）隈研吾，日本株式会社新建筑社.隈研吾的材料研究室 [M].陆宇星，谭露，译.北京：中信出版集团，2020.

[96]（美）查尔斯·詹克斯.什么是后现代主义 [M].李大夏，译.天津：天津科学技术出版社，1988.

[97] 谢略.当代俄罗斯建筑创作发展研究 1991—2010[M].北京：中国建筑工业出版社，2018.

[98] 中华人民共和国住房和城乡建设部.中国传统建筑解析与传承·江苏卷 [M].北京：中国建筑工业出版社，2016.

[99] 刘其伟.人类艺术学：原始思维与创作 [M].台北：台湾雄狮图书公司，2005.

[100] 汪丽君.建筑类型学 [M].天津：天津大学出版社，2005.

[101] 陈镌，莫天伟.建筑细部设计 [M].上海：同济大学出版社，2002.

[102]（美）查尔斯·詹克斯，卡尔·克罗普夫.当代建筑的理论和宣言 [M].周玉鹏，雄一，张鹏，译.北京：中国建筑工业出版社，2005.

[103] 任憑.建筑视觉形式的修辞与演化 [M].北京：中国建筑工业出版社，2019.

[104] 蔡永洁.城市广场 [M].南京：东南大学出版社，2006.

[105]（美）唐纳德·沃特森.城市设计手册 [M].刘海龙，郭凌云，俞孔坚，等，译.北京：中国建筑工业出版社，2006.

[106] 秦凯臻，王建国.阿尔瓦罗·西扎 [M].北京：中国建筑工业出版社，2005.

[107]（意）阿尔多·罗西.城市建筑学 [M].黄士钧，译.北京：中国建筑工业出版社，2006.

[108]（法）勒·柯布西耶.明日之城市 [M].李浩，译.北京：中国建筑工业出版社，2009.

[109]（意）贾尼·布拉费瑞.阿尔多·罗西 [M].王莹，译.沈阳：辽宁科学技术出版社，2005.

[110] 马国馨.丹下健三[M].北京:中国建筑工业出版社,1989.

[111] (英)彼得·柯林斯.现代建筑设计思想的演变:1750—1950[M].英若聪,译.北京:中国建筑工业出版社,1987.

[112] (美)罗伯特·文丘里.建筑的复杂性与矛盾性[M].周卜颐,译.南京:江苏凤凰科学技术出版社,2018.

[113] 崔愷,刘恒.绿色建筑设计导则[M].北京:中国建筑工业出版社,2020.

[114] 丁洁民.遵义市娄山关红军战斗遗迹陈列馆,TJAD2012–2017作品选[M].桂林:广西师范大学出版社,2017.

[115] (美)简·雅各布斯.美国大城市的死与生[M].金衡山,译.南京:译林出版社,2005.

[116] 刘晓平.跨文化建筑语境中的建筑思维[M].北京:中国建筑工业出版社,2011.

[117] (荷)林·凡·杜茵,(荷)S·翁贝托·巴尔别里.从贝尔拉赫到库哈斯——荷兰建筑百年1901–2000[M].吕品晶,何可人,刘斯雍,等,译.北京:中国建筑工业出版社,2009.

[118] 夏桂平.解析建筑现代性及其当代表达[J].新建筑,2009(5).

[119] 朱亦民.现代性与地域主义——解读《走向批判的地域主义——抵抗建筑学的六要点》[J].新建筑,2013(3).

[120] 陈坚,黄惠菁.梁思成的建筑文化观与现代性[J].新建筑,2010(6).

[121] 郦伟,胡超文.意识形态与中国建筑的现代性探索[J].惠州学院学报(自然科学版),2009(12).

[122] 黄元炤.倾听中国现代建筑的思想回声:专访黄元炤[J].城市中国,2018(10).

[123] 彭怒,王凯,王颖."构想我们的现代性:20世纪中国现代建筑历史研究的诸视角"会议综述[J].时代建筑,2015(5).

[124] 徐千里.从中国文化到建筑现代性——当代中国建筑艺术风尚的嬗变[J].新建筑,2004(1).

[125] 何镜堂.基于"两观三性"的建筑创作理论与实践[J].华南理工大学学报(自然科学版),2012(10).

[126] 常青.从风土观看地方传统在城乡改造中的延承——风土建筑谱系研究[J].时代建筑,2013(3).

[127] 姚东辉,宗晨玫."世界性建筑"的观念和诠释——布鲁诺·陶特的东方经历及其现代建筑普遍性视角[J].南方建筑,2018(4).

[128] 李琦.真西方与本土·本质的建筑——有感于印度建筑师B·V·多西[J].南方建筑,2002(1).

[129] 金秋野.花园里的花园:杰弗里·巴瓦和他的"顺势设计"[J].建筑学报,2017(13).

[130] 葛明,陈洁萍.杰弗里·巴瓦剖面研究[J].建筑学报,2017(3).

[131] 沈克宁.批判的地域主义[J].建筑师,2004(10).

[132] 何镜堂.文化传承与建筑创新[J].时代建筑,2012(2).

[133] 解琦.从建筑文化学的视角看当前中国建筑的困境[J].建筑与文化,2007(4).

[134] 高介华.关于建筑文化学研究[J].重庆建筑大学学报(社科版),2000(3).

[135] 王志德.苏珊·朗格美学思想与卡西尔文化哲学整体观之理论渊源[J].艺术百家,2013(6).

[136] 赵岩. 本土文化缺失导致的文化失语现象及对策研究 [J]. 前沿，2011（24）.

[137] 陆璐，凌世德. 一觉二十年，风雨中国梦——解读实验性建筑师对"中国性"表达的探索 [J]. 华中建筑，2013（7）.

[138] 麦永雄. 论德勒兹生态美学思想：地理哲学、生机论和机器论 [J]. 清华大学学报（哲学社会科学版），2013（6）.

[139] 蒋谦. "生机"视域下的机体哲学探索 [J]. 科学技术哲学研究，2018（4）.

[140] 国际建筑师协会. 北京宪章 [J]. 中外建筑，1994（4）.

[141] 郑时龄. 全球化影响下的中国城市与建筑 [J]. 建筑学报，2014.

[142] 威尼斯宪章·保护文物建筑及历史地段的国际宪章 [J]. 世界建筑，1986.

[143] 关于中国特色的文物古建筑保护维修理论与实践的共识——曲阜宣言 [J]. 古建园林技术，2006（1）.

[144] 常青. 思考与探索——旧城改造中的历史空间存续方式 [J]. 建筑师，2014（4）.

[145] 唐玉恩. 古越本色，乡土沉淀——绍兴博物馆设计 [J]. 时代建筑，2013（3）.

[146] 肖诚. 天路——西藏非物质文化遗产博物馆札记 [J]. 建筑学报，2019（11）.

[147] 鲁安东. 考古建筑学与人工环境——对五龙庙环境整治设计的思考 [J]. 时代建筑，2016（4）.

[148] 周榕. 有龙则灵——五龙庙环境整治设计"批判性复盘" [J]. 建筑学报，2016（8）.

[149] 卢济威，李长君. 城市整合——浙江临海崇和门广场城市设计 [J]. 建筑学报，2002（1）.

[150] 福斯特及合伙人事务所. 大英博物馆的中央庭院 [J]. 世界建筑，2002（6）.

[151] 刘崇霄. 一样的旧，不同的新：几位明星建筑师旧建筑改造的观察 [J]. 建筑师，2004（6）.

[152] 许扬帆，王冬. 含蓄的"介入"与悄然的"重构"——泰特现代美术馆更新改造方法探究 [J]. 建筑与文化，2018（7）.

[153] 吴良镛. 最尖锐的矛盾和最优越的机遇 [J]. 建筑学报，2004（1）.

[154] 朱志荣. 中国美学的"天人合一"观 [J]. 西北师大学报（社会科学版），2005（3）.

[155] 金秋野，张霓珂. 若即若离——从龙美术馆的空间组织逻辑谈起 [J]. 建筑师，2016（6）.

[156] 青峰. 墙后絮语——关于台州当代美术馆的讨论 [J]. 时代建筑，2019（5）.

[157] 茹雷. 韵外之致——大舍建筑设计事务所的龙美术馆西岸馆 [J]. 时代建筑，2014（4）.

[158] 王澍. 中国美术学院象山校园一、二期工程 [J]. 世界建筑，2012（5）.

[159] 德国维思平建筑设计有限公司专辑. 亚运新新生活会 [J]. 世界建筑导报，2004（3，4）.

[160] GMP 在华设计项目专辑. 华东师范大学嘉定校区 [J]. 世界建筑导报，2003（1，2）.

[161] 冯纪忠. 风景开拓议 [J]. 建筑学报，1984（8）.

[162] 徐行川. 承传统之蕴，创现代之风——拉萨贡嘎机场候机楼藏族建筑文化的探索 [J]. 建筑学报，2001（1）.

[163] 马清运. 类型概念及建筑类型学 [J]. 建筑师，1980（38）.

[164] 张雷，雷晓华. 场所与时间的建筑——云夕博物纪面对自然的 3 次消失 [J]. 建筑学报，2021（3）.

[165] 罗德胤，孙娜．村落保护和乡村振兴的松阳路径 [J]．建筑学报，2021（1）．

[166] 徐甜甜．松阳故事：建筑针灸 [J]．建筑学报，2021（1）．

[167] 张锦秋．城市文化孕育着建筑文化 [J]．建筑学报，1988．

[168] 王明贤．九十年代中国实验性建筑 [J]．文艺研究，1988（1）．

[169] 崔愷．时代与地理决定性：北京 2022 冬奥会建设研讨 [J]．建筑学报，2021（7，8）．

[170] 黄卿云，刘鹤群，程泰宁．言外之意——温岭博物馆建筑创作后记 [J]．建筑学报，2019（10）．

[171] 何镜堂，倪阳，等．胜利纪念与城市生活交融——南京大屠杀遇难同胞纪念馆三期设计思考 [J]．建筑学报，2016（5）．

[172] 吴斌．文化·聚落——敦煌市公共文化综合服务中心设计 [J]．建筑学报，2020（5）．

[173] 周榕，李虎，黄文菁．营造"微观湿件系统"的社会生态实验——有关深圳坪山大剧院的对话体评论 [J]．建筑学报，2020（10）．

[174] 张永和，鲁力佳．吉首美术馆 [J]．建筑学报，2019（11）．

[175] 朱培．根源性与当代性——景德镇御窑博物馆的创作思考 [J]．建筑学报，2020（11）．

[176] 张鹏举．生成：罕山生态馆和游客中心设计 [J]．建筑学报，2016（9）．

[177] 朱培栋．从"音院山居"到"流动地景"——浙江音乐学院的场所营造 [J]．建筑学报，2016（10）．

[178] 业余建筑工作室．省略的世界——中国美术学院象山校园记述 [J]．世界建筑，2012（5）．

[179] 邵伟平，等．高层建筑的现状与未来 [J]．建筑学报，2019（3）．

[180] 任力之，等．上海中心大厦的城市性实践 [J]．建筑学报，2019（3）．

[181] 高泉，顾峰．互联网世界的大门——深圳·腾讯滨海大厦 [J]．建筑学报，2019（3）．

[182] 李虎，黄文菁．清华大学海洋楼 [J]．建筑学报，2017（3）．

[183] 史建，冯恪如．王澍访谈——恢复想象的中国建筑教育传统 [J]．世界建筑，2012（5）．

[184] 李凯生．形式书写与织体城市——作为方法和观念的象山校园 [J]．世界建筑，2012（5）．

[185] 刘家琨．文里·松阳三庙文化交流中心 [J]．建筑学报，2021（1）．

[186] 邵韦平．"数字"铸就建筑之美：北京凤凰国际传媒中心 [J]．时代建筑，2012（5）．

[187] 李立．大都无城，大象无形——二里头夏都遗址博物馆的创作思考 [J]．建筑学报，2021（1）．

[188] 陆地．走向"生活世界"的建构：建筑遗产价值观的转变与建筑遗产再生 [J]．时代建筑，2013（3）．

[189] 唐克扬．历史保护的是现在：一种建筑时间在纽约的最近 10 分钟 [J]．时代建筑，2013（3）．

[190] 马岩松．乐成四合院幼儿园 [J]．建筑学报，2021（11）．

[191] 董功．阿丽拉阳朔糖舍酒店 [J]．建筑学报，2018（1）．

[192] 王辉．2019 第二届全国青年运动会西侯度遗址圣火采集点 [J]．建筑学报，2020（11）．

[193] 彭怒，等．中国现代建筑的一个经典读本——习习山庄解析 [J]．时代建筑，2007（5）．

[194] 肖伟，宋奕．以快应变：新冠肺炎疫情下的"抗议设计"思考 [J]．建筑学报，2020（3，4）．

[195] 王建国．别开林壑、随物赋形、构筑一体——扬州江苏省园艺博览会主展馆建筑设计 [J]．建筑学报，

2019（11）.

[196] 程泰宁，费移山.语言·意境·境界——程泰宁院士建筑思想访谈录 [J]. 建筑学报，2018（10）.

[197] 高介华.关于建筑文化学研究 [J]. 重庆建筑大学学报（社科版），2000（3）.

[198] 王志德.苏珊·朗格美学思想与卡西尔文化哲学整体观之理论渊源 [J]. 艺术百家，2013（6）.

[199] 青峰.吃火锅的人 [J]. 建筑师，2016（4）.

[200] 郭馨，等.数技智造——天颐湖儿童体验馆设计与数字技术运用 [J]. 建筑学报，2017（5）.

[201] 帕特里克·舒马赫.参数化主义：参数化的范式和新风格的形成 [J]. 时代建筑，2012（5）.

[202] 李兴钢，侯新觉.万峰林中的石头房子：贵州兴义楼纳建筑师公社露营服务中心 [J]. 时代建筑，2020（3）.

[203] 袁峰.智能制造产业化与传统营造文化的融合创新与实践：道明竹艺村 [J]. 时代建筑，2019（1）.

[204] 陶海鹰.社会学视野下中国设计的现代性研究 [D]. 北京：中央美术学院博士论文，中国艺术研究院博士论文，2013.

[205] 夏桂平.基于现代性理念的岭南建筑适应性研究 [D]. 广州：华南理工大学博士论文，2010.

[206] 何启帆.台湾现代建筑的地域性发展研究 [D]. 广州：华南理工大学博士论文，2015.

[207] 许悦.城市主轴线大道的活力——巴黎城市主轴线大道与上海浦东世纪大道比较研究 [D]. 上海：上海大学硕士论文，2008.

[208] 王国光.基于环境整体观的现代建筑创作思想研究 [D]. 广州：华南理工大学博士论文，2013.

[209] 王绍森.当代闽南建筑的地域性表达研究 [D]. 广州：华南理工大学博士论文，2010.

[210] 孙伟.新乡土建筑的文化学阐释 [D]. 郑州：郑州大学博士学位论文 2006.

[211] 邓剑虹，余廷墨.基于文化观的山地城市设计研究 [D]. 广州：华南理工大学博士学位论文，2009.

[212] 余廷墨.基于文化观的山地城市设计研究 [D]. 重庆：重庆大学，2012.

[213] 全成浩.传承与创新——韩国现代建筑与传统思想之关联的研究 [D]. 北京：清华大学，2014.

[214] 贺耀萱.建筑更新领域学术研究发展历程及前景探析 [D]. 天津：天津大学，2011.

[215] 郑宁.关于建筑改造之中西比较研究 [D]. 天津：天津大学，2007.

[216] 万丰登.基于共生理念的城市历史建筑再生研究 [D]. 广州：华南理工大学博士论文，2017.

[217] 王晓.表达中国传统美学精神的现代建筑意研究 [D]. 武汉：武汉理工大学，2007.

[218] 滕军红.整体与适应——复杂性科学对建筑学的启示 [D]. 天津：天津大学，1997.

[219] 陈鑫.江南传统建筑文化及其对当代建筑创作思维的启示 [D]. 南京：东南大学博士学位论文，2016.

[220] 海佳.基于共生思想的可持续校园规划策略研究 [D]. 广州：华南理工大学，2011.

[221] 邱建伟.走向"天人合一"——建筑设计的人文反思与非线性思维观建构 [D]. 天津：天津大学博士学位论文，2006.

[222] 单琳琳.民族根生性视域下的日本当代建筑创作研究 [D]. 哈尔滨：哈尔滨工业大学博士论文，2014.

[223] 郑秉东 . 解释学视域下中国建筑传统的当代诠释 [D]. 北京：中央美术学院，2017.

[224] 习近平 . 摆脱贫困 [M]. 福州：福建人民出版社，2021.

[225] 鲍英华 . 意境文化传承下的建筑空白研究 [D]. 哈尔滨：哈尔滨工业大学，2009：72.

[226] 来嘉隆 . 建筑通感研究——一种建筑创造性思维的提出与建构 [D]. 南京：东南大学博士学位论文，2017.

[227] 程泰宁 . 地域性与建筑文化——江南建筑地域特色的延续和发展 [C]// 现代建筑传统国际学术研讨会论文集，199.

[228] 刘梦溪 . 百年中国：文化传统的流失与重建 [N]. 文汇报，2005-12.

[229] 常青 . 乡遗出路何处觅？乡建中风土建成遗产问题及应对策略 [Z]. 中国建筑学会年会演讲稿，2019.

[230] 吴良镛执笔 . 北京宪章（稿）[Z]，1999.

[231] 王骏阳 . 再访柏林 [Z]. 同济大学博士后研究工作报告 .

[232] 新华网 http：//www.xinhuanet.com.

[233] 搜狐网 https：//www.sohu.com.

[234] 百度 https：//baike.baidu.com.

[235] 腾讯网 https：//new.qq.com/omn.

[236] 筑龙学社 https：//bbs.zhulong.com.

[237] 普林斯克 https：//www.pritzkerprize.com/cn/%E5%B1%8A%E8%8E%B7%E5%A5%96%E8%80%85/luyisibalagan.

[238] http：//philosophychina.cssn.cn/fzxk/mx/201507/t20150713_2744151.shtml.

[239] http：//www.chinabuildingcentre.com/show-6-2277-1.html.

[240] https：//news.qichacha.com/postnews_3f560ca2b5e87199906ed7ceff7f2519.html.

图书在版编目（CIP）数据

现代建筑创作的文化传承思维/许悦著.—北京：
中国建筑工业出版社，2022.8（2023.11重印）
ISBN 978-7-112-27806-0

Ⅰ.①现…　Ⅱ.①许…　Ⅲ.①建筑—文化　Ⅳ.
①TU-8

中国版本图书馆 CIP 数据核字（2022）第 157375 号

数字资源阅读方法：

本书提供第 7 章图片的彩色版，读者可使用手机 / 平板电脑扫描右侧二维码后免费阅读。操作说明：扫描授权进入"书刊详情"页面，在"应用资源"下点击任一图号（如图 7-1），进入"课件详情"页面，内有可阅读图片的图号。点击相应图号后，再点击右上角红色"立即阅读"即可阅读相应图片彩色版。

若有问题，请联系客服电话：4008-188-688。

责任编辑：李成成
责任校对：董楠

现代建筑创作的文化传承思维
许悦　著
*
中国建筑工业出版社出版、发行（北京海淀三里河路 9 号）
各地新华书店、建筑书店经销
北京雅盈中佳图文设计公司制版
北京中科印刷有限公司印刷
*
开本：787 毫米 × 1092 毫米　1/16　印张：15$\frac{1}{2}$　字数：328 千字
2022 年 9 月第一版　2023 年 11 月第二次印刷
定价：**69.00** 元（赠数字资源）
ISBN 978-7-112-27806-0
（39763）